国家示范性中等职业技术教育精品教材

# C#程序设计与应用

张屹峰 主编

·广州·

**内容简介**

本课程是中等职业学校计算机专业课程之一。课程紧密结合国家工信部通信行业技能鉴定中心的程序设计技能认证考核要求，循序渐进地介绍了 C#的基础知识和基本应用。主要内容包括：C#程序的变量和数据类型等基本语法，C#的语句结构，字符串操作，面向对象的基本知识，基于 Windows 的程序设计，ADO .NET管理数据，ASP .NET 动态网站开发基础等。可作为计算机及相关专业学生和企业技术人员的学习用书，也可作为教师的参考用书。

**图书在版编目(CIP)数据**

C#程序设计与应用/张屹峰主编. —广州:华南理工大学出版社,2015.1(2023.8 重印)
国家示范性中等职业技术教育精品教材
ISBN 978 -7 -5623 -4537 -4

Ⅰ.①C… Ⅱ.①张… Ⅲ.①C 语言 - 程序设计 - 中等专业学校 - 教材 Ⅳ.TP312

中国版本图书馆 CIP 数据核字(2015)第 021496 号

C# CHENGXUSHEJI YU YINGYONG
**C#程序设计与应用**
张屹峰　主编

---

**出 版 人**：柯　宁
**出版发行**：华南理工大学出版社
(广州五山华南理工大学 17 号楼，邮编 510640)
http://hg.cb.scut.edu.cn　　E-mail:scutc13@scut.edu.cn
营销部电话：020 - 87113487　87111048（传真）
**策划编辑**：何丽云
**责任编辑**：何丽云
**印 刷 者**：广州小明数码印刷有限公司
**开　　本**：787mm × 1092mm　1/16　**印张**：17.25　**字数**：430 千
**版　　次**：2015 年 1 月第 1 版　2023 年 8 月第 5 次印刷
**定　　价**：39.80 元

---

# 前言

本课程是中等职业学校计算机软件与信息服务专业的专业课程之一。课程以培养技能型人才为导向，注重理论与案例相结合的教学。同时遵循中等职业院校学生的认知规律，紧密结合国家工信部通信行业技能鉴定中心的程序设计技能认证考核要求，以大量的技术应用和软件开发实例分析提高学生的实战能力，同时培养学生针对不同环境的分析问题和解决问题的能力。整个课程中理论知识以够用为度。

课程任务是通过本课程的学习，使学生形成一定的学习能力、沟通与团队的协作能力，形成良好的思考问题、分析问题和解决问题的能力，养成良好的职业素养。遵守国家关于软件与信息技术的相关法律法规，形成关键性的软件开发与应用的能力。本书在编写过程中吸收企业技术人员参与教材编写，紧密结合工作岗位，与职业岗位对接；以项目任务为驱动，强化知识与技能的整合；选取的案例贴近生活、贴近生产实际，以技能认证为方向，促进学生养成规范职业行为；将创新理念贯彻到内容选取、教材体例等方面，以满足发展为中心，培养学生创新能力和自学能力。

本课程除了大量设计应用案例，每个案例都能覆盖本课程的知识点，使抽象、难懂的教学内容变得直观、易懂和容易掌握外，还充分利用移动互联网资源、本课程网站资源，在网上和移动互联网智能终端开展教学活动，包括网络课程学习、自主学习、课后复习、课件下载、作业提交、专题讨论、网上答疑等，使学生可以不受时间、地点的限制，方便地进行学习。

C#是微软公司发布的一种面向对象的、运行于 .NET Framework 之上的高级程序设计语言，它是微软公司 .NET Windows 网络框架的主角。

C#是一种安全的、稳定的、简单的、优雅的，由 C 和 C＋＋衍生出来的面向对象的编程语言。它在继承 C 和 C＋＋强大功能的同时去掉了一些它们的复杂特性(例如没有宏以及不允许多重继承)。C#综合了 VB 简单的可视化操作和 C＋＋的高运行效率，以其强大的操作能力、优雅的语法风格、创新的语言特性和便捷的面向组件编程的支持成为 .NET 开发的首选语言。

# 前言

C#是面向对象的编程语言，它使得程序员可以快速地编写各种基于Microsoft .NET平台的应用程序，Microsoft .NET 提供了一系列的工具和服务来最大限度地开发利用计算与通讯领域。

本书是为适应中、高职计算机软件及应用等相关专业学生的能力水平而编写的一本入门级教材。建议读者在阅读本书时，应多多实践本书中的实例，并在此基础上查阅相关资料，拓展知识面，尝试将这些知识应用到实际项目中。

本教材共分 9 章，每章都将介绍相关的基础知识，并重点讲解典型案例。

第 1 章简要介绍了 .NET 的框架以及与 C#的关系，并重点介绍了 Visual Studio 2010 平台的安装及其主要功能等内容。

第 2 章主要介绍了数据类型、变量与常量、数据类型的转换、运算符、表达式以及数组等相关知识。

第 3 章主要介绍了条件结构、循环结构的基本知识及应用。

第 4 章主要介绍了面向对象的基础知识。

第 5 章主要介绍字符与字符串处理的相关知识。

第 6 章主要介绍 Windows 应用程序设计，包括窗体和常用控件的使用、菜单、工具栏、单窗体、多窗体以及绘图等相关知识。

第 7 章主要介绍对文件、文件夹的操作，以及如何对文件进行数据流读写等内容。

第 8 章简要概述了数据库基础知识以及 SQL Server 数据库管理系统的使用，重点介绍了 ADO .NET 相关对象的基础知识与应用。

第 9 章主要介绍了基于 C#的 ASP .NET 相关对象的基础知识及应用。

本教材由张屹峰主编，其中第 1 章、第 3 章由周清流编写；第 2 章由陈韦华编写；第 4 章由刘建编写内容；第 5 章、第 7 章由李志军编写；第 6 章由习燕菲编写；第 8 章、第 9 章由张屹峰编写。

由于编者的水平有限，书中存在的不足和错漏之处敬请读者批评指正。

编　者

# 目录

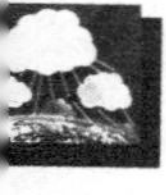

# 第 1 章

# C#和 . NET 框架

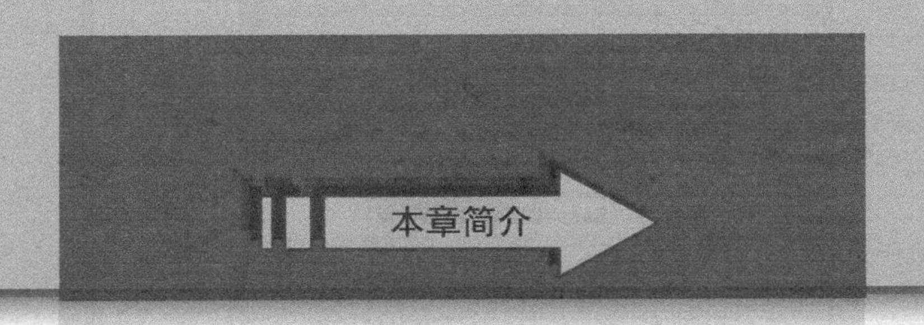


**本章的主要内容是首先简要介绍 . NET 的框架，再了解 C#与 . NET 的关系，然后是如何安装 Visual Studio 2010 及其主要功能，最后是启动 VS. net 创建第一个 C#控制台程序：Hello World。**

- 熟悉 . NET 的框架，C#与 . NET 的关系，Visual Studio 2010 的主要功能。
- 掌握 Visual Studio 2010 的安装，创建第一个 C#控制台程序。

## 1.1 .NET 框架简介

.NET 是 Microsoft 的 XML Web 服务平台，能使应用程序在 Internet 上传输和共享数据，适用于不同的操作系统或编程语言。

.NET 框架即.NET Framework，有两个主要组件：公共语言运行库和.NET Framework 类库。公共语言运行库可以认为是一个在执行时管理代码的代理，包括内存管理、线程管理和远程处理等。.NET Framework 类库是一个综合性的面向对象的可重用类型集合，包括传统命令行、图形用户界面（GUI）应用程序以及基于 ASP. NET 的应用程序。.NET 的框架结构如图 1－1 所示。

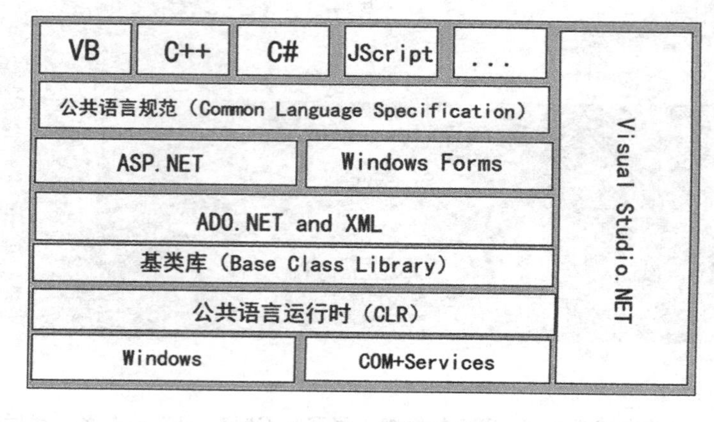


图 1－1 .NET 的框架结构

根据图 1－1.NET 的框架结构，.NET Framework 主要由公共语言规范、基类库、开发语言、Visual Studio. NET 四部分构成。

**一、公共语言规范(Common Language Runtime)**

公共语言规范是用符合通用语言规范(Common Language Specification，CLS)实现.NET 框架的所有语言的基础，用它开发的程序能在有通用语言开发环境的操作系统下执行。

**二、基类库(Basic Class Library)**

提供了用于访问各种信息(例如，系统信息、用户信息等)的方法，是一套函数库，由命名空间(Namespace)和类(Class)组成。

**三、开发语言**

.NET 自身包含四种语言：Visual Basic、Visual C + +、Visual C# 和 Jscript，它作为语言开发平台，模块化特性使得由第三方创作的其他语言也可以集成到 Visual Studio. NET 中，此类语言包括 Perl、Component Pascal、SmallScript 和 Smalltalk。

**四、Visual Studio. NET 集成开发环境**

Visual Studio. NET 是一个基本完整的开发工具集，它包括了整个软件生命周期中所需要的大部分工具，如 UML 工具、代码管控工具、集成开发环境(IDE)等等。所写的目标代码适用于微软支持的所有平台，包括 Microsoft Windows、Windows Mobile、Windows CE、.NET Framework、.NET Compact Framework 和 Microsoft Silverlight 及 Windows Phone。

## 1.2 C#与.NET 的关系

C#是一种基于现代面向对象设计方法的语言，在设计它时，Microsoft 还吸取了其他类似语言的经验，这些语言是近20年来面向对象规则得到广泛应用后才开发出来的。

C#就其本身而言只是一种语言，尽管它是用于生成面向.NET 环境的代码，但它本身不是.NET 的一部分。.NET 支持的一些特性，C#并不支持。而 C#语言支持的另一些特性，.NET 却不支持(例如运算符重载)。

C#语言是和.NET 一起使用的，所以如果要使用 C#高效地开发应用程序，理解 Framework 就非常重要。

## 1.3 Visual Studio 2010 的安装与主要功能

### 1.3.1 Visual Studio 2010 的安装

Visual Studio 2010 的安装步骤如下：

STEP 1 双击 Visual Studio 2010 的 setup.exe 安装文件，就会打开 Visual Studio 2010 安装对话框，如图 1－2 所示。

图 1－2 Visual Studio 2010 安装对话框

STEP 2 点击 Visual Studio 2010 安装对话框的“安装 MicroSoft Visual Studio 2010”选项，就会进行安装组件的加载，如图 1－3 所示。

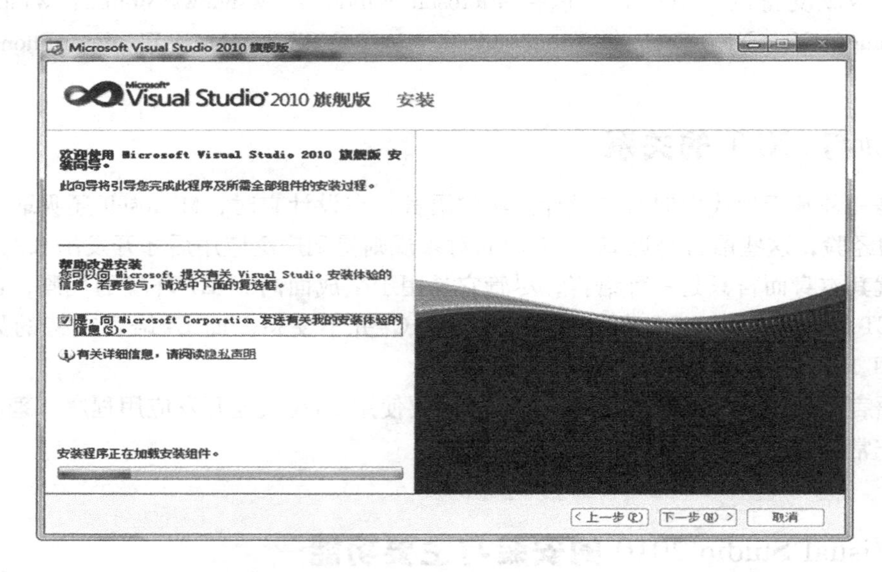


图 1－3　加载安装组件

STEP 3 安装组件完成后，就选择“下一步”按钮，如图 1－4 所示。

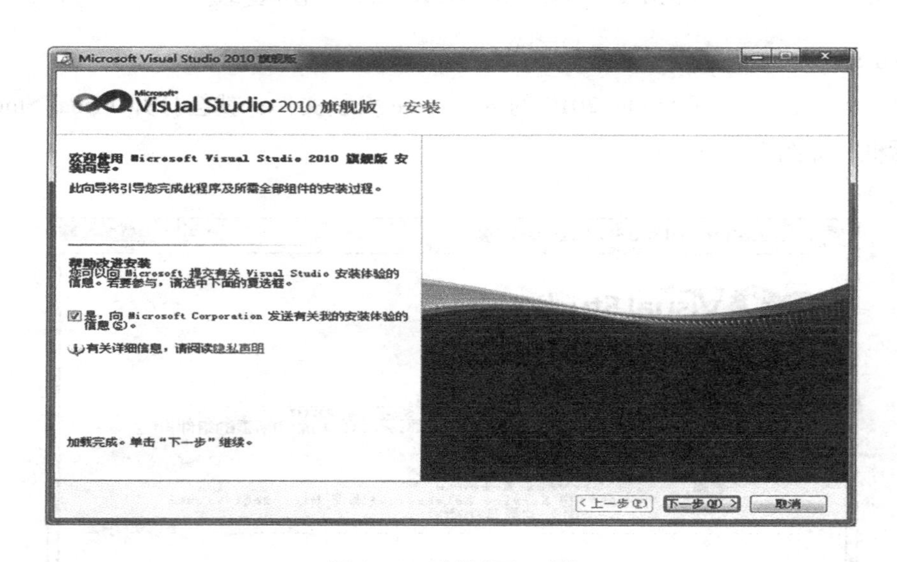


图 1－4　选择“下一步”

STEP 4 这时就打开“Visual Studio 2010 安装起始页”对话框，选中“我已阅读并接受许可条款”单选项，然后点击“下一步”按钮，如图 1－5 所示。

STEP 5 这时就打开“Visual Studio 2010 安装选项页”对话框，可以在“选择要安装的功能”框中选择“完全”或“自定义”，默认的是“完全”；在“产品安装路径”中输入要安装的路径，默认的是“c:\...”的安装路径。如果都使用默认项，就直接点击“安装”按钮，如图 1－6 所示。

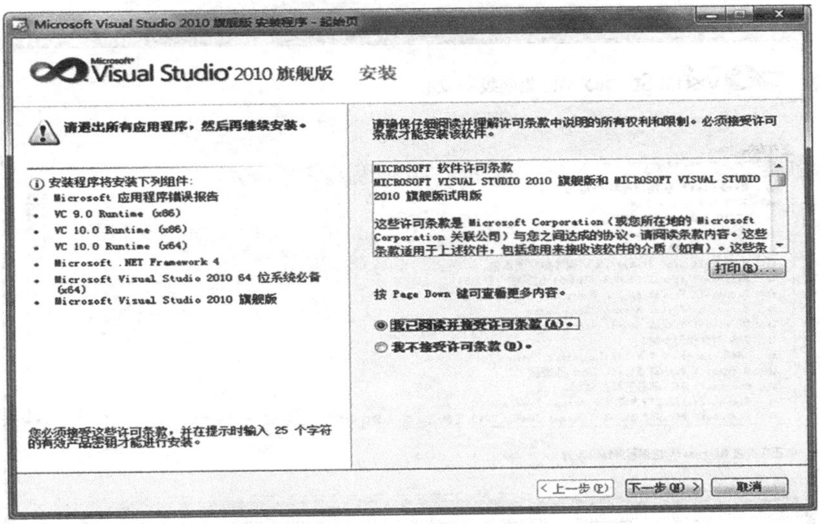

图 1－5　Visual Studio 2010 安装起始页对话框

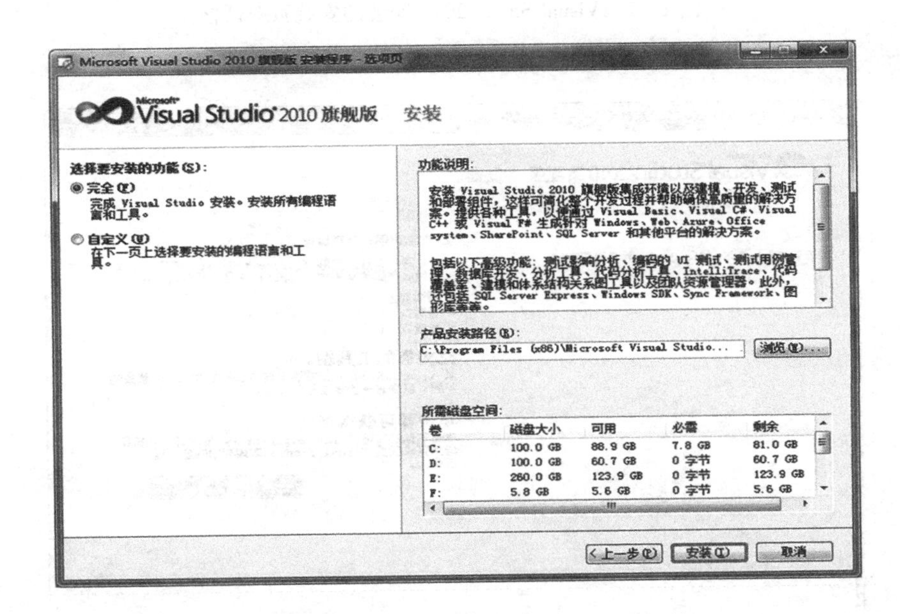


图 1－6　Visual Studio 2010 安装选项页对话框

STEP 6 这时就打开“Visual Studio 2010 安装的安装页”对话框，同时自动安装组件，如图 1－7 所示。

STEP 7 在 Visual Studio 2010 安装和设置完成后，就会提示“成功”和“已安装 Visual Studio 2010，并且设置完毕”，点击“完成”按钮即可，如图 1－8 所示。

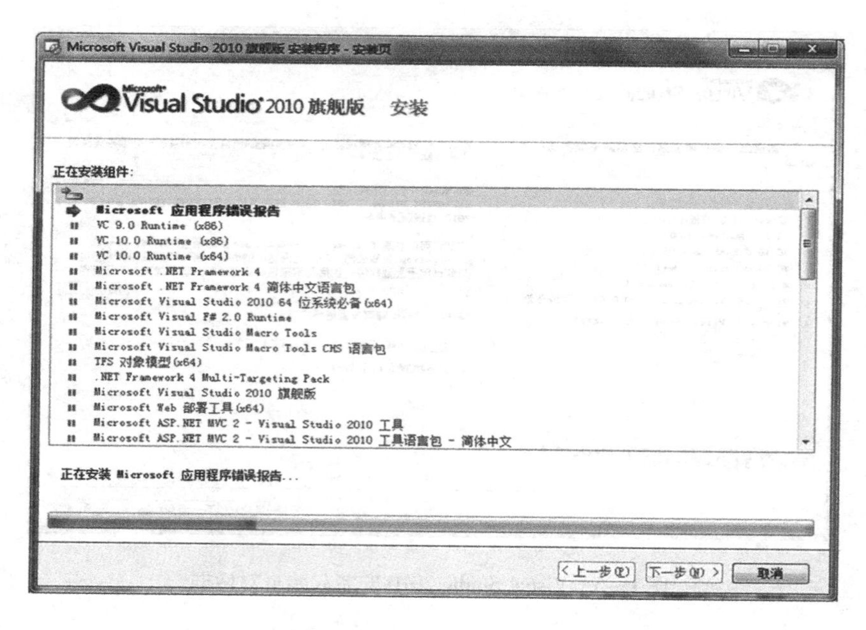


图 1-7　Visual Studio 2010 安装的安装页对话框

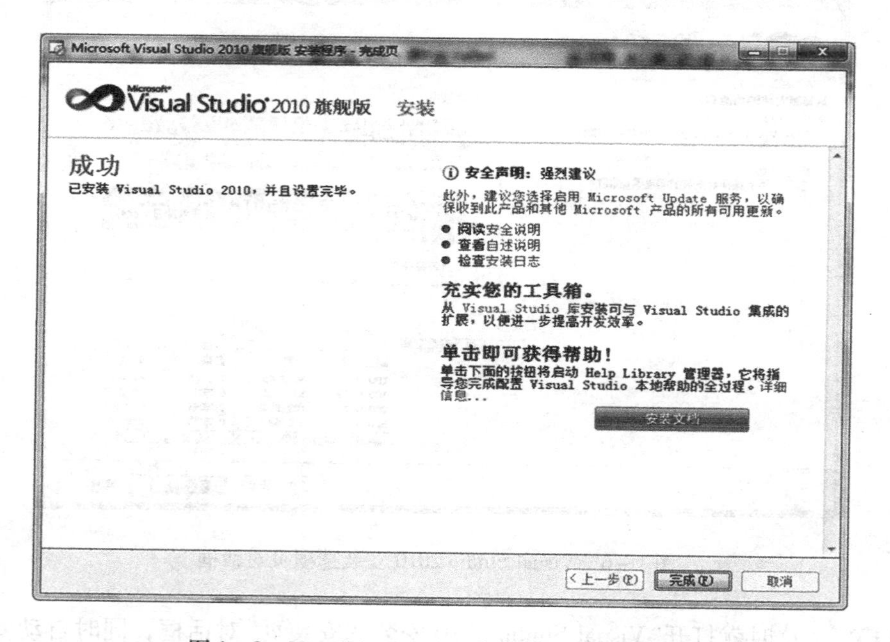


图 1-8　Visual Studio 2010 安装的完成页对话框

### 1.3.2　Visual Studio 2010 的功能

Visual Studio 2010 的功能包括：

① C# 4.0 中的动态类型和动态编程；

② 多显示器支持；

③ 使用 Visual Studio 2010 的特性支持 TDD；

④ 支持 Office ；

⑤ Quick Search 特性；

⑥ C + + 0x 新特性；

⑦ IDE 增强；

⑧ 使用 Visual C + + 2010 创建 Ribbon 界面；

⑨ 新增基于 . NET 平台的语言 F#。

## 1.4　创建一个控制台程序：Hello World

在安装好 Visual Studio 2010 后，我们就可创建第一个控制台程序 Hello World 了。创建步骤如下：

**STEP 1** 打开 VS. net，点击新建项目，如图 1 – 9 所示。

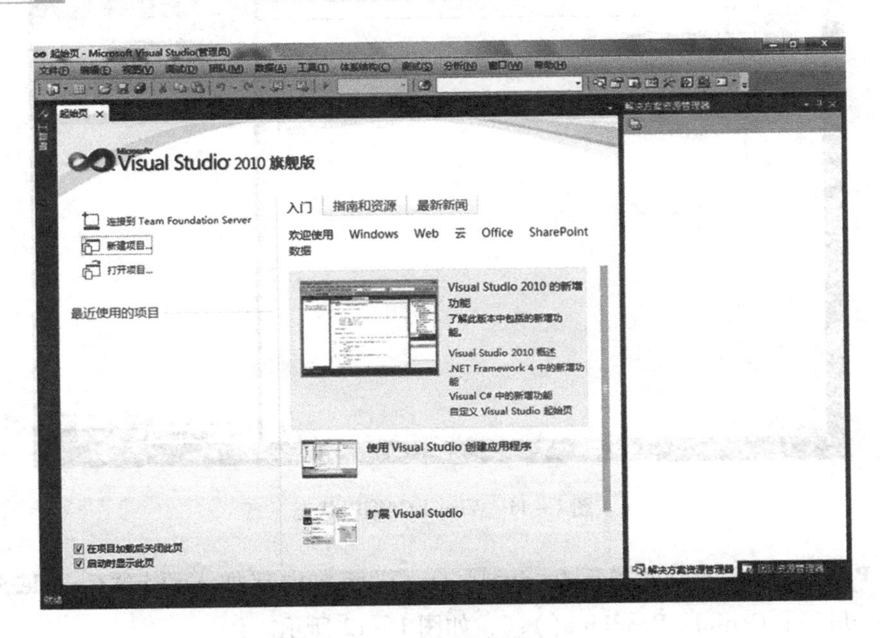


图 1 – 9　新建项目

**STEP 2** 选择 Visual C#，再点击控制台应用程序，如图 1 – 10 所示。

**STEP 3** 选择进入 Visual C#编辑状态，如图 1 – 11 所示。

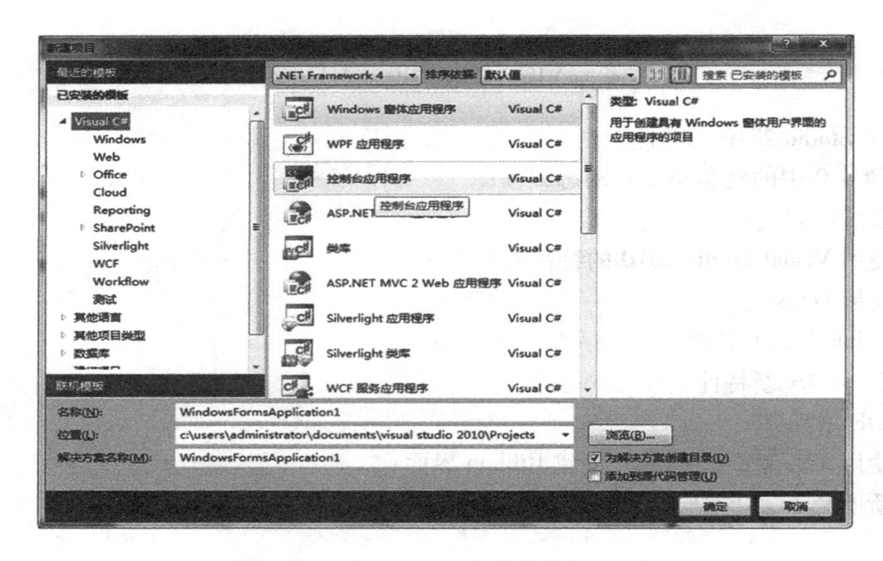

图 1-10　选择 Visual C#控制台应用程序

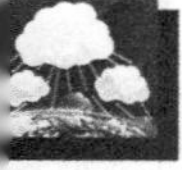

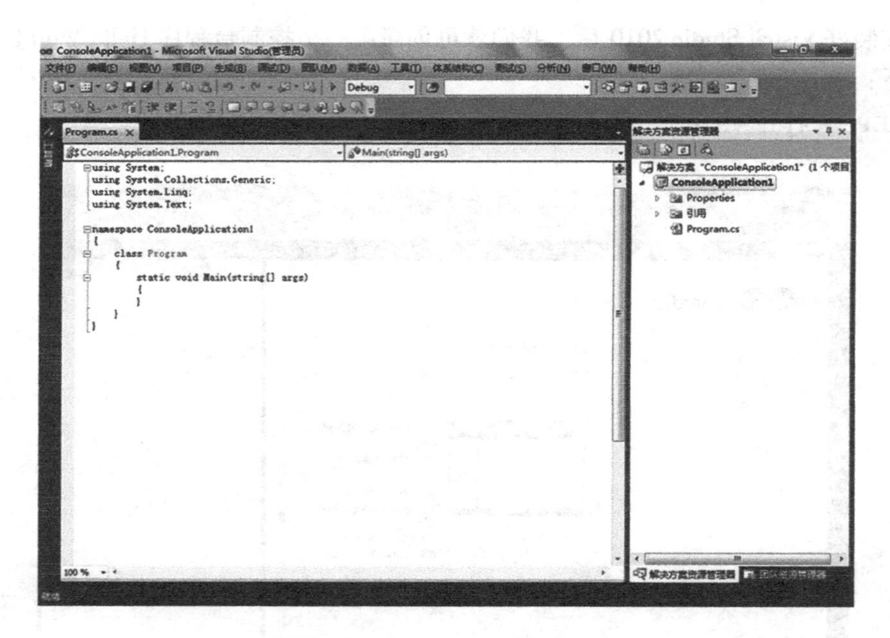

图 1-11　Visual C#编辑状态

**STEP 4** 在"static void Main(string[] args)"函数内部加入语句"Console. WriteLine("Hello world"); Console. ReadLine();"，如图 1-12 所示。

**STEP 5** 运行结果如图 1-13 所示。

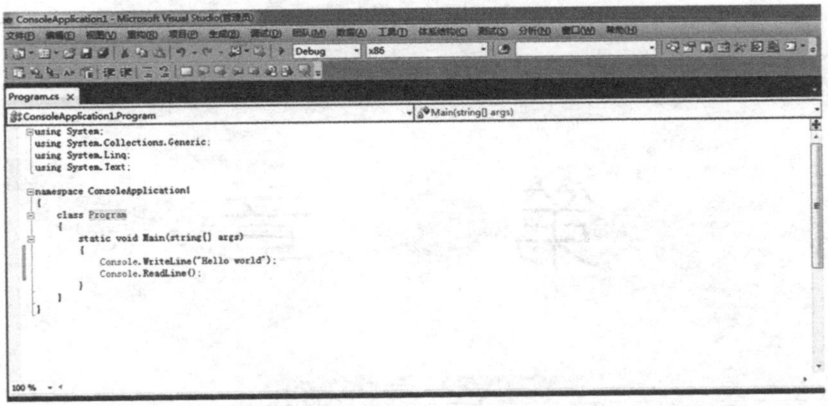

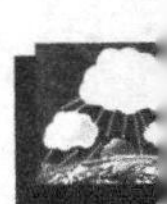

ConsoleApplication1 - Microsoft Visual Studio(管理员)
Debug
x86
Program.cs
ConsoleApplication1.Program
Main(string[] args)
using System;
using System.Collections.Generic;
using System.Linq;
using System.Text;
namespace ConsoleApplication1
class Program
static void Main(string[] args)
Console.WriteLine("Hello world");
Console.ReadLine();
100 %

图 1－12　加入语句

file:///D:/ccc/ConsoleApplication1/ConsoleApplication1/bin/Deb...
Hello World

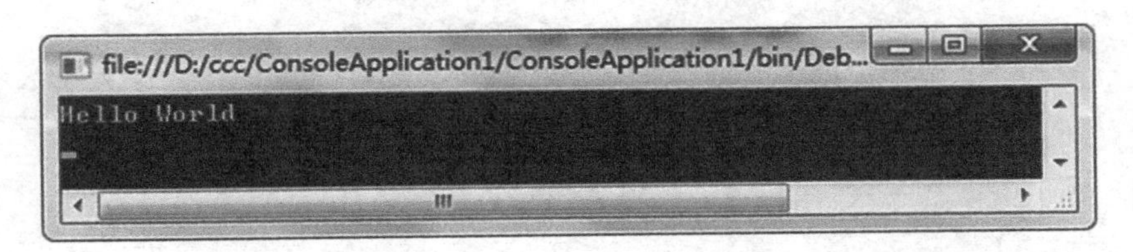

图 1－13　运行结果

## 拓展实训

(1)自行安装 Visual Studio 2010，并参考相关资料配置其开发环境。

(2)参考本章“创建第一个控制台程序：Hello World”的开发步骤，创建一个输出内容为“This is my Hello World!”的控制台程序。运行结果如图 1－14 所示。

file:///D:/ccc/ConsoleApplication1/ConsoleApplication1/bin/...
This is my Hello World!

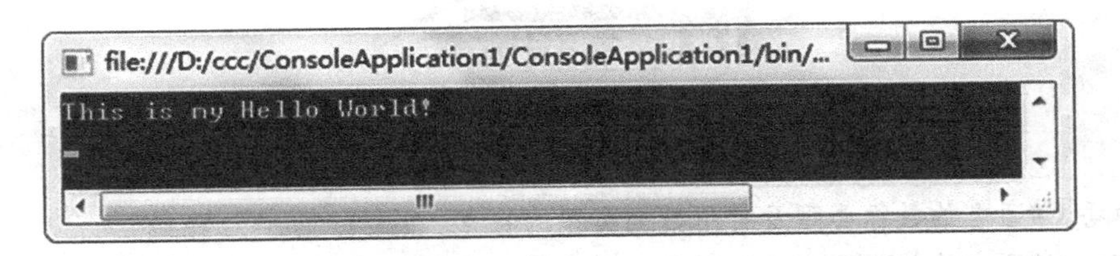

图 1－14　运行结果

# 第 2 章

## C#语法基础

**本章简要概述了C#语言的数据类型、变量与常量、各数据类型之间的转换方法与注意事项、运算符和表达式以及数组。**

- ➢ 熟悉C#语言的数据类型及常用数据类型的特点。
- ➢ 掌握C#语言的值类型变量和引用类型变量的特性与创建使用方法。
- ➢ 熟悉运用C#语言的常量。
- ➢ 能够熟练进行数据类型之间的转换。
- ➢ 熟悉C#的运算符以及运算符的优先级。
- ➢ 能够熟练运用数组。

## 2.1 C#数据类型

### 2.1.1 C#的类型系统

在现实世界里，我们往往会将事物进行分类，而计算机在处理信息世界的元素时，也会进行分类。C#语言使用 .NET Framework 提供的公共类型系统，该系统定义了一系列需要遵守的规则，使得使用不同语言编写的对象可以进行交互操作。

.NET Framework 的公共类型系统将数据分为两大类型：值类型和引用类型，如表 2－1 所示。

**表 2－1 数据类型**

| 数据类型 | 类别 | 备注 |
| --- | --- | --- |
| 值类型 | 整数类型 | 如：0、1、2、3、4 |
| | 布尔类型 | 如：ture、false |
| | 实数类型 | 如：3. 1415926 |
| | 字符类型 | 如：'好'、'T'、'a' |
| | 结构类型 | 包括一系列数据和可能的操作 |
| | 枚举类型 | 将一系列数据组合和而成的新数据类型 |
| 引用类型 | 对象类型 | 如：System. Object 对象 |
| | 类类型 | 包括数据和一些函数，是 C#的基本单位 |
| | 字符串类型 | 即 System. String 对象类型 |
| | 数组类型 | 多个同一类型变量组成的新数据对象 |
| | 接口类型 | 具有功能定义但无实现环节的数据类型 |
| | 委托类型 | 面向对象的函数指针 |

### 2.1.2 值类型

所谓值类型数据，是指存放在运行库堆栈中的、直接包含数据的数据类型。它们通常用来表示基本的类型，如整数、布尔值、实数、字符、枚举和用户自定义的结构。在程序中声明一个值类型变量时，计算机将生成一个容纳该类型变量的内存块。对该变量进行赋值时，数值将会复制到指定的内存块中。

**一、整数类型**

整数类型是没有小数点的数值类型。C#中的整数类型共有 8 种，这些整数类型所占用的内存位数不同，所容纳的数值范围也不一样。程序员可以根据实际情况的需要，选择合适的整数类型。

C#的整数类型如表 2－2 所示。

表 2－2　整数类型

| 数据类型 | 说明 | . NET Framework 类型 | 范围 |
|---|---|---|---|
| sbyte | 8 位有符号整数 | System. SByte | －128 ～ 127 |
| short | 16 位有符号整数 | System. Int16 | －32768 ～ 32767 |
| int | 32 位有符号整数 | System. Int32 | －2147483648 ～ 2147483647 |
| long | 64 位有符号整数 | System. Int64 | －9223372036854775808 ～ 9223372036854775807 |
| byte | 8 位无符号整数 | System. Byte | 0 ～ 255 |
| ushort | 16 位无符号整数 | System. UInt16 | 0 ～ 65535 |
| uint | 32 位无符号整数 | System. UInt32 | 0 ～ 4294967295 |
| ulong | 64 位无符号整数 | System. UInt32 | 0 ～ 18446744073709554615 |

## 二、布尔类型

布尔类型只能容纳两个值：true 或者 false。程序员可以将一个布尔变量直接设置为 true 或者 false。

```
01  bool blMerried
02  blMerried = true;
```

或者在定义变量时直接赋值。

```
01  bool blMerried = false;
```

程序员也可以将表达式的值赋给布尔变量。

```
01  bool blAdult = ( intAge > = 18);
```

C#中的布尔类型不同于 C 和 C＋＋中的布尔类型，后者中的 true 可以表示为所有的非零值。而在 C#，必须指定使用布尔类型变量。

## 三、实数类型

C#使用实数类型来表示数字中的小数类型。其中，单精度实数用来表示精度要求不高的数字运算，双精度实数用来表示精度要求比较高的数字运算。C#中专设了十进制类型数字(decimal)用于处理货币数据类型。实数类型如表 2－3 所示。

表 2－3　实数类型

| 数据类型 | 说明 | . NET Framework 类型 | 范围 |
|---|---|---|---|
| float | 32 位浮点数 | System. Single | 7 位 |
| double | 64 位浮点数 | System. Double | 15 ～ 16 |
| decimal | 128 位数据 | System. Decimal | 28 ～ 29 |

需要注意的是：在C#中的所有带小数点的文字常量数字必定是双精度数值，而不是单精度数值。C#这么处理的目的是为了将数字的精度尽可能地保留下来。

## 四、字符类型

C#使用字符类型来表示一个Unicode字符。一个字符类型使用16位字节来存储，可以表示绝大多数的字符。程序员可以声明一个字符变量并给它赋值。

```
01  char chSex
02  chSex ='男';
```

也可以在定义变量时直接赋值。

```
01  char chSex ='男';
```

C#中表示一个字符时需要使用单引号将字符括起来。程序员如果需要在编程时使用单引号，则需要使用转义符来实现。C#中使用反斜杠"\"来表示转义符，如表2-4所示。

表2-4 常用转义字符及含义

| 转义字符 | 含义 |
|---|---|
| \n | 换行 |
| \t | 水平制表符 |
| \v | 垂直制表符 |
| \f | 换页 |
| \\ | 反斜杠字符"\" |
| \' | 单引号字符"'" |
| \b | 退格 |
| \r | 回车 |
| \a | 感叹号"!" |
| \" | 双引号""" |
| \0 | 空字符 |

## 五、枚举类型

枚举类型是一组数据元素的集合，这些数据的值代表了一组符号名称。例如，程序员使用Spring、Summer、Fall、Winter来表示一年四季，这显然比使用0、1、2、3来表示一年四季更为直观易懂。使用枚举变量需要用关键字enum来声明。枚举变量的取值仅限于集合中的数值。枚举类型的定义格式举例如下。

```
01  enum Season
02  { Spring, Summer, Fall, Winter };
```

枚举值表中是枚举元素，用大括号包括起来，列出了全部的可用值。上述语句创建了一个名为Season的枚举类型，枚举元素总共4个。所有被声明为Season类型的变量，其取值只能是四个枚举元素中的一个。使用枚举类型格式如下。

```
01    Season oneSeason;
02    oneSeason  =  Season. Fall;
```

系统认为所有的枚举元素值都是整数类型，且第一个枚举元素取值为0，后面的枚举元素依次递增1。这就意味着上述枚举类型实际可以表示为如下形式。

```
01    enum Season
02    { Spring =0, Summer =1, Fall =2, Winter =3 };
```

程序员也可以手工修改上述默认值，即可以手工为枚举元素赋值。

```
01    enum Season
02    { Spring =2, Summer =4, Fall =6, Winter =8 };
```

枚举元素取值类型只可以为整数类型，程序员可以将枚举类型显式转换为整数类型。

```
01    Season oneSeason;
02    oneSeason  =  Season. Fall;
03    int i  =  (int) onSeason;
04    Console. WriteLine(i);
```

由于枚举元素 Fall 被赋值为6，所以上述程序输出结果为6。

**六、结构类型**

结构类型是一种将多重不同数据类型组合而成的单一的新类型，它可以包含自己的字段、方法和构造器。结构的这些特征与类极其相似，但是结构是存储在栈(stack)上的值类型，而类是存储在堆(heap)上的引用类型。与类相比，结构相当程度地减少了内存管理的开销。

程序员在处理较为复杂但数据值比较小的应用时会用到结构类型。如果要声明一个新的结构类型，需要使用关键字 Struct，之后跟随结构类型的名称以及一对大括号。在大括号中包含结构类型的变量类型、方法和构造器。

以下程序代码创建了一个名为 Student 的结构，它包含了 intID、strName、chSex 三个变量，一个方法 Print( )方法和一个结构的构造器 Student( )。

```
01    Struct Student
02    {
03            private int intID;
04            private char chSex;
05            private string strName;
06
07            public   Print( )
08            {
09                  Console. WriteLine("学号:"  +  intID. ToString( ));
10                  Console. WriteLine("性别:"  +  chSex);
```

```
11              Console. WriteLine("姓名:" + strName);
12          }
13
14          Public Student(int i, char x, string y)
15          {
16              this. intID = i;
17              this. chSex = x;
18              this. strName = y;
19          }
20      }
```

结构类型用于处理那些数据值表小的、略有些复杂的值的应用。程序员可以不为结构创建构造器，如果因为需要，程序员为结构创建了构造器，那么在构造器里必须显式地初始化结构中的所有字段。在结构中声明字段时，不可以同时初始化它。

创建了一个结构后，就可以在程序中像使用其他类型一样使用它了。

```
01  static void Main ()
02  {
03          Student stuTest;
04          stuTest(0029,"男","张山");
05          stuTest. Print();
06  }
```

## 2.1.3　引用类型

引用类型的变量不直接存储所包含的值，而是存储了指向存储该值的内存地址。引用类型的内容都是在堆(heap)上创建的，而在存储在栈(stack)上的引用类型局部变量则存储了指向在堆上的响应地址信息。换言之，引用类型变量不存储值，只存储值的地址信息。

当创建一个引用类型变量时，操作系统只是在栈上为该变量分配了一小块内存。只有使用 new 关键字创建一个引用类型实例时，操作系统才会在堆上为该变量分配可以存储该变量类型的内存，并将该内存地址赋予给之前在栈上分配的内存块。

当把一个引用类型变量赋值给另一个引用类型变量时，并不会在堆上再次分配一个内存块，仅仅是两个引用类型变量指向了同一个堆(heap)内存块。改变其中任意一个应用类型变量的值，另外一个引用类型变量的值也会随之改变。

**一、对象类型**

C#语言中，一切皆对象。一切数据类型都继承自 System 命名空间中的 Object 类。如果使用 System. Oject 来创建一个变量，这个变量可以引用任何对象。当定义一个未明确指定继承对象的新类时，编辑器则认为该类继承自 System. Object。由于一切类都继承自

System. Object 基类，因此一切类都具备该基类所提供的功能。

下面第一条语句定义了一个整数变量 intID 并初始化值为 0029，第二条语句定义了一个字符串变量 strID，使用 intID 自 Object 基类继承来的方法 ToString( )将值显示转化为字符串类型，并赋值给 strID。

```
01    int intID = 0029;
02    string strID  =  intID. ToString( );
```

下例中第一条语句创建了一个 Student 结构类型变量 stuTest，并使用构造器初始化赋值。第二条语句创建了一个 object 对象 oTest。第三条语句将 stuTest 赋值给 oTest。Object 对象可以引用任何对象。

```
01    Student stuTest  =  new Student(0030,"女","李敏儿");
02    object oTest;
03    oTest  =  stuTest;
```

## 二、类类型

类即分类，指的是对信息进行分类、将同类信息放入到一个有意义的实体中的过程。类是最重要和功能最为完整的数据类型，也是面向对象思想方法的基础与核心。类具有数据和方法，这些都位于类的主体中。类的封装、继承和多态是其最重要的特性。

定义一个类需要用到 class 关键字，以下代码定义了一个名为 Student 的类。该类包含了 5 个属性变量和两个方法。

```
01   class Student
02   {
03           int intID;
04           string strName;
05           char chSex;
06           int intClass;
07           int intGrade;
08           public setClass(int c)
09           {
10                   This. intClass  =  c;
11           }
12           public setGrade(int g)
13           {
14                   This. intGrade  =  g;
15           }
16   };
```

## 三、字符串类型

字符串类型是 System 命名空间下预定义类 System. String。该类型被用来对字符串进行各种操作。System. Sting 直接继承于 System. Object 对象。字符串类型变量的创建和赋值非常简单。

```
01  string strName = "李敏儿";
02  string strPrintName = "姓名:" +  strName;
03  Console. Writeline( strPrintName );
```

上述第一条语句创建了一个字符串变量 strName 并赋值；第二条语句创建字符串变量 strPrintName，并使用运算符“+”来赋值；第三条语句将字符串变量 strPrintName 打印出来。

**四、数组类型**

数组是一串具有相同类型字段元素的序列，这些元素序列存储在同一个内存块上。通常可以使用数组的下标(即整数索引)来访问这些字段数据。数组中的元素序列可以任意对象类型，如：实数、整数、结构、字符串、类等。

数组的下标数目反映了数组的维数，这意味着具有一个下标的数组是一维数组，具有两个下标的数组是二维数组，以此类推。

数组的声明非常简单，只需要先声明该数组的元素类型，之后跟随一个方括号，最后输入数组变量的名称即可。

```
01  string[ ] aryNames = {"张山","李敏儿","王二奎"};
```

上述语句创建了一个字符串数组变量 aryNames 并为之赋值。

```
01  string[ , ] aryInfoStu  =  {
                                  {"张山","李敏儿","王二奎"},
                                  {"广东广州","四川乐山","广东佛山"}
                              };
```

上述语句创建了一个二维字符串数组变量 aryInfoStu 并为之赋值。

创建数组变量时，也可以不为它赋值，甚至可以不指定数组的大小。

**四、接口类型**

接口类型本身不包含任何数据和代码，接口规定了从接口本身继承的一个类所必须实现的一些方法和属性。接口实际上是功能类似的函数定义，其本身并不实现这些函数，但是要求继承该接口的类必须实现这些函数。因此，创建接口的实例是不可行的，程序员只能创建继承接口的类。

定义一个接口需要使用关键字 interface。在接口中声明方法时，不允许指定访问修饰符，如 public、private、protected。接口中的方法不允许有实现部分，因此，使用分号来替代方法的主体。定义接口实例如下。

```
01  interface ICompare
02  {
03          Int Compare(object x);
04  };
```

**六、委托类型**

C#中的委托约等于C++中的函数指针，是类型安全的函数指针。C#中所用的东西都是对象，为了完成C++中的函数指针功能，C#使用委托来实现。

下面代码定义了一个名为deExample的委托类型，其参数和返回值都是字符串类型。之后定义一个名为ExClass的类，该类包含了一个名为methodEx1的方法，该方法和之前定义的委托类型的参数和返回值类型一致。

创建测试类Test，在其Main函数中创建ExClass类的一个实例exClass1并实例化；创建了一个deExample委托类型的实例deEx1，并使用该实例来替代exClass1.methodEx1()方法；最后调用该委托实例。

```
01  delegate string deExample(string strX);
02  public class ExClass
03  {
04          public string  methodEx1 (string x)
05          {
06                  return x;
07          }
08  }
09  public class test
10  {
11          public static void Main ()
12          {
13                  ExClass exClass1 = new  ExClass();
14                  public deExample deEx1 = new
deExample( exClass1. methodEx1());
15                  Console. Writeline( deEx1("hello"));
16          }
17  }
```

## 2.2 变量和常量

### 2.2.1 变量

变量实际上是内存的一个存储空间，它用于存储一个值，从这个意义上说，变量是一个容纳了特定信息的容器。C#程序运行时会产生很多变量，为了区别它们，必须为这些变量分配一个唯一的名称(即变量名)，以便程序区别。

**一、变量的命名**

变量名是程序员为区别众多的变量而设定的标识符。变量名应当使用字母或下划线开始，以大小写字母、数字、下划线和 $ 符号组成。变量名不可以使用空格、标点符号、运算符等。

使用有意义的变量名称会让程序具有较强的可读性，在编写较为复杂的程序时，程序员往往会查看之前的代码，有意义的名称会让程序更容易理解。同时，在软件开发项目中，有意义的变量名也便于程序员互相之间的沟通。

大多数软件开发项目常常对变量名进行规范化。

- 变量名尽量不要以下划线开始。
- 变量名尽量以小写字母开头，最好以变量的类型缩写前缀开头，如 intStudentAge，详见表 2－5。
- 如果变量名包含多个单词，自第二个单词开始首个字母使用大写形式，如strStudentName。
- 尽量不要仅仅使用字母的大小写来区别变量。

**表 2－5 常用变量名前缀**

| 数据类型 | 前缀 | 备注 |
|---|---|---|
| int | int | 整数类型 |
| long | lng | 长整形 |
| double | dbl | 双精度值 |
| decimal | dec | 小数 |
| float | flt | 单精度值 |
| string | str | 字符串类型 |
| boolean | bln | 布尔类型 |
| datetime | dat | 日期时间类型 |

### 二、变量的定义和赋值

C#的变量可以处理多种类型的值。定义一个变量时，必须指定该变量的数据类型。定义变量的语法如下。

```
变量数据类型 变量名 = 初始值
```

C#不允许使用未赋值的变量，因此使用变量前应当为它赋值。程序员可以直接给变量赋值，也可以使用运算式来赋值，如果同时定义同一类型的多个变量，可以一次性给这些变量赋值，变量之间用逗号来隔开。

```
01  string  strX = "张三", strY = "Jack", strZ = "林立人";
```

给变量赋值时，值的数据类型必须与变量的数据类型兼容，以下范例是错误的。

```
01  int  intI = true;
```

### 三、变量的作用域

变量的作用域就是可以访问该变量的代码区域。C#中的变量，根据其作用域的不同可

以分为：静态变量、非静态变量、数组元素、引用参数、输出参数、局部变量七种。另外也可以将变量的作用域分为局部变量和全局变量两类。

- 全局变量：程序加载时就为它分配了内存空间，程序结束时才释放该空间。存在于程序运行的全过程。
- 局部变量：存在于独立的程序段内，即声明该变量的程序块语句或者方法结束大括号之前的区域中。

### 2.2.2 常量

值固定不变的字段称为常量，常量的值在程序载入时已经确定，程序运行时不能够更改。使用常量，相当于使用一个单词名称来代替一个不能够更改的确定了的值。这一方面增加了程序的可读性，便于软件项目内部人员的交流沟通，保证程序开发的连贯性；另一方面，如果需要修改常量的值，只需要修改一次常量的声明语句即可，而不必在每一个使用该常量的代码中修改。

C#中内置了一些常量，这些常量称为“内部常量”。程序员也可以自定义一些常量，这些自定义的常量称为“命名常量”。

在程序中声明常量需要使用关键字 const，声明常量时，应当为常量指定常量的名称、数据类型和值。一旦在程序中将一个字段声明为常量，在程序运行中就不可以更改它的值。此外，常量的值应当和它声明的数据类型保持一致。

```
01    const int intAVERAGE_ AGE = 85;
```

上面代码声明了一个整数型常量 intAVERAGE_ AGE，并为它赋值 85。常量的命名应当遵循以下约定。

- 常量总是以数据类型的缩写作为名称前缀。
- 常量的后续名称一般使用大写字母。
- 如果常量的后续名称中包含多个单词，应当使用下画线隔开。

## 2.3 类型的转换

C#的数据类型是可以进行转换的。将值类型转换为引用类型叫做装箱，而将引用类型转换为值类型则叫做拆箱。

C#的内存组织有两种方式：栈（stack）和堆（heap）。栈内存如同一个个按照顺序叠放在一起的箱子，每个参数被放入到一个箱子中，当参数生存周期结束时，相应的箱子被移除出栈。堆内存如同散放在一大块区域的一大堆箱子，这些箱子并非像栈内存一样严格按照顺序叠放在一起；每个箱子对应一个对象，创建一个对象时，就为之分配一个箱子，对象的引用则存放在栈内存的箱子中。当对一个对象的引用全部消失时，栈内存中相应的箱子则被清空。

值类型参数，其数据值是存储在栈上的；引用类型虽然其对象本身在堆上创建并且数据值存储在堆上，但其对象的引用是存储在栈上的。

装箱和拆箱的过程，实际上是将数据值在栈和堆之间转换的过程，相应地其数据类型也在进行隐式转换。

### 2.3.1 装箱

将值类型隐式地转换为引用类型的过程，就是装箱。装箱的过程中，需要为值类型创建一个对象实例，即在堆内存中为之分配一个内存空间，并将数据值复制给新创建的对象。

装箱操作需要借助 object 对象，这个类型的对象可以引用任何引用类型的对象，也可以引用一个值类型。

```
01  static void Main()
02  {
03          int intPrice  = 200;
04          object objPrice  =   intPrice;
05          Console.Writeline("intPrice ='{0}', objPrice ='{1}'", ntPrice,
    objPrice.string());
06  }
```

上述代码在主方法 Main()中创建了一个整数类型变量 intPrice 并为它赋值 200；第二行代码则创建了以个 object 对象类型变量 objPrice，并取出 intPrice 变量的值并把该值复制给 objPrice 变量。

从内存的角度来看，计算机运行时首先在堆内存分配一块内存空间，然后将 intPrice 的值 200 复制到这块内存中，最后在栈内存创建了以个名为 objPrice 的引用，并将该引用指向了之前创建的那块堆内存。

### 2.3.2 拆箱

拆箱是将引用类型转换为值类型的过程。装箱的过程是隐式的转换，而拆箱的过程必须显式进行类型转换，即拆箱过程必须进行强制类型转换。这是因为引用类型可以转换为任何数据类型。

```
01  static void Main()
02  {
03          int intPrice = 200;
04          object objPrice =  intPrice;
05          int intPrice2 = (int) objPrice;
06          Console. Writeline("intPrice ='{0}', intPrice2 ='{1}'",
    intPrice, intPrice2);
07  }
```

上述代码第三行首先声明了一个整数类型变量 intPrice2，接下来将引用类型变量 objPrice 的数据值显式地转换为整数类型值，最后将该值复制给 intPrice2。

代码(int) objPrice 将引用类型数据值显式转换为整数类型，如果在拆箱时不进行显式指定，程序运行时编辑器会产生错误。

## 2.4 运算符和表达式

如同其它的编程语言一样，C#中的加号(+)用作加法运算、减号(-)用作减法运算、星号(*)用作乘法运算、斜杠(/)用作除法运算。这些运算符对操作数(即数据值)进行相应的操作运算而产生一个新的值。

运算符结合操作数，就是表达式，如 intCount * 10。运算符应与操作数的数据类型相匹配，例如不能将字符串类型的操作数进行除了+之外的任何算术运算。

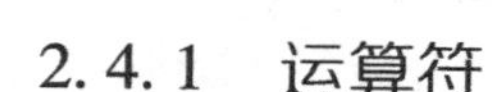

### 2.4.1 运算符

C#中的运算符包括：算术运算符、逻辑运算符、递增运算符、递减运算符、移位运算符等，见表2-6。如同C++，C#也提供一些常见的简化运算符，如++、--等。需要注意的是，C#中使用加号(+)来连接字符串。

**表2-6 C#中的常见运算符及含义**

| 类型 | 运算符 | 含义 |
| --- | --- | --- |
| 算术运算符 | + | 加法 |
|  | - | 减法 |
|  | * | 乘法 |
|  | / | 除法 |
|  | % | 取模 |

<table>
<tr><td rowspan="7">逻辑运算符</td><td>&</td><td>按位与运算</td></tr>
<tr><td>|</td><td>按位或运算</td></tr>
<tr><td>^</td><td>按位异或运算</td></tr>
<tr><td>!</td><td>逻辑非运算</td></tr>
<tr><td>~</td><td>按位补运算</td></tr>
<tr><td>&&</td><td>逻辑与运算</td></tr>
<tr><td>||</td><td>逻辑或运算</td></tr>
<tr><td>递增运算符</td><td>+ +</td><td>前缀或后缀递增运算</td></tr>
<tr><td>递减运算符</td><td>- -</td><td>前缀或后缀递减运算</td></tr>
<tr><td rowspan="2">移位运算符</td><td>< <</td><td>二进制左移运算</td></tr>
<tr><td>> ></td><td>二进制右移运算</td></tr>
<tr><td rowspan="6">关系运算符</td><td>= =</td><td>等于运算</td></tr>
<tr><td>! =</td><td>不等于运算</td></tr>
<tr><td><</td><td>小于</td></tr>
<tr><td>></td><td>大于</td></tr>
<tr><td>< =</td><td>小于等于</td></tr>
<tr><td>> =</td><td>大于等于</td></tr>
<tr><td rowspan="11">赋值运算符</td><td>=</td><td>赋值</td></tr>
<tr><td>+ =</td><td>先加后赋值</td></tr>
<tr><td>- =</td><td>先减后赋值</td></tr>
<tr><td>* =</td><td>先乘后赋值</td></tr>
<tr><td>/ =</td><td>先除后赋值</td></tr>
<tr><td>% =</td><td>先取模后赋值</td></tr>
<tr><td>& =</td><td>先按位与后赋值</td></tr>
<tr><td>| =</td><td>先按位或后赋值</td></tr>
<tr><td>< < =</td><td>先左移后赋值</td></tr>
<tr><td>> > =</td><td>先右移后赋值</td></tr>
</table>

## 2.4.2 常见运算

算术运算、递增运算、递减运算、关系运算以及赋值运算是 C#中的常见运算，也是程序员运用最多的运算方式。

```
01 static void Main()
02 {
03         int intX = 100;
04         int intY = 50;
05         int intResult;
06         intResult = intX + intY;
07         Console.Writeline("'{0}'+'{1}'='{2}'", intX, intY, intResult);
08 }
```

上述代码中，第一行声明了一个整数变量 intX 并为之赋值 100；第二行声明了一个整数变量 intY 并为之赋值 50；第三行定义了一个整数变量 intResult；第四行是一个简单表达式，首先是 intX 和 intY 进行加法运算，然后将结果赋值给 intResult；第五行将结果显示出来。

### 2.4.3 简化运算符及简化表达式

C#语法非常简洁，程序员可以在开发时使用大量的简化运算符和简化表达式来进行复杂的操作。简化运算符放置在操作数的前面和后面，意义是不一样的。表 2－7 列出了 C#中的简化运算符用法。这些表达式因为需要两个操作数，又叫二元表达式。

**表 2－7　简化运算符**

| 简化算式 | 含义 |
|---|---|
| Y = X + + | Y = X 后，X = X + 1 |
| Y = + + X | X = X + 1 后，执行 Y = X |
| Y = X - - | Y = X 后，X = X - 1 |
| Y = - - X | X = X - 1 后，执行 Y = X |
| Y + = X | Y = Y + X |
| Y - = X | Y = Y - X |
| Y * = X | Y = Y * X |
| Y% = X | Y = Y% X |
| Y > > = X | Y = Y > > X |
| Y < < = X | Y = Y < < X |
| Y& = X | Y = Y&X |
| Y \| = X | Y = Y \| X |
| Y^ = X | Y = Y^X |

### 2.4.4　三元运算符

三元运算符指的是在运算时需要用到三个操作数，例如?：运算符。该运算符的语法结构如下。

```
01   result = 表达式 ? 语句1 : 语句2
```

上述语法含义为：当表达式结果为真(true)时，执行语句1，表达式结果为假(false)时，执行语句2；如论执行哪一个语句，该表达式最后都要返回一个结果值。

```
01   static void Main()
02   {
03       int intAge1 = 17;
04       int intAge2 = 19;
05       string strResult1 = ( intAge1 >=18)?"成年人":"未成年人";
06       string strResult2 = ( intAge2 >=18)?"成年人":"未成年人";
07   }
```

上述范例第一行声明了一个整数型变量intAge1并将它赋值17。第二行声明了一个整数型变量intAge2并将它赋值19。第三行声明了字符串变量strResult1，并用三元表达式为它赋值；表达式intAge1 > =18返回值为false，执行语句2，因此变量strResult1值为“未成年人”。第四行声明了字符串变量strResult2，并用三元表达式为它赋值；表达式intAge2 > =18返回值为true，执行语句1，因此变量strResult2值为“成年人”。

### 2.4.5　运算符的优先级

在复杂的表达式中一般会有多个运算符，操作数到底应该先进行哪种运算？这取决于运算符的优先级。运算符的优先级决定着各运算符的计算顺序。如果没有运算符优先级的设定，程序运行时就会产生问题。

例如下面范例，它可能会产生两种结果。

```
01   int intX = 100 - 8 * 2;
```

- 如果先计算乘法(8 * 2)，再将乘法结果(16)计算减法(100 - 16)，那么intX的值就是84。
- 如果先计算减法(100 - 8)，再将减法运算结果(92)计算乘法(92 * 2)，那么intX的值就是184。

实际情况中，应当按照第一种顺序进行计算，即先计算乘法，再将乘法的结果计算减法，这是因为乘法运算符的优先级高于减法运算符的优先级。

C#中，乘法、除法、取模计算的优先级相同；加法、减法计算的优先级相同；但是前者(乘法、除法、取模)优先级高于后者(加法、减法)。

圆括号()具有最高的运算优先级，因此它可以覆盖其他所有运算符的优先级。程序员使用圆括号可以进行任意方式的运算。同时，合理地大量使用圆括号，会使得表达式具有较强的可读性。

```
01   int intX = 100 - (8 * 2);
02   int intY = (100 - 8) * 2;
```

上述范例中，两行语句都是先进行圆括号内计算，再进行圆括号外的计算，第一行结果为84；第二行结果为184。

下面范例中，除法(/)和乘法(*)具有相同的优先级，那么，到底是先进行除法运算，还是先进行乘法运算呢？

```
01   int intZ = (32/8) * 2;
```

- 如果先进行乘法运算后进行除法运算，intZ 的赋值应该为2。
- 如果先进行除法运算后进行乘法运算，intZ 的赋值应该为8。

答案是应当先对操作数2进行除法运算，因为乘法运算符和除法运算符都具有向左结合性，因此，intZ 的结果应该是8。每种运算符都具有结合性，然后结合性固然解决了同等优先级级别的运算符计算顺序问题，可是却使得表达式不易理解。程序员可以使用圆括号非常方便地解决这个问题。

```
01   int intZ = (32/8) * 2;
```

## 2.5 数组

数组是一组无序的元素序列，这些元素具有相同的数据类型。数组中的数据存储在连续的内存空间中。访问数组中的元素，需要用到称为数组下标的整数索引。数组按照这一规律将一系列的数据组织在一起，成为一个可以整体操作的对象，方便程序员快速地调用数据和管理数据。

例如，一个宿舍中有八位同学，他们的名字可以列为一个名字清单如下：

1)张山

2)刘海波

3)王桂芬

4)张晓亮

5)李晶晶

6)谈飞鸿

7)黄晓阳

8)梁栋

这个名字清单列出了某一个宿舍的入住同学名单，这些同学的名字属于同一类的数据类型：字符串。因此，可以使用数组来表示他们。

```
01   string[] strArrA208 = {"张山","刘海波","王桂芬","张晓亮","李晶晶","谈飞鸿","黄晓阳","梁栋"};
```

上述数组中的名字元素是有一定的排列次序的，程序员可以使用整数索引来访问管理这些元素内容。例如，下述代码将输出上面数组中的元素。

```
01  static void Main( )
02  {
03          for ( int i; i < strArrA208. Length; i + + )
04          {
05                  Console. Writeline( " A208 床号{0} : {1} " , i, strArrA208[i] ) ;
06          }
07  }
```

C#中数组根据维数可以分为一维数组、多维数组、交错数组。

### 2. 5. 1　声明数组变量

数组变量是引用类型变量。当声明一个数组变量时，首先需要指定数组元素的数据类型，其次在之后跟随一个方括号，最后写出数组变量的名称。在这里，方括号代表该变量是一个数组变量。声明数组变量语法如下：

数组元素数据类型 [ ] 数组变量名称；

数组元素的数据类型可以是基本数据类型，如整数、字符串、布尔类型等；也可以是结构、枚举、类等。

下面范例声明一个一维整数数组：

```
01  int [ ] intArrAges;
```

下面范例声明了一个多维字符串数组：

```
01  string [ , ] strArrNames;
```

下面范例声明了一个数组元素为类类型的数组变量。

```
01  class Student
02  {
03          …
04  };
05  Student [ ] stuX;
```

### 2. 5. 2　创建数组实例

作为引用类型变量，声明数组时并不会在堆内存中为之分配内存空间。只有使用 new 关键字创建数组实例时，程序运行时才会为数组变量分配完整的内存空间。虽然声明数组时，不需要指定数组的大小(即数组中元素的个数)，但是在创建数组实例时，需要指定数组的大小。

创建数组实例语法如下：

数组变量名称 = new 数组元素数据类型 [数组大小，数组大小，…]；

创建一个数组实例，首先输入 new 关键字，之后跟随数组元素数据类型，接下来输入方括号，方括号内输入数组的大小；如果是多维数组，需要输入各个维度的大小。

下面范例创建一个一维整数数组实例：

```
intArrAges = new int [8];
```

下面范例创建了一个多维字符串数组实例：

```
strArrNames = new string [3, 2];
```

下面范例声明了一个数组元素为类类型的数组变量。

```
01  class Student
02  {
03          …
04  };
05  Student [ ] stuX;
06  stuX = new Student[5];
```

数组的大小可以是程序员手工指定的常量，也可以是动态决定的，甚至可以是程序运行时计算出来的变量，例如，下例中数组 strArrNames 的大小是运行时输入的。

```
01  static void Main()
02  {
03          int intSize = int.Parse(Console.ReadLine());
04          string[] strArrNames = new string[intSize];
05  }
```

如果上述范例中，我们输入了“10”，那么数组 strArrNames 的大小就是 10。C#允许大小为 0 的数组，因此，即使我们输入“0”，也会实例化一个大小为 0 的数组。

### 2.5.3 初始化数组变量

创建数组对象实例时，系统会自动为每一个数组元素初始化一个缺省值，这个缺省值由数组元素的数据类型决定。初始化数组变量即程序员修改数组元素的初始值，为它赋予一个期望中的数值。

初始化数组元素值，需要使用到一对大括号，大括号内包含数组元素值，它们之间用逗号隔开。下例初始化了整数型数组变量 intArrAges 的元素数值，大括号中的数字值即数组元素值。

```
01  int[] intArrAges = new int [8] {16, 17, 18, 16, 18, 15, 16, 17};
```

初始化数组元素值并不一定使用常量，这些元素值也可以在程序运行时产生。下例中数组的数值是随机产生的。

```
01  static void Main()
02  {
03   Random x = new Random();
04   int[] intArrAges = new int [8] {
                                   x.Next(), x.Next(), x.Next(), x.Next(),
                                   x.Next(), x.Next(), x.Next(), x.Next()
                                   };
05  }
```

下例初始化了一个类类型数组变量stuX，该数组变量大小为3。初始化过程中使用类构造器Student()。

```
01  class Student
02  {
03      …
04          Student(string name, char sex, int age)
05      {
06              …
07          }
08  }
09  Student [ ] stuX = new Student[3] {
                                      new Student("张山","男", 19),
                                    new Student("李梅瓶","女", 18),
                                    new Student("王立志","男", 17)
                                    };
```

初始化数组变量时，需要注意，大括号内值的数量一定要与数组实例的大小完全一样，否则会产生运行错误。下面范例在编译时会产生错误：

```
01  int[] intArrAges = new int [4] {16, 17, 18, 16, 18, 15, 16, 17};
```

### 2.5.4 访问数组元素

访问数组元素，需要使用数组的下标。需要注意的是，数组的下标是一个从0开始的整数索引数值。数组中的第一个元素索引值为0，第二个元素索引值为1，但三个元素索引值为2，依次类推。

下面范例读出数组中一个元素的值：

```
01  int[] intArrAges = new int [4] {16, 17, 18, 16};
02  int intTest =  intArrAges[1];
```

下面范例修改数组中元素的值：

```
01  int intTest = 20;
02  intArrAges[2] =  intTest;
```

访问数组 intArrAges 元素的值，数组的索引值应当位于 0 与数组最大下标值（intArrAges. Length，即 3），否则会产生编译错误。

下面范例会产生错误：

```
01  int[] intArrAges = new int [4] {16, 17, 18, 16};
02  intArrAges[4] =  20;
```

## 2.5.5 遍历数组元素

C#为数组变量内嵌了一些实用的方法和属性，例如 Length 属性描述了数组中的元素数量。借助 C#中的循环语句，可以轻松遍历数组中的元素数据。

下面范例读出数组中每一个元素的值：

```
01  static void Main()
02  {
03      int[] intArrAges = new int [4] {16, 17, 18, 16};
04      for(int i = 0; i< intArrAges. Length; i++)
05      {
06          int intPrint =  intArrAges[i];
07          Console. WriteLine(intPrint);
08      }
09  }
```

实用 C#中的 foreach 循环语句遍历数组，可以不必考虑数组的大小。因为 foreach 语句会自动获取数组中的每一个元素值，而不会超出数组的上下边界。因此，foreach 是遍历数组的首选。下面范例使用了 foreach 遍历数组 intArrAges。

```
01  static void Main()
02  {
03      int[] intArrAges = new int [4] {16, 17, 18, 16};
04      foreach(int  intPrint in  intArrAges)
05      {
06          Console. WriteLine(intPrint);
07      }
08  }
```

foreach 循环语句具有以下特点：

- foreach 会遍历整数数组，而不是数组的一部分。
- foreach 遍历数组的顺序是从索引为 0 的元素到索引为 Length - 1 的元素。
- foreach 语句不会返回数组的索引值，只会返回数组的元素值。
- foreach 语句只能读取数组的值，而不能修改。

## 拓展实训

(1) 创建六种值类型变量，并为之初始化赋值。

(2) 创建字符串变量，并为之赋值。

(3) 创建整数型变量 intX，并使用对象类型变量 objX 为之执行装箱操作。

(4) 创建三个实数类型变量 decX、decY、decZ，为之初始化赋值，尝试进行基本的运算操作，如加减乘除等。

(5) 创建数组变量，用于存储你的同宿舍同学数据，数组元素为结构类型，该结构类型最少应包括以下字段：学号、姓名、年龄、床号、联系电话。

# 第 3 章

## C#的语句结构

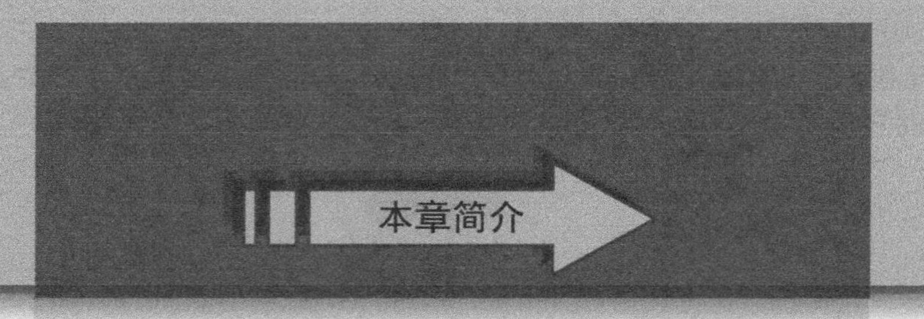


**本章的主要内容是 C#的条件结构和循环结构的介绍和应用。**

- 熟悉 C#的语句结构分类
- 掌握 C#的条件结构和循环结构概念和基础知识。
- 掌握 C#的条件结构和循环结构在 C#程序设计中的应用。

# 3.1　条件结构

## 3.1.1　条件结构的逻辑判断

在日常生活当中，经常要对某些事情作出“真”、“假”的逻辑判断。

例如，要对一个人的性别进行逻辑判断，要么是“男”，要么是“女”，因此，判断的结果只有一个。在C#的程序设计中，需要对这个人的性别作出是否为“男”或者是否为“女”的一个逻辑判断，如果判断这个人的性别是否为“男”，当结果是“真”时，就会得到这个人的性别是“男”的结果，当结果是“假”时，就会得到这个人的性别是“女”的结果；如果判断这个人的性别是否为“女”，当结果是“真”时，就会得到这个人的性别是“女”的结果，当结果是“假”时，就会得到这个人的性别是“男”的结果。

在C#的程序设计中，结合第2章介绍的条件运算符、比较运算符、逻辑运算符和bool类型，通过条件结构实现条件的逻辑判断，并根据判断结果执行相应的语句。

**一、逻辑判断的常用类型**

在C#的程序设计常用bool类型来进行逻辑判断，bool类型只有两个值，一个true，一个false，这样其作出逻辑判断的结果值具有唯一性，只能是true或只能是false；同时bool类型不能与其他数据类型相互转换，具有类型的确定性，变量一旦定义为bool类型就一直是bool类型。因此，在C#的程序设计的条件结构中起着十分重要的作用。

**二、用bool类型进行逻辑判断**

为了了解bool类型如何在C#中进行逻辑判断，下面通过一个简单的例子：实例3－1来进一步说明。实例3－1主要是利用bool类型实现对学生输入的“年龄”，做出是否大于等于“18”的逻辑判断，然后将逻辑判断的结果值true或false输出。

【实例3－1】下列实例功能为在控制台输入“年龄”的数据，经过输入的“年龄”数据与常量adultAge＝18的比较，将结果保存在bool类型变量isAdult中，最后通过控制台输出判断的结果，即变量isAdult的值。

**实例3－1　输入年龄判断是否成年人并输出结果**

```
01  class Program3_1
02  {
03      static void Main(string[] args)
04      {
05          int studentAge;
06          const int adultAge = 18;
07          bool isAdult; //声明一个名为isAdult的bool类型变量
08           Console.WriteLine("你的年龄是:");
```

```
09              studentAge = int.Parse(Console.ReadLine()); //输入年龄
10              isAdult = studentAge > = adultage; //判断年龄是否大于等于18
11              Console.WriteLine("根据输入的年龄，判断你是成年人吗?:");
12              Console.Write(isAdult); //输出判断结果值
13              Console.ReadLine();
14          }
15      }
```

【代码说明】代码“bool isAdult;”是声明一个名为 isAdult 的 bool 类型变量；代码“studentAge = int. Parse(Console. ReadLine());”是将从控制台输入的“年龄”的值保存在变量 studentAge 中；代码“isAdult = studentAge > = adultAge;”是判断输入“年龄”是否大于等于18，并将结果保存在变量 isAdult 中。

【运行效果】结果如图 3－1 所示。

图 3－1　输入年龄判断是否成年人

## 3.1.2　if 条件结构

从实例 3－1 的运行结果可知，程序能判断出“年龄”是否大于等于 18，并显示 true 或 false，并未实现根据判断结果去执行别的语句，而使用 if 条件结构是可以做到这一点的。

### 一、if 概述

if 就是“如果”的意思。在 C#的程序设计中，通常应用 if 与 bool 类型表达式相结合来实现：对条件作出 true 或者 false 的基本的逻辑判断，然后根据判断的结果决定去完成后面的程序语句。

### 二、if 条件结构的基本语法和流程图

if 条件结构是先对所提供的条件作出判断，再由判断的结果决定执行相应的程序的一种语法结构。if 条件结构的基本语法如下：

```
if(表达式)
{
    语句;
}
```

从其基本语法可知，if 要作出判断所依据的条件就是其后小括号内的表达式，而为了让程序能够编译，这个表达式必须是 bool 类型表达式，它的值为 true 或者 false。

在程序运行时，以表达式的值作为判断的依据，当表达式的值 true，即满足 if 所依据的条件时，程序就会执行 if 条件结构内部(即大括号内)的语句(这里的语句可以是多条语句)，执行完再执行 if 条件结构外部(即大括号外)的语句。当表达式的值 false，即不满足 if 所依据的条件时，程序就不执行 if 条件结构内部(即大括号内)的语句，而直接执行 if 条件结构外部(即大括号外)的语句。由此，根据 if 条件结构基本语法，可以得到 if 条件结构的基本流程图，如图 3－2 所示。

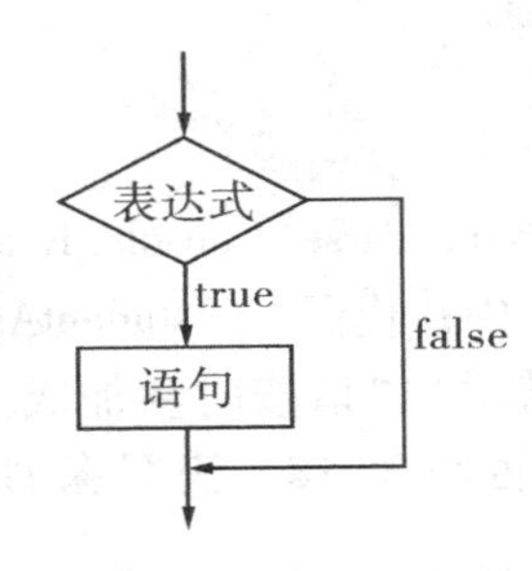


图 3－2 if 条件结构的基本流程图

### 三、if 条件结构的简单应用

可以通过下面的一个例子加深对 if 条件结构基本语法和基本流程图的了解和应用。

在实例 3－1 的基础上，结合 if 条件结构，实现实例 3－2：对在控制台输入“年龄”的数据，作出是否大于等于“18”的逻辑判断，结果是 true，就输出“请按时参加成人宣誓。”，结果是 false，就不执行任何操作，直接执行后面的语句；作出是否小于“18”的逻辑判断，结果是 true，就输出“你现在不用参加成人宣誓。”，结果是 false，就不执行任何操作，直接执行后面的语句。

【实例 3－2】下列实例功能为在控制台输入“年龄”的数据，经过 if 条件结构对输入的“年龄”数据与常量 adultAge＝18 的比较，根据判断的结果通过控制台输出相应的语句内容。

**实例 3－2 输入年龄判断是否成年人并输出与结果相应的语句内容**

```
01  class Program3_2
02  {
03      static void Main(string[] args)
04      {
05          int studentAge;
06          const int adultAge = 18;
07          Console.WriteLine("你的年龄是:");
08          studentAge = int.Parse(Console.ReadLine()); //输入年龄
09          if (studentAge >= adultAge)//判断输入年龄是否大于等于 18
```

```
10            {
11                Console. WriteLine("请按时参加成人宣誓。");
12            }
13            if (studentAge < adultAge)//判断输入年龄是否小于 18
14            {
15                Console. WriteLine("你现在不用参加成人宣誓。");
16            }
17            Console. ReadLine();
18        }
19    }
```

【代码说明】代码"studentAge = int. Parse(Console. ReadLine());"是将从控制台输入的"年龄"的值保存在变量 studentAge 中；代码"if(studentAge > = adultAge)"是判断输入"年龄"是否大于等于 18，满足条件就输出"请按时参加成人宣誓。"，代码"if(studentAge < adultAge)"是判断输入"年龄"是否小于 18，满足条件就输出"你现在不用参加成人宣誓。"。

【运行效果】结果如图 3－3 所示。

图 3－3　判断是否成年人并输出与结果相应的语句内容

**四、if 条件结构的 if－else 结构**

由实例 3－2 可知，要进行的逻辑判断是以"adultAge ＝18"作为条件的 2 个逻辑判断，一个是表达式"studentAge > = adultAge"，另一个是表达式"studentAge < adultAge"，而这 2 个逻辑判断都分别使用了 1 个 if 条件结构作出简单的判断，满足条件就执行相应的语句。

其实，对于实例 3－2 的问题，可以只使用 1 个 if 条件结构对"adultAge ＝18"这个条件，通过表达式"studentAge > = adultAge"作出逻辑判断，根据相应的 true 或者 false 值执行相应的语句。因此，在 C#中使用 if 条件结构的 if－else 结构就能够实现这个程序。

if 条件结构的 if－else 结构的语法如下：

```
if(表达式)
{
   语句 1;
}
```

```
else
{
语句 2;
}
```

从其语法可知，if－else结构以表达式的值作为判断的依据，当表达式的值true，即满足if所依据的条件时，程序就会执行if－else条件结构if大括号内的语句1(这里的语句1可以是多条语句)；当表达式的值false，即不满足if所依据的条件时，程序就执行if－else条件结构else大括号内的语句2(这里的语句2可以是多条语句)。由此，根据if条件结构的if－else结构语法，可以得到if条件结构的if－else结构流程图，如图3－4所示。

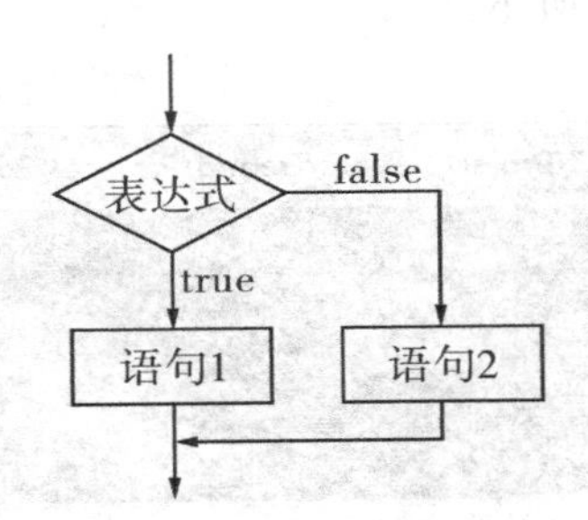


图3－4　if条件结构的基本流程图

【实例3－3】下列实例功能为在控制台输入“年龄”的数据，经过if－else结构对输入的“年龄”数据与常量adultAge＝18的比较，根据判断的结果通过控制台输出if大括号内的语句内容或者是else大括号内的语句内容。

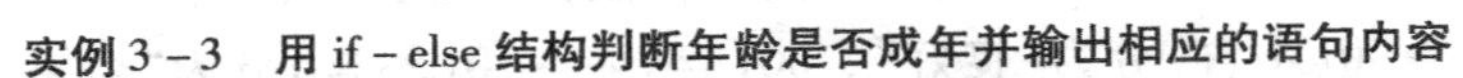

**实例3－3　用if－else结构判断年龄是否成年并输出相应的语句内容**

```
01  class Program3_ 3
02  {
03      static void Main(string[ ] args)
04      {
05          int studentAge;
06          const int adultAge = 18;
07          Console.WriteLine("你的年龄是:");
08          studentAge = int.Parse(Console.ReadLine()); //输入年龄
09          if (studentAge >= adultAge)//判断输入年龄是否大于等于 18
10          {
11              Console.WriteLine("请按时参加成人宣誓。");
12          }
13          else//否则，即年龄小于 18
14          {
15              Console.WriteLine("你现在不用参加成人宣誓。");
```

```
16            }
17            Console. ReadLine( );
18        }
19    }
```

【代码说明】代码“studentAge = int. Parse( Console. ReadLine( ) );”是将从控制台输入的“年龄”的值保存在变量 studentAge 中；代码“if( studentAge > = adultAge)”是判断输入“年龄”是否大于等于18，满足条件就输出 if 大括号内的语句内容“请按时参加成人宣誓。”，否则，即“年龄”小于18，就输出 else 大括号内的语句内容“你现在不用参加成人宣誓。”。

【运行效果】结果如图 3 –5 所示。

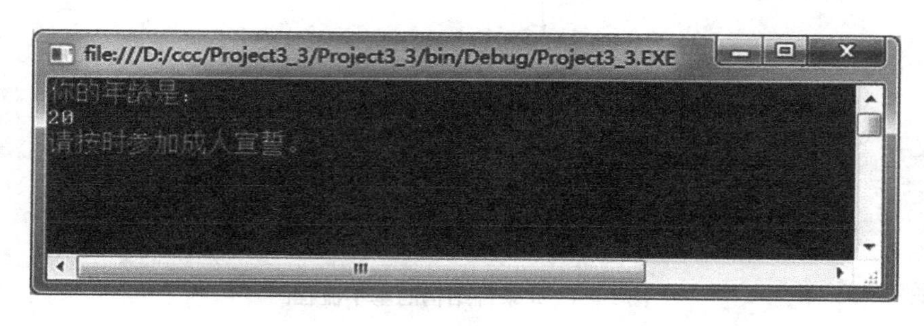


图 3 –5　判断是否成年人并输出与结果相应的语句内容

### 五、if 的多重条件结构

有时在一项考试中，会对成绩进行不同的分段，例如：90(含) – –100(含)分为“优秀”，70(含) – –90(不含)分为“良好”，60(含) – –70(不含)分为“合格”，60(不含)分以下为“不合格”。

由于成绩分段的比较特殊，即“不合格”分段和“不合格”之外的分段就由 0(含) – –100(含)分组成，所以第一步可以对成绩“不合格”进行判断，满足条件的就是60(不含)分以下“不合格”的分段，不满足条件的就是 60(含) – –100(含)分的大分段(此大分段包括“优秀”、“良好”、“合格”3 个分段)，这时“不合格”的分段完成；第二步可以对前面 60(含) – –100(含)分的大分段中成绩“合格”的进行判断，满足条件的就是 60(含) – –70(不含)分“合格”的分段，不满足条件的就是 70(含) – –100(含)分的大分段(此大分段包括“优秀”、“良好”2 个分段)，这时“合格”的分段完成；第三步可以对前面 70(含) – –100(含)分的大分段中成绩“良好”的进行判断，满足条件的就是 70(含) – –90(不含)分“良好”的分段，不满足条件的就是 90(含) – –100(含)分的“优秀”分段。这样，经过 3 次判断，根据其结果就可以将成绩分成了“优秀”、“良好”、“合格”、“不合格”4 个分段。

如果要用 if 条件结构来进行成绩分段，那么需要使用第 1 个 if – else 结构对成绩“不合格”进行判断，满足条件时得到“不合格”的分段；在不满足条件时再使用第 2 个 if – else 结构对成绩“合格”进行判断，满足条件时得到“合格”的分段；在不满足条件时再使用第 3 个 if – else 结构对成绩“良好”进行判断，满足条件时得到“良好”的分段，不满足条件时则得到“优秀”的分段。这种 if 条件结构使用的是 if 的多重条件结构，其语法如下：

```
if(表达式1)
{
    语句1;
}else if(表达式2)
{
    语句2;
}else if(表达式3)
{
    语句3;
}
…
```

从其语法可知，if的多重条件结构首先以表达式1的值作为判断的依据，当表达式1的值满足if所依据的条件时，程序就会执行if大括号内的语句1(这里的语句1可以是多条语句)；当表达式1的值不满足if所依据的条件时，程序就执行第1个else if条件结构，以表达式2的值作为判断的依据，当表达式2的值满足if所依据的条件时，程序就会执行else if大括号内的语句2(这里的语句2可以是多条语句)；当表达式2的值不满足第1个else if所依据的条件时，程序就执行第2个else if条件结构，以表达式3的值作为判断的依据，当表达式3的值满足if所依据的条件时，程序就会执行第2个else if大括号内的语句3(这里的语句3可以是多条语句)。由此，根据if的多重条件结构的语法，可以得到if条件结构的if的多重条件结构流程图，如图3-6所示。

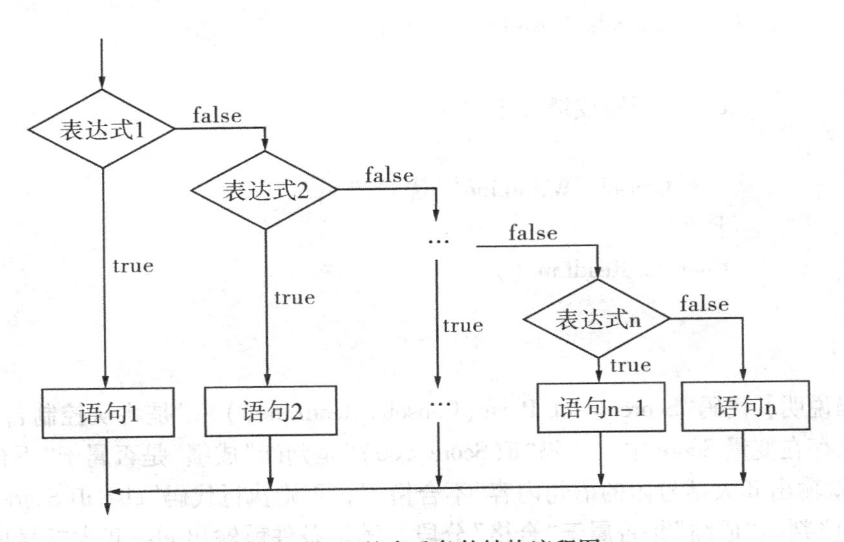


图3-6 if的多重条件结构流程图

【实例3-4】下列实例功能为在控制台输入“成绩”的数据，使用if的多重条件结构对“成绩”进行3次判断，根据判断结果确定“成绩”属于“不合格”、“合格”、“良好”、“优秀”这4个的成绩分段中的一个分段，然后输出相应的成绩分段名称。

**实例 3 - 4　用 if 多重条件结构判断成绩所属分段并输出相应分段名**

```
01  class Program3_ 4
02  {
03      static void Main(string[ ] args)
04      {
05          int Score;
06          Console.WriteLine("你的成绩是(0—100 分):");
07          Score = int.Parse(Console.ReadLine()); //输入成绩
08          if (Score < 60)//判断成绩是否小于 60
09          {
10              Console.WriteLine("不合格。");
11          }
12          else if (Score >= 60 && Score < 70)//否则判断成绩是否小于 70 且
    大于等于 60
13          {
14              Console.WriteLine("合格。");
15          }
16          else if (Score >= 70 && Score < 90)//否则判断成绩是否小于 90 且
    大于等于 70
17          {
18              Console.WriteLine("良好。");
19          }
20          else//否则成绩属于优秀
21          {
22              Console.WriteLine("优秀。");
23          }
24          Console.ReadLine();
25      }
26  }
```

【代码说明】代码“Score =int. Parse(Console. ReadLine());”是将从控制台输入的“成绩”的值保存在变量 Score 中；代码“if(Score <60)”是判断“成绩”是否属于“不合格”分段，满足条件就输出 if 大括号内的语句内容“不合格。”，否则执行代码“else if(Score > =60 && Score <70)”判断“成绩”是否属于“合格”分段，满足条件就输出 else if 大括号内的语句内容“合格。”，否则执行代码“else if(Score > =70 && Score <90)”判断“成绩”是否属于“良好”分段，满足条件就输出 else if 大括号内的语句内容“良好。”，否则就输出 else 大括号内的语句内容“优秀。”。

【运行效果】结果如图 3 -7 所示。

图3-7 判断成绩所属于分段并输出相应分段名

**六、if的嵌套条件结构**

与if的多重条件结构相似，if的嵌套条件结构也是对多层的条件进行判断，但是它们之间的区别在于：if的多重条件的判断是在上一层条件为false时，才进行下一层条件的判断；if的嵌套条件的判断则是上一层条件为true时，才进行下一层条件的判断，就会在上一层的if结构中嵌入下一层的if结构。其语法如下：

```
if(表达式1)
{
    if(表达式2)
    {
        …
        {
            if(表达式n)
            {
            语句1;
            }else
            {
            语句2;
            }
        }else
        …
    }else
    {
        语句n-1;
    }
}else
{
    语句n;
}
```

由其语法可得if的嵌套条件结构的流程图，如图3-8所示。

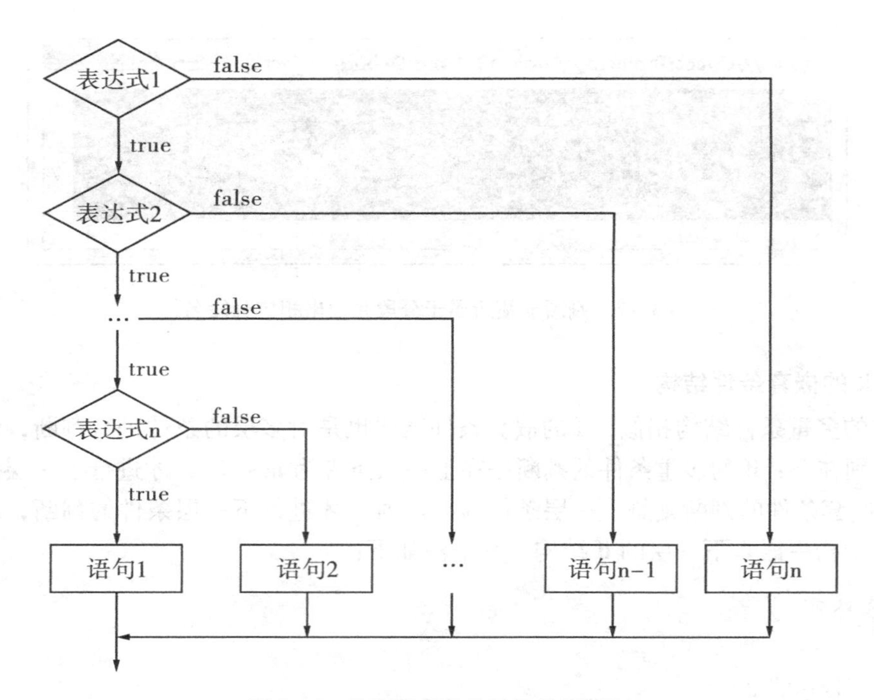


图 3－8　if 的嵌套条件结构的流程图

实例 3－4 的功能也可以用 if 的嵌套条件结构来实现，如实例 3－5，其代码如下。

**实例 3－5　用 if 嵌套条件结构判断成绩所属分段并输出相应分段名**

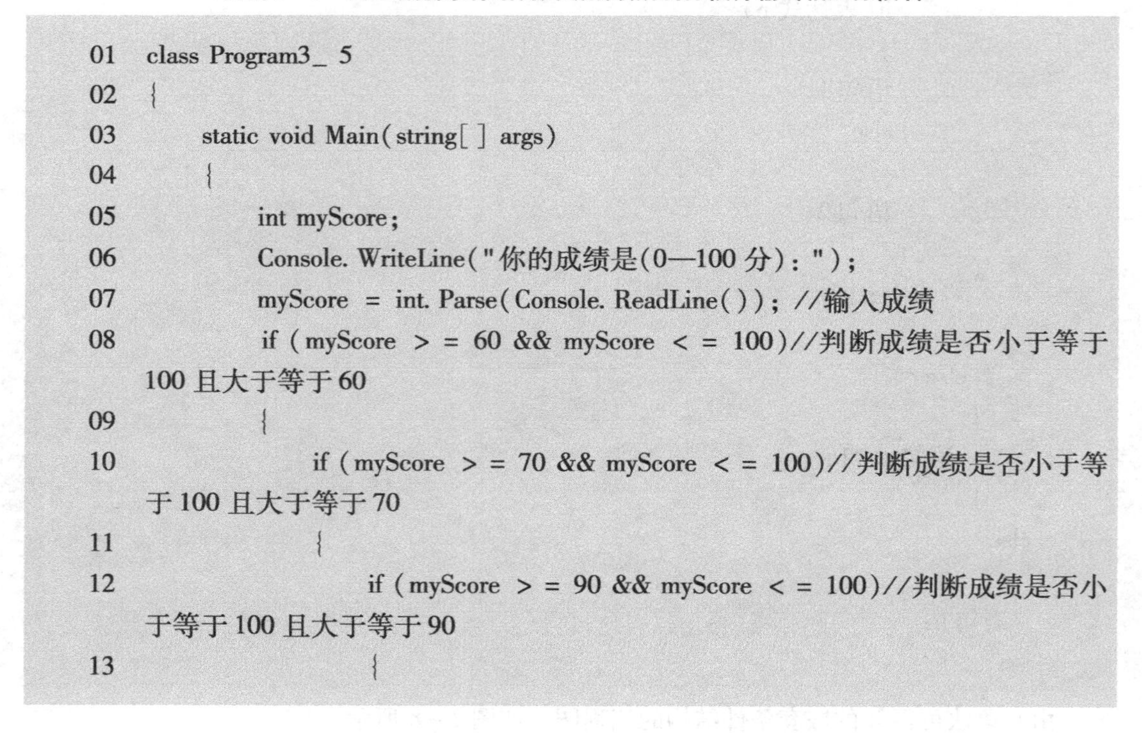

```
01  class Program3_ 5
02  {
03      static void Main(string[ ] args)
04      {
05          int myScore;
06          Console. WriteLine("你的成绩是(0—100 分)：");
07          myScore = int. Parse(Console. ReadLine()); //输入成绩
08          if (myScore > = 60 && myScore < = 100)//判断成绩是否小于等于
    100 且大于等于 60
09          {
10              if (myScore > = 70 && myScore < = 100)//判断成绩是否小于等
    于 100 且大于等于 70
11              {
12                  if (myScore > = 90 && myScore < = 100)//判断成绩是否小
    于等于 100 且大于等于 90
13                  {
```

```
14                      Console.WriteLine("优秀。");
15                  }
16                  else
17                  {
18                      Console.WriteLine("良好。");
19                  }
20              }
21              else
22              {
23                  Console.WriteLine("合格。");
24              }
25          }
26          else
27          {
28              Console.WriteLine("不合格。");
29          }
30          Console.ReadLine();
31      }
32  }
```

【代码说明】代码"if(myScore > =60 && myScore < =100)"是判断"成绩"是否"小于等于100且大于等于60"，不满足条件就输出else大括号内的语句内容"不合格。"，满足条件就执行代码"if(myScore > =70 && myScore < =100)"判断"成绩"是否"小于等于100且大于等于70"，不满足条件就输出else大括号内的语句内容"合格。"，满足条件就执行代码"if(myScore > =90 && myScore < =100)"判断"成绩"是否"小于等于100且大于等于90"，不满足条件就输出else大括号内的语句内容"良好。"，满足条件就输出if大括号内的语句内容"优秀。"。

【运行效果】结果如图3-9所示。

图3-9　if嵌套结构判断成绩并输出相应分段名

### 3.1.3 switch 条件结构

**一、等值判断与 switch**

在九球台球比赛中，除了白色的母球，还用到另外的 9 个颜色球，每个球有独自的 1 种颜色，不同的颜色代表不同的数字。在没有犯规的情况下，如果打进 1 个颜色球，就可以根据这个球的颜色判断是哪个数字的球。这种根据颜色判断数字的判断中，作为条件的“颜色”是不同的颜色，并且没有先后的次序或权限，因此对其的判断是等值判断。

使用 if 的多重条件结构可解决以上问题，其代码片段如下（只给出 1 至 4 号球的判断）：

```
01  string color;
02  Color = Console. ReadLine( ); //输入颜色
03  if( Color = "yellow" )//判断颜色是否为 yellow
04  {
05      Console. WriteLine( "1 号球" );
06  } else if( Color = "blue" )//判断颜色是否为 blue
07  {
08      Console. WriteLine( "2 号球" );
09  } else if( Color = "red" )//判断颜色是否为 red
10  {
11      Console. WriteLine( "3 号球" );
12  } else if( Color = "purple" )//判断颜色是否为 purple
13  {
14      Console. WriteLine( "4 号球" );
15  } else if…
16  …
```

由上面的代码片段可知，if 的多重条件结构可实现，但是对于这种等值判断，显得冗长，不便于阅读，因此，可以使用 switch 条件结构来实现。

**二、switch 条件结构的基本语法和流程图**

首先，我们了解 switch 条件结构的语法，其语法如下：

```
switch(表达式)
{
    case 比较表达式 1：语句 1;
        break;
    case 比较表达式 2：语句 2;
        break;
```

```
    …
    default: 语句 n;
        break;
}
```

在语法中可见，关键词 switch 的含义是“开关”，switch 后的表达式是整型、字符型或字符串型变量；关键词 case 的含义是“事件”，其后的比较表达式也要是整型、字符型或字符串型的常量；关键词 default 的含义是“默认”；关键词 break 的含义是“停止”，跳出 switch 条件结构。

由其语法可得 switch 条件结构的流程图，如图 3－10 所示。

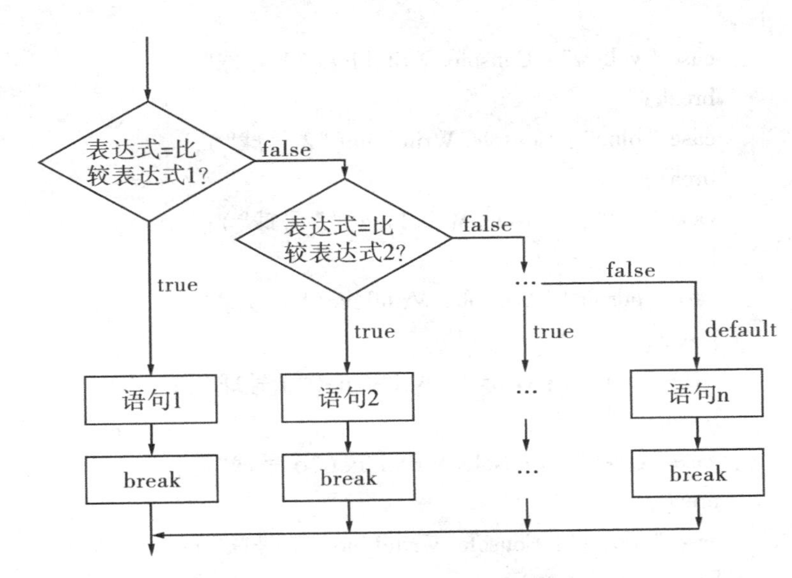


图 3－10　switch 条件结构的流程图

结合语法和流程图，可得 switch 条件结构的执行过程是：switch 后的表达式的值先与第 1 个 case 后的比较表达式 1 的值比较，如果相等就执行 case 内部的语句 1，执行到 break 时就跳出 switch 条件结构；如果不相等就与第 2 个 case 后的比较表达式 2 的值比较，如果相等就执行 case 内部的语句 2，执行到 break 时就跳出 switch 条件结构，如果不相等就按顺序逐个与后面的 case 后的比较表达式的值比较，只要相等就执行相应的 case 内部的语句，执行到 break 时就跳出 switch 条件结构；如果都不相等就执行 default 内部的语句，执行到 break 时也跳出 switch 条件结构。

### 三、switch 条件结构实现等值判断

【实例 3－6】下列实例功能为在九球台球比赛时，控制台输入打进的球的“颜色”的数据，使用 switch 条件结构对“颜色”进行等值判断，根据判断结果输出所进的球的编号（1 至 9 号球中的一个），如果没有这种“颜色”的球就为默认值并输出“没有这种颜色的球”。

**实例3－6　根据打进的球的颜色用switch条件结构判断球的编号**

```
01  class Program3_ 6
02  {
03      static void Main(string[] args)
04      {
05      string Color;
06      Console. WriteLine("进球的颜色:");
07      Color = Console. ReadLine(); //输入打进的球的颜色
08      switch(Color)
09      {
10          case "yellow": Console. WriteLine("1 号球");
11          break;
12          case "blue": Console. WriteLine("2 号球");
13          break;
14          case "red": Console. WriteLine("3 号球");
15          break;
16          case "purple": Console. WriteLine("4 号球");
17          break;
18          case "orange": Console. WriteLine("5 号球");
19          break;
20          case "green": Console. WriteLine("6 号球");
21          break;
22          case "brown": Console. WriteLine("7 号球");
23          break;
24          case "black": Console. WriteLine("8 号球");
25          break;
26          case "yellow and white": Console. WriteLine("9 号球");
27          break;
28          default: Console. WriteLine("没有这种颜色的球");
29          break;
30      }
31      Console. ReadLine();
32  }
```

【代码说明】代码"Color = Console. ReadLine();"是将从控制台输入的"颜色"的值保存在变量Color中；代码"switch(Color)"是判断"Color"是否与所有case后面的"颜色"中的一个"颜色"的值相同，满足就输出与这种颜色对应的几号球，然后执行代码"break"退出switch条件结构；否则执行代码"default"后面的语句，输出"没有这种颜色的球"。

【运行效果】结果如图3－11所示。

图3－11 根据球的颜色用switch结构判断球的编号

## 3.2 循环结构

在日常生活中，常常会根据某个条件作出判断，当满足条件时做某件事情，如此重复，有的会按指定的重复次数去做该事情；有的就没有指定重复的次数，只要不满足条件就不做该事情。例如，电影院的验票员根据某人是否有该场电影的电影票，决定是否让这个人进场看电影。由于人数不确定，验票员会重复根据“某人是否有该场电影的电影票”这个条件，作出判断决定“是否让这个人进场看电影”，并且重复的次数是不确定的。

在C#中，对于电影院的验票员验票过程的实现，可以使用条件结构来实现，其代码片段如下：

```
01  string checkTicket = Console.ReadLine(); //输入"有票"或"无票"
02  if(checkTicket = "有票")//判断 checkTicket 是否为"有票"
03  {
04      Console.WriteLine("欢迎进场。");
05  }
```

由其代码片段可知，如果用C#程序来实现，验票员验票1次就需要执行代码片段1次，但是要是验票员验票上百次、上千次，那么就要执行代码片段上百次、上千次，这样就会导致C#程序中增加上百、上千个代码片段，使得C#程序相当冗余。为了简化电影院的验票员验票的程序，可以使用循环结构来实现。

### 3.2.1 基本循环

在C#中，有4种基本的循环结构：for循环、while循环、do－while循环和foreach循环，它们都有共同的特点：在满足循环继续执行的条件时，执行循环结构内部的语句，然后再判断这时是否满足循环继续执行的条件，满足就再执行循环结构内部的语句，然后再判断是否满足循环继续执行的条件，如此循环，只要不满足循环继续执行的条件就退出循环结构。

**一、for循环**

for循环是C#的基本循环之一，常用于处理确定循环次数的循环问题，其语法如下：

```
for(表达式 1；表达式 2；表达式 3)
{
    语句；
}
```

在其语法中，for 关键词后面除了大括号内的“语句”是循环体，for 关键词后面还有 3 个表达式，有各自的含义：

“表达式 1”是 for 循环的初始化部分，通常是赋值语句，为控制循环的变量赋初值；“表达式 2”是 for 循环的循环条件，通常是条件语句；“表达式 3”是 for 循环的迭代部分，通常是赋值语句，常用运算符“ + + ”或“ - - ”改变控制循环的变量值，实现循环的步进。

由 for 循环的语法中各部分的含义，可得 for 循环的流程图，如图 3 - 12 所示。

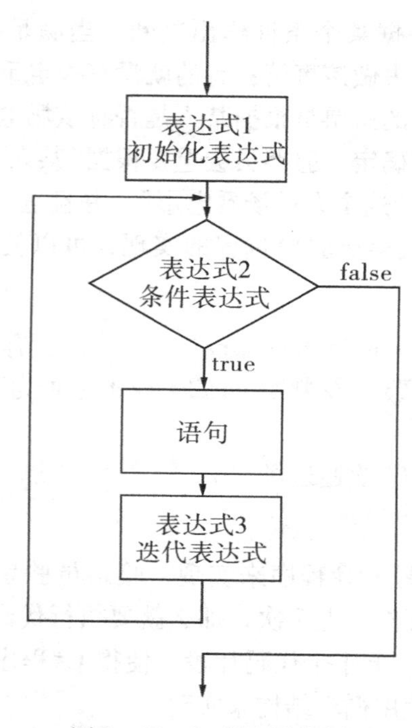


图 3 - 12　for 循环流程图

【实例 3 - 7】下列实例功能为电影院验票员为 100 个人验票，使用 for 循环结构在控制台输入该人“有票”或者“无票”的数据，使用 if 条件结构对“有票”进行等值判断，根据判断结果，当输入为“有”时，输出“欢迎进场。”，否则就输出“没有票是不能进场的。”。

**实例 3 - 7　使用 for 循环结构实现电影院验票员为 100 个人验票**

```
01  class Program3_ 7
02  {
03   static void Main(string[ ] args)
04   {
```

```
05            for(int i =1; i< =100; i+ +)
06            {
07                Console. WriteLine("输入是否有票(有或其他):");
08                string checkTicket = Console. ReadLine();
09                if (checkTicket  = ="有")
10                {
11                    Console. WriteLine("欢迎进场。");
12                }
13                else
14                {
15                    Console. WriteLine("没有票是不能进场的。");
16                }
17            }
18        }
19    }
```

【代码说明】for关键词后面的代码"int i =1"是初始化循环变量i,"i< =100"是确定循环条件和次数,"i+ +"是改变控制循环的变量值实现迭代,确定步进值为1;代码"string checkTicket = Console. ReadLine()"是在控制台输入字符串;代码"if (checkTicket = ="有")"是判断控制台是否输入"有",是则输出"欢迎进场。",否则输出"没有票是不能进场的。"。

【运行效果】结果如图3-13所示。

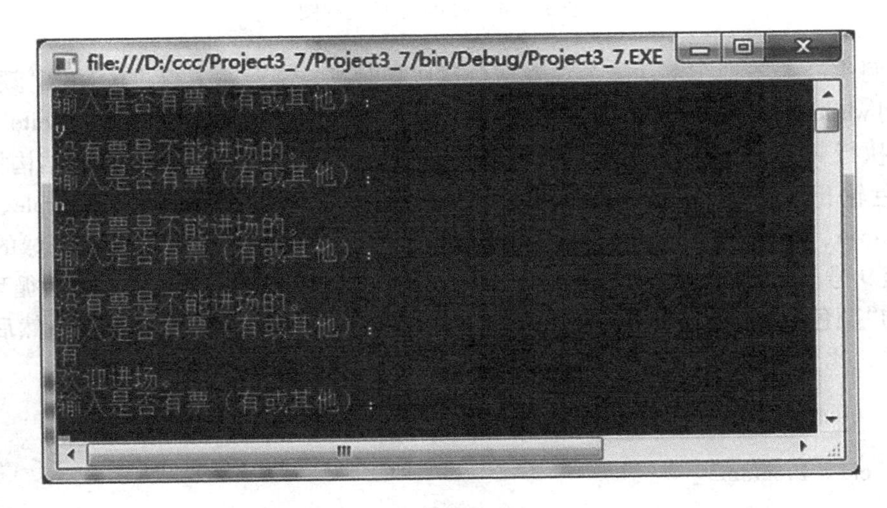


图3-13　for循环结构实现验票员为100人验票

## 二、while循环

while循环也是C#的基本循环之一,是常用的循环结构之一,其语法如下:

```
while (表达式)
{
    语句;
}
```

由 while 循环的语法可知，while 关键字后面的表达式是布尔表达式，作为循环的判断条件。因此要执行 while 循环内的语句(亦可称为循环体)，就要先进行一次循环条件的判断，如果判断的结果为真，则执行一次 while 循环内的语句，然后再对循环条件进行判断，如果判断的结果再为真，则再执行一次 while 循环内的语句，如此循环；只要对循环条件判断的结果为假，就跳出 while 循环，不执行 while 循环内的语句。

根据 while 循环执行次序，可得其流程图，如图 3－14 所示。

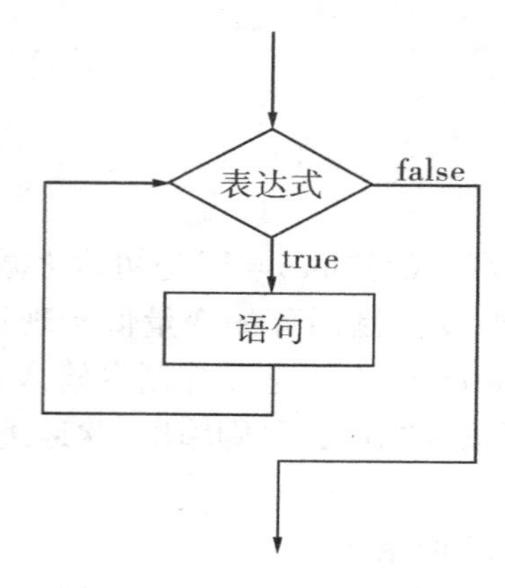


图 3－14　while 循环流程图

【实例 3－8】下列实例功能为在九球台球比赛时，控制台输入打进的球的“颜色”的数据。使用 while 循环结构对球的“颜色”进行判断，如果“颜色”是“yellow and white”(即 9 号球)则不执行 while 循环和输出“9 号球已进，比赛结束”；否则用 switch 条件结构根据进的球的颜色输出的编号(1 至 8 号球对应的颜色是：yellow、blue、red、purple、orange、green、brown、black)，和输出“9 号球还没有进行，比赛继续”，如果输入进球的“颜色”不是 1 至 9 号球的，就为默认值并输出“9 号球还没有进行，比赛继续”；然后循环输入打进的球的“颜色”的数据，只要球的“颜色”为“yellow and white”就跳出循环，然后输出“9 号球已进，比赛结束”。

**实例 3－8　while 根据球的颜色循环控制并用 switch 判断球的编号**

```
01  class Program3_8
02  {
03      static void Main(string[] args)
04      {
05          Console.WriteLine("输入进球的颜色:");
```

```
06          string inputColor = Console. ReadLine( ); //输入打进的球的颜色
07          while( inputColor!  = "yellow and white" )
08            {
09                switch( inputColor )
10                {
11                    case "yellow": Console. WriteLine( "1 号球" );
12                    Console. WriteLine( "9 号球还没有进行，比赛继续" );
13                    break;
14                    case "blue": Console. WriteLine( "2 号球" );
15                    Console. WriteLine( "9 号球还没有进行，比赛继续" );
16                    break;
17                    case "red": Console. WriteLine( "3 号球" );
18                    Console. WriteLine( "9 号球还没有进行，比赛继续" );
19                    break;
20                    case "purple": Console. WriteLine( "4 号球" );
21                    Console. WriteLine( "9 号球还没有进行，比赛继续" );
22                    break;
23                    case "orange": Console. WriteLine( "5 号球" );
24                    Console. WriteLine( "9 号球还没有进行，比赛继续" );
25                    break;
26                    case "green": Console. WriteLine( "6 号球" );
27                    Console. WriteLine( "9 号球还没有进行，比赛继续" );
28                    break;
29                    case "brown": Console. WriteLine( "7 号球" );
30                    Console. WriteLine( "9 号球还没有进行，比赛继续" );
31                    break;
32                    case "black": Console. WriteLine( "8 号球" );
33                    Console. WriteLine( "9 号球还没有进行，比赛继续" );
34                    break;
35                    case "yellow and white ":
36                    break;
37                    default: Console. WriteLine( "9 号球还没有进行，比赛继续" );
38                    break;
39                }
40                Console. WriteLine( "输入进球的颜色:" );
41                inputColor = Console. ReadLine( ); //输入打进的球的颜色
42            }
43        Console. WriteLine( "9 号球已进，比赛结束" );
```

```
44            Console. ReadLine( );
45        }
46    }
```

【代码说明】while 循环前面的代码"inputColor = Console. ReadLine( );"是将从控制台输入球的"颜色"的值保存在变量 inputColor 中。代码"while ( inputColor ！ = " yellow and white" )"是 while 循环对球的"颜色"进行判断，如果是真就执行循环语句，否则不执行循环；代码"switch( inputColor)"是判断"颜色"是否与所有 case 后面的"颜色"中的一个"颜色"的值相同，满足就输出与这种颜色对应的几号球和输出"9 号球还没有进行，比赛继续"，然后执行代码"break"退出 switch 条件结构；否则执行代码"default"后面的语句，输出"9 号球还没有进行，比赛继续"。while 循环内最后的代码"inputColor = Console. ReadLine( );"是重新输入球的"颜色"的值，再由 while 循环对球的"颜色"进行判断，如果是真就再执行循环语句，直到"颜色"的值为"yellow and white"就跳出循环，然后输出"9 号球已进，比赛结束"。

【运行效果】结果如图 3 – 15 所示。

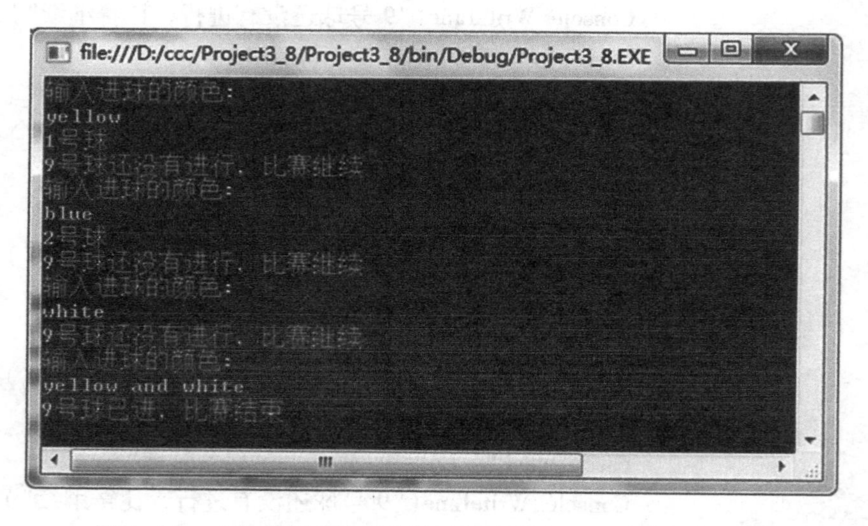


图 3 – 15　while 根据球的颜色循环控制并用 switch 判断球的编号

### 三、do – while 循环

do – while 与 while 相似，也是 C#的基本循环之一，是常用的循环结构之一，其语法如下：

```
do
{
    语句;
}while(表达式);
```

由 do – while 循环的语法可知，do 关键字后面直接是大括号内的循环语句，在语句的后面是 while 循环的表达式对循环的条件判断。必须注意是，在编辑时“while(表达式)”后面的“;”是必不可少的。

因此 do - while 循环是这样执行的：先执行一次循环内的语句(亦可称为循环体)，然后进行一次循环条件的判断，如果判断的结果为真，则再执行一次 while 循环内的语句，然后再对循环条件进行判断，如果判断的结果仍为真，则再次执行一次 while 循环内的语句，如此循环；只要对循环条件判断的结果为假，就跳出 while 循环，不执行 while 循环内的语句。

由此可知，do - while 循环是“先执行循环后判断条件”，这与 while 循环的“先判断条件后执行循环”的次序正好相反，是 do - while 循环结构与 while 循环结构的主要区别。

根据 do - while 循环的执行次序，可得其流程图，如图 3 - 16 所示。

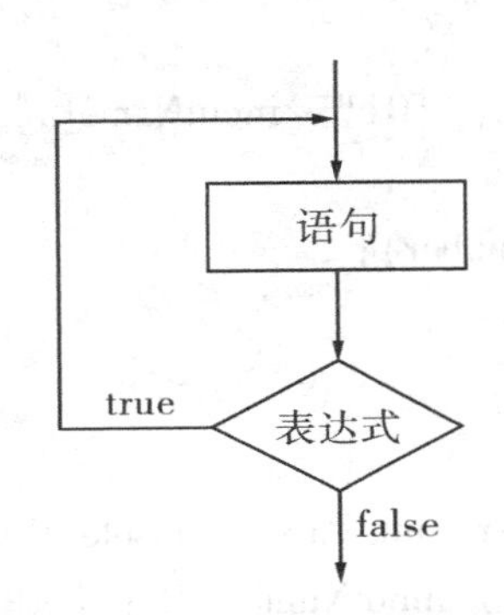


图 3 - 16　do - while 循环流程图

【实例 3 - 9】下列实例功能为在九球台球比赛前，控制台输入要报名参加比赛的选手的“参赛选手总人数”数据，然后根据“总人数”确定 do - while 循环的次数，循环输入“参赛选手”的姓名数据，并用一个一维数组逐一保存姓名数据，最后用 do - while 循环输出“参赛选手”的姓名。

**实例 3 - 9　用 do - while 循环和一维数组实现确定人数的姓名的输入输出**

```
01  class Program3_ 9
02  {
03      static void Main(string[ ] args)
04      {
05      int i =0;
06      int j;
07      int inputNumber;
08      string myName = "";
09      Console.WriteLine("输入参赛选手总人数:");
10      inputNumber = int.Parse(Console.ReadLine()); //输入参赛选手总人数
11      string[ ] inputName = new string[inputNumber];
12      do
```

```
13          {
14               j = i;
15               i + + ;
16               Console. WriteLine(" 输入第{0}位参赛选手姓名:", i);
17               myName = Console. ReadLine( );
18               inputName[j] = myName;
19          }while(i < inputNumber)
20          Console. WriteLine(" 参赛选手的名单:");
21          i =0;
22          do
23          {
24            Console. WriteLine(" {0}", inputName[i]);
25            i + + ;
26          } while (i < inputNumber);
27          Console. ReadLine( );
28     }
29 }
```

【代码说明】代码“inputNumber = int. Parse(Console. ReadLine( ))”是将从控制台输入的“参赛选手总人数”的值保存在变量 inputNumber 中；代码“string[ ] inputName = new string [inputNumber];”是创建一个一维字符串数组用来保存参赛选手姓名，而这个数组元素个数由 inputNumber 确定；代码“j = i; i + + ;”是让 j 保存 i 原来的值(即数组的下标以“0”开始递增)，i 的值增加 1 使循环有可能向后执行多一次，也让代码“Console. WriteLine(" 输入第{0} 位参赛选手姓名:", i);”中“i”值以“1”开始递增；代码“myName = Console. ReadLine( ); inputName[j] = myName;”是将输入的参赛选手姓名逐个保存到数组元素；代码“while(i < inputNumber)”是控制执行由 inputNumber 决定的循环次数；代码“Console. WriteLine(" {0}", inputName[i])”是输出数组 inputName[i] 中的元素，即参赛选手姓名。

【运行效果】结果如图 3 – 17 所示。

## 3. 2. 2 foreach 特有循环

在 C#中，foreach 是每一个都循环的意思，foreach 循环是一种比较特有、实用的循环，也是对集合或数组的元素实现遍历常用的循环。

其语法如下：

```
foreach(类型 元素(局部变量) in 集合或数组)
{
    语句;
}
```

```
file:///D:/ccc/Project3_9/Project3_9/bin/Debug/Project3_9.EXE
输入参赛选手总人数：
3
输入第1位参赛选手姓名：
刘备
输入第2位参赛选手姓名：
关羽
输入第3位参赛选手姓名：
张飞
参赛选手的名单：
刘备
关羽
张飞
```

图 3－17　用 do－while 循环和数组实现确定人数姓名的输入输出

由其语法可知，foreach 循环是这样执行的：逐一取出集合或数组中的每一个元素，并对取出的每一个元素执行 foreach 循环内部的语句，如此循环，直到集合或数组中的最后一个元素执行完毕，才跳出循环。

foreach 循环的流程图，如图 3－18 所示。

可以通过 2 个实例分别实现 foreach 循环的操作以加深对 foreach 循环的理解，一个是对集合的操作，另一个是对数组的操作。

首先，是对集合的操作，例如一个字符串就是一个集合，对其字符可以实现 foreach 循环的操作，比如输入一个字符串，使用 foreach 循环从该字符串中找到某字符，并统计输出找到某字符的个数。以下的实例 3－10 就可以实现该程序。

【实例 3－10】下列实例功能为控制台输入一个字符串的数据，使用 foreach 循环从该字符串中找到字符“e”，并统计输出字符“e”的个数。

**实例 3－10　用 foreach 循环从输入的字符串中找到并统计输出字符“e”的个数**

```
01  class Program3_10
02  {
03      static void Main(string[] args)
04      {
05          int i = 0;
06          string myString;
07          Console.WriteLine("输入一串字符:");
08          myString = Console.ReadLine(); //输入一串字符
09          foreach(char myChar in myString)
10          {
11              if(myChar == 'e')
12              {
```

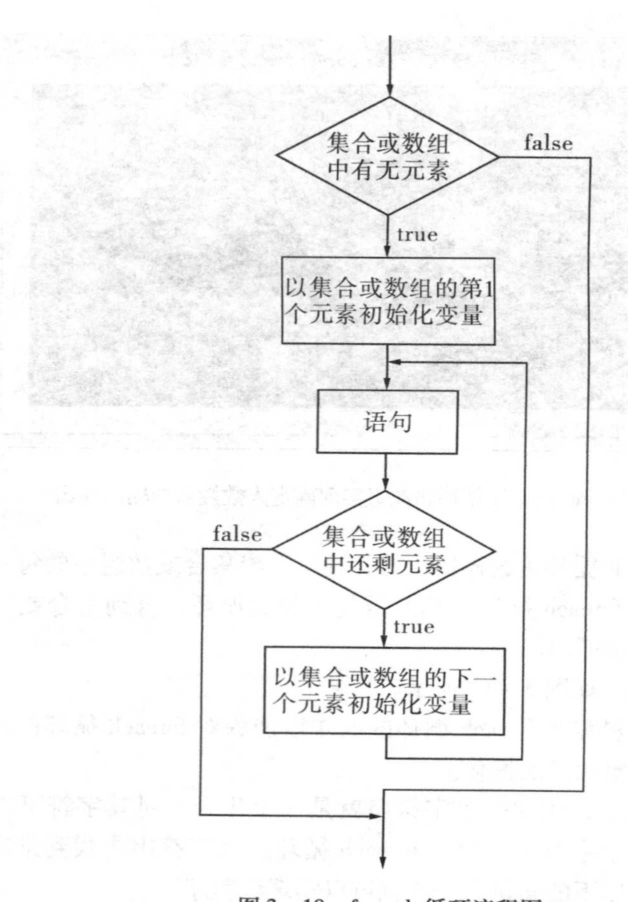


图 3－18　foreach 循环流程图

```
13                  i + + ;
14              }
15          }
16          Console. WriteLine(" 字符 e 的个数是: {0}", i);
17          Console. ReadLine( );
18      }
19  }
```

【代码说明】代码“myString = Console. ReadLine( );”是将从控制台输入一个字符串的数据保存在变量 myString 中；代码“foreach(char myChar in myString)”是使用 foreach 循环遍历该字符串；代码“if(myChar = ='e'){i + +;}”是该字符串中有字符 e 则 i 的值就递增 1。

【运行效果】结果如图 3－19 所示。

其次，是对数组的操作，例如一个保存有九球台球比赛参赛选手名单的一维数组，使用 foreach 循环可以遍历数组中元素，并输出每个元素的内容，即参赛选手名单。以下的实例 3－11 就可以实现该程序。

图3－19 用 foreach 循环从输入的字符串中找到并统计输出字符“e”的个数

【实例3－11】下列实例功能为使用 foreach 循环遍历已经保存有九球台球比赛参赛选手名单的一维数组的元素，并输出参赛选手的名单。

**实例3－11 用 foreach 循环遍历有参赛选手名单的数组并输出参赛选手名单**

```
01  class Program3_ 11
02  {
03      static void Main(string[ ] args)
04      {
05          string[ ]   myName ={"刘备","关羽","张飞","曹操","孙权"};
06          foreach(string mySting in myName)
07          {
08              Console. WriteLine(myString);
09          }
10          Console. ReadLine();
11      }
12  }
```

【代码说明】代码“string[ ] myName ={"刘备","关羽","张飞","曹操","孙权"};”是定义一个包括5个元素的一维字符串数组；代码“foreach(string mySting in myName){Console. WriteLine(myString);}”是使用 foreach 循环遍历该数组中的元素并输出元素的内容，即参赛选手的名单。值得注意的是：使用 foreach 循环在遍历数组时，并未用到与 Length 属性和 Substring()方法相关的代码。

【运行效果】结果如图3－20所示。

### 3.2.3 多重循环

在实践中，有时会遇到一些问题是不能用一重循环解决的，例如：在一场篮球比赛中，要按1个球队5个队员报首发名单时，如果用一重循环来直接把名单报出来，就不能分辨出是第几个球队的。因此，要解决这个问题就要用到多重循环，这里具体要用二重循环。

多重循环是指在一个基本循环的内部嵌套一层或者多层循环，在前面介绍过的 for、

图 3－20　用 foreach 循环遍历有参赛选手名单的数组并输出参赛选手名单

while、do－while、foreach 循环之间是可以相互嵌套的。以下的实例 3－12 就可以实现该程序。

【实例 3－12】下列实例功能为在篮球比赛前，使用二重 for 循环按队的编号次序输入每队 5 名首发队员的名单，并保存在一个二维数组中，然后按队的编号次序输出各队队员的名单。

**实例 3－12　用二重 for 循环输入后输出每队 5 名首发队员的名单**

```
01  class Program3_ 12
02  {
03      static void Main(string[ ] args)
04      {
05          int i, j, k;
06          int teamNumber;
07          Console. WriteLine("请输入球队的个数:");
08          teamNumber = int. Parse(Console. ReadLine( ));
09          string[ ]  TeamMemberName = new string[teamNumber , 5];
10          for(i =0; i < teamNumber; i + +)
11          {
12              k = i +1;
13              Console. WriteLine("请输入第{0}个球队的 5 个队员名单:", k);
14              for(j =0; j <5; j + +)
15              {
16                  TeamMemberName[i, j] = Console. ReadLine( );
17              }
18          }
19          for(i =0; i < teamNumber; i + +)
20          {
21              k = i +1;
22              Console. WriteLine("第{0}个球队 5 个队员名单为:", k);
```

```
23              for(j =0; j <5; j + +)
24              {
25                  Console. WriteLine(TeamMemberName[i, j]);
26              }
27          }
28      }
29  }
```

【代码说明】代码“teamNumber = int. Parse(Console. ReadLine());”是输入球队的个数；代码“string[,]TeamMemberName = new string[teamNumber , 5];”是定义一个二维数组；代码“TeamMemberName[i, j] = Console. ReadLine()”是通过二重 for 循环输入队员的名单，而代码“Console. WriteLine(TeamMemberName[i, j]);”是通过二重 for 循环输出队员的名单。

【运行效果】结果如图 3-21 所示。

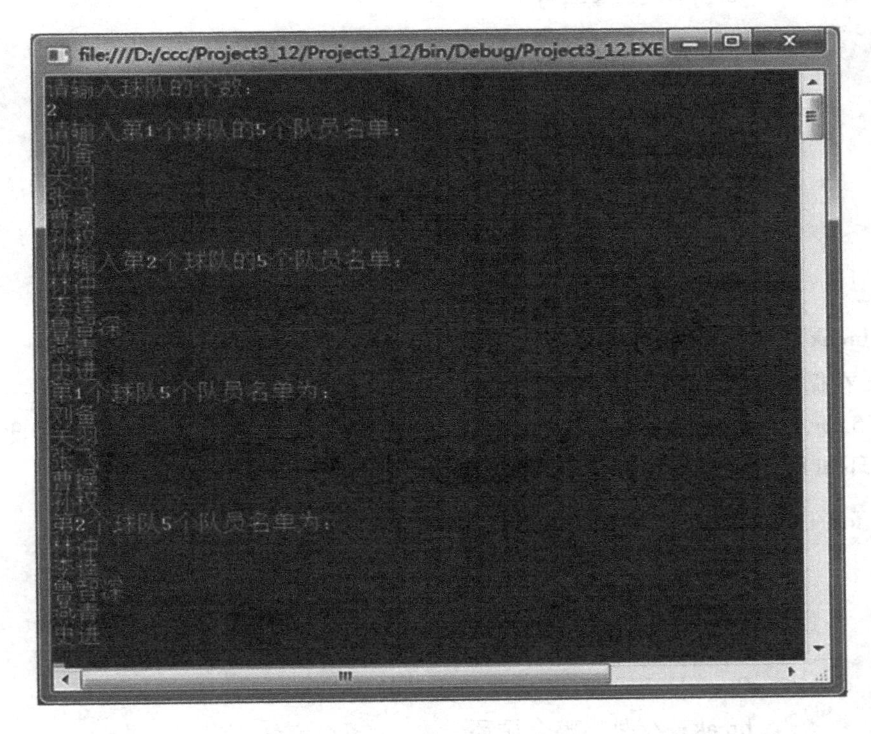


图 3-21　用二重 for 循环输入后输出每队 5 名首发队员的名单

### 3.2.4　循环的中断

有时，在一个循环中，只要某个条件出现，就会中断循环，一般有 2 个方式：一是使用 continue 语句，停止执行本次循环内部的其他语句而从头执行下一次循环语句，并未跳

出整个循环；一是使用 break 语句，会跳出整个循环，结束循环的执行。

## 一、continue

continue 在循环中实现中断，是直接跳出本次循环，从头执行下一次循环，不用执行完本次循环的语句。例如：一场羽毛球团体赛包括男子单打、女子单打、男子双打、女子双打、混合双打 5 个项目，如果两个队每个项目只打一轮，每轮打赢的队得 1 分，并且每轮 3 场，只要赢 2 场这一轮就赢而不一定要打完 3 场。因此，要计算两个队中某个队的得分，可以使用二重循环和 continue 来实现，其代码片段如下：

```
01  for(i =0; i<5; i + +)
02  {
03      if(teamScore > =3)//判断本轮的累积得分
04      {
05          Console. WriteLine("本队赢了");
06      }
07          for(j =0; j<3; j + +)
08          {
09              if(roundWin = =2)//赢了 2 场
10              {
11                  teamScore + +; continue;
12              }//为本队加 1 分，进入下一轮比赛
13          }
14  }
```

## 二、break

break 在循环中实现中断，是会跳出整个循环，结束循环的执行。例如：一场女排比赛最多打 5 场，如果某个队赢了 3 场就赢了整个比赛，而不一定打完 5 场。因此，可以使用一重循环和 break 来实现，其代码片段如下：

```
01  for(i =0; i<5; i + +)
02  {
03      if(teamScore > =3)//判断本轮的累积得分
04      {
05          Console. WriteLine("本队赢了比赛");
06          break; //跳出整个循环
07      }
08      if(roundWin)//如果本场赢了
09      {
10          teamScore + +;
11      }//为本队加 1 分
12  }
```

### 3.2.5 死循环

如果在编写C#循环代码时，编写不小心往往会造成死循环。死循环就是不断执行循环内部的语句而不跳出循环，这样就不能执行循环外的程序，造成程序的崩溃，因此必须避免出现死循环。

那么要如何避免出现死循环？可以从以下几点避免：不可缺少条件判断、迭代语句；不可缺少跳转语句；判断条件不能一直为真，没有跳出循环的条件。

## 拓展实训

(1)使用if的多重结构对年龄进行不同的分段，例如：60岁(含)以上分为“老年人”，30岁(含)～60岁(不含)分为“中年人”，18岁(含)～30岁(不含)分为“青年人”，14岁(含)～18岁(不含)分为“少年人”，14岁(不含)以下分为“儿童”。

(2)使用switch结构对从控制台输入的水果种类进行判断，如果属于“苹果”、“草莓”、“榴莲”、“香蕉”中的一种，就输出相应的水果名称，否则就输出“无此水果”。

(3)使用for循环计算1至100的整数中，能被7整除的整数的和并输出结果。

(4)使用foreach循环对一个二维数组进行输出，该二维数组含有元素{{2，4，6}，{3，5，7}，{1，8，9}}。

(5)使用二重循环将从控制台输入的3个排球队每个队6个队员的名单，保存到一个二维数组中，然后按球队输出其队员的名单。

# 第4章

## 面向对象编程

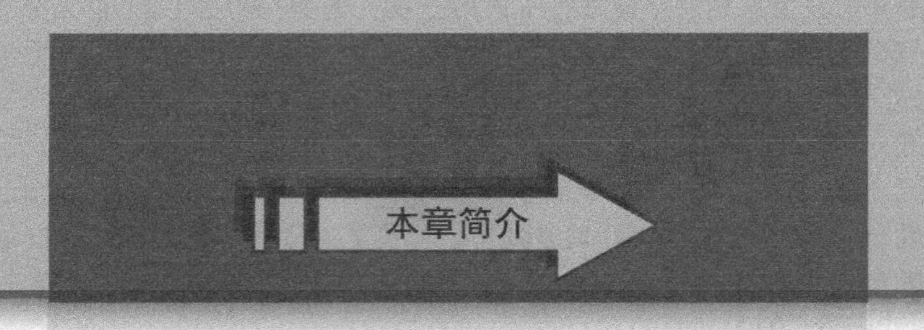


**本章简要概述了面向对象的基础知识；主要介绍了如何用 C#语言构建类、接口以实现面向对象编程，还介绍了继承和多态在 C#语言中的实现。**

- 理解面向对象的基本概念。
- 熟练掌握类、接口的创建与应用。
- 能以面向对象的思想为基础设计简单的应用程序。

面向对象是一种模块化的、以对象为基础的设计思想，现在被广泛应用于软件设计领域；该思想以对象为基础来进行软件的开发。C#是面向对象的程序设计语言，C#语言提供了定义类、字段、方法等最基本的功能；C#也支持面向对象的三大特征：封装、继承和多态。封装是指把相关联的字段和方法封装为统一的整体，对外只提供访问该对象的接口，很好地实现了信息隐藏；继承为代码复用提供了保障；多态是指不同对象在接收同一个消息时产生的不同动作，多态是依赖于继承的。

## 4.1　类

### 4.1.1　类的概念

类是面向对象的重要内容，我们可以把类当成一种自定义数据类型，可以使用类来定义变量，这种类型的变量统称为引用变量。在面向对象的程序设计语言中，对象(也被称为实例)是对现实世界中实体的描述，而类可以用来描述具有相同字段和行为的对象的集合。从这个意义上来看，我们日常所说的人其实都是人的实例，而不是人类。

### 4.1.2　定义类

类是具有相同字段和方法的一组对象的集合，它为属于该类的所有对象提供了统一的抽象描述。类是一个独立的程序单位，是C#程序的基本组成单位。C#中类的定义需要使用class关键字并指定类名，类的主体通常包括字段说明和方法说明两个部分。

下面我们来定义一个简单的类，其代码如下所示：

```
class Helloworld
{
    public string content = "Hello World!";
    public void Hello()
    {
        Console.WriteLine(content);
    }
}
```

Helloworld为类的名字，是一种标志符，其命名规则除了要符合一般自定义标识符规则外，应尽量是一个有意义的名词或者短语，首字母大写；content是类的字段，Hello()是类的方法；在上面的代码中出现了“public”，其作用将在后面具体讲述。

对于一个类而言，字段用来描述类或实例的状态，方法用来定义类或实例的行为特征或功能实现。类中各成员的定义顺序没有任何影响，各成员之间可以相互调用。但需要指出的是字段和方法两种成员都可以定义零个或多个，如果都定义成零个，就是定义了一个空类，这没有太大的实际意义。

### 4.1.3 对象的产生和使用

类是一个抽象的概念，但在编程解决问题的时候用到的都是具体的事物，因此有必要将抽象的类实例化成具体的对象。类是抽象的，不能赋值，但经过实例化生成的对象就能赋值了，而且通过对象可以直接调用方法。

在使用对象前，首先要对其进行声明。实例化对象的声明形式如下：

类名 对象名 = new 类名()；

以上表达式中，等号左右两边的类名必须一致，并且是已经声明的类，对象名为用户自定义的标识符，要符合标识符命名规则，new 是实例化对象的关键字。下面给出一个实例化对象的语句。

```
Helloworld hw = new Helloworld();
```

当然，也可以先声明一个对象，然后再对其进行实例化。对上面语句稍加修改，就可以变成如下方式：

```
Helloworld hw;
hw = new Helloworld();
```

使用对象，主要是通过对象来访问对象里的某个成员字段或方法，语法规则如下：

访问字段：对象名称．字段名；

访问方法：对象名称．方法名()；

其中，字段名和方法名都要符合命名规则。

【案例 4－1】使用 Person1 类的对象调用类中的字段和方法。主要操作步骤如下：

**STEP 1** 在 Visual Studio 2010 中，选择【文件】—【新建】—【项目】，打开新建项目对话框，如图 4－1 所示。

**STEP 2** 在【新建项目】对话框左侧区域选择【其他项目类型】—【Visual Studio 解决方案】，再在中间区域选择【空白解决方案】，然后按需要设置好下方的【名称】、【位置】、【解决方案名称】，设置好后点击【确定】按钮。本案例【解决方案名称】设置为“面向对象编程”，【位置】请读者自定义。

**STEP 3** 在【解决方案资源管理器】中右击【解决方案‘面向对象编程’】，选择【添加】—【新建项目】，如图 4－2 所示。

**STEP 4** 在打开的【添加新项目】对话框中选择【Visual C#】—【控制台应用程序】，在【名称】框内自定义名称，本案例【名称】设置为“4－1 类”，然后点击【确定】，如图 4－3 所示。

**STEP 5** 回到主界面后，【解决方案资源管理器】中的结果如图 4－2 所示。在【解决方案资源管理器】中右击【4－1 类】，选择【添加】—【类】，在【添加新项】窗口中设置【名称】为 Person1. cs，然后点击【添加】按钮，如图 4－4 所示。

**STEP 6** 回到主界面后的结果如图 4－5 所示。

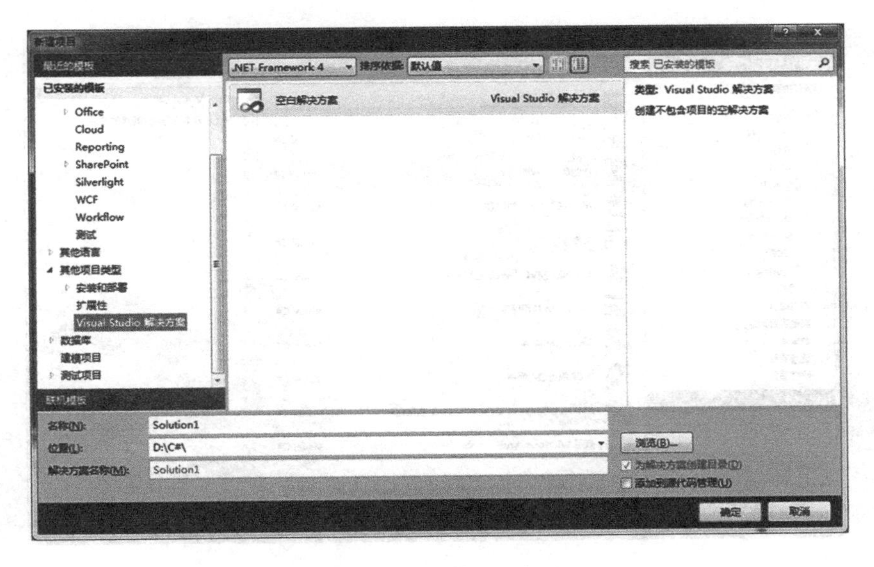

图4－1 新建项目对话框

图4－2 解决方案资源管理器

然后为Person1编写如下代码：

```
01  class Person1
02  {
03          public string name;
04          public int age;
05          public void talk()
06          {
07              Console.WriteLine("我是:" + name + ", 今年" + age + "岁");
08          }
09  }
```

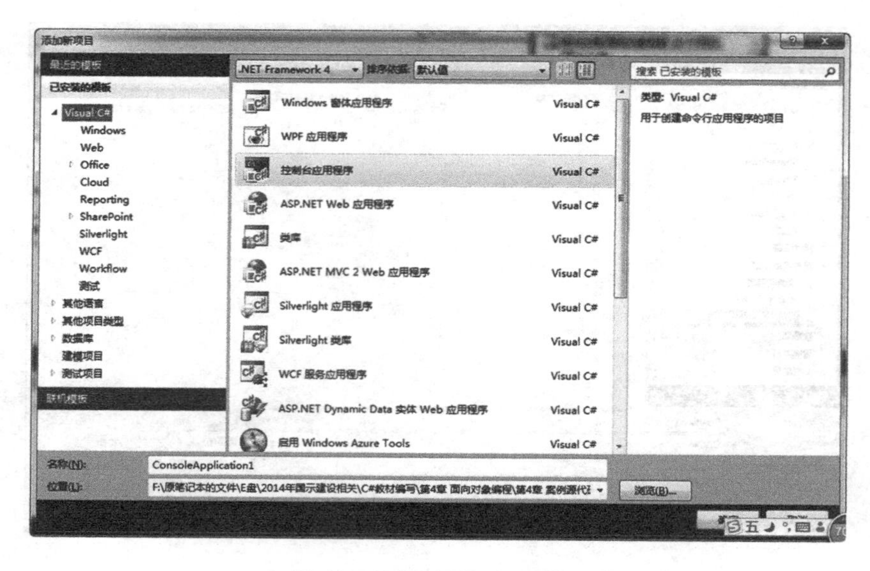


图 4－3　添加新项目对话框

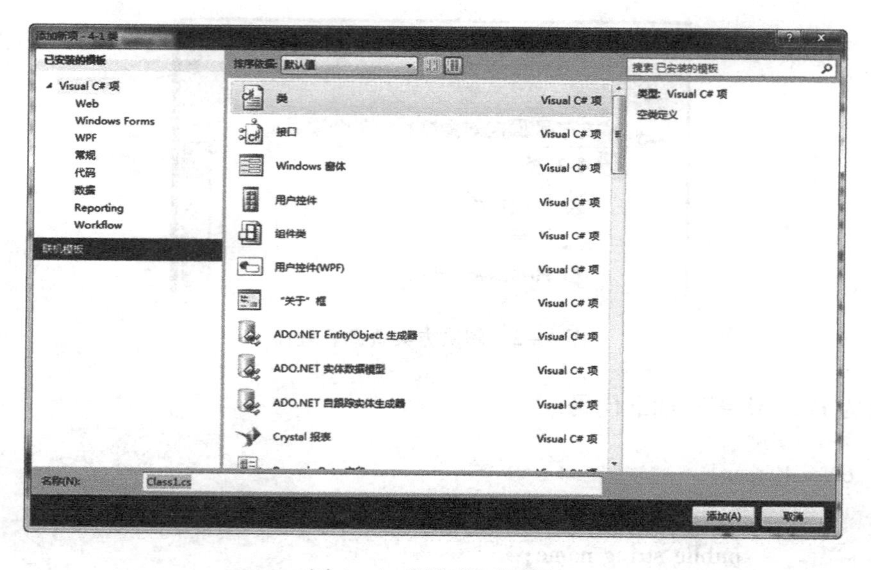


图 4－4　添加类对话框

**STEP 7** 在【解决方案资源管理器】中，右击系统自动创建的默认名为“Program. cs”的类文件，选择【重命名】(如图 4－6 所示)修改为“Test. cs”。

**STEP 8** 双击 Test. cs 文件进入代码编写窗口，编写如下代码：

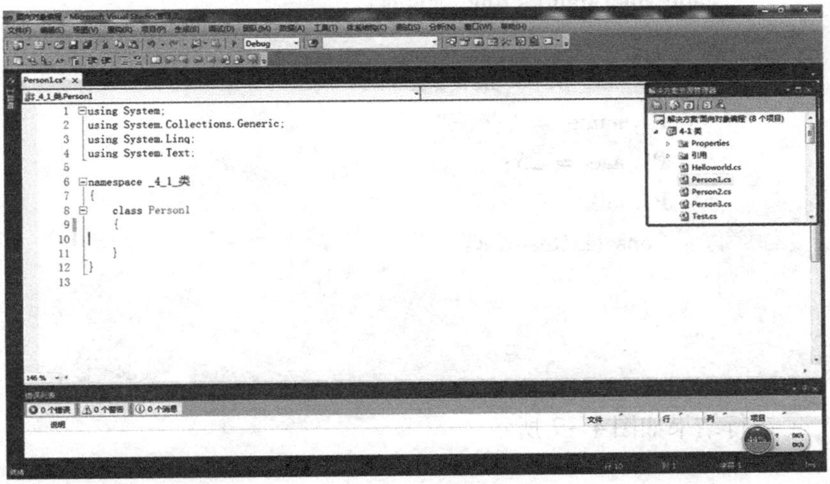

图 4－5　添加类 Person1 后的界面

图 4－6　选择【重命名】命令修改文件名

```
01  using System;
02  using System. Collections. Generic;
03  using System. Linq;
04  using System. Text;
05
06  namespace _4_1_类
07  {
08      class Test
09      {
```

```
10              static void Main(string[] args)
11              {
12                  Person1 p1 = new Person1();
13                  P1.name = "张三";
14                  P1.age = 25;
15                  P1.talk();
16                  Console.ReadKey();
17              }
18          }
19      }
```

**STEP 9** 运行结果如图 4－7 所示。

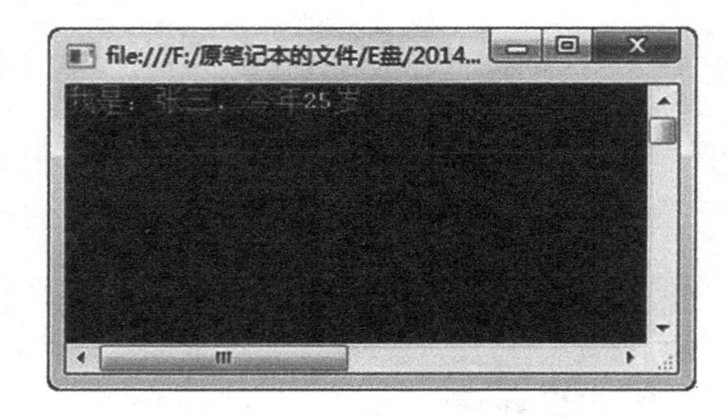


图 4－7　运行结果

本案例中自定义了一个 Person1 类，并在 Test 类的 Main 方法中声明并实例化了一个对象 p1，并通过 p1. name = "张三"; p1. age = 25; p1. talk(); 三条语句访问了对象 p1 的字段和方法。

需要指出的是：类的字段和方法并不是无条件访问的，有关这方面的知识将在“4. 1. 5 成员的访问级别”一节中讲解；当一个程序中需要多个类协同工作的时候，既可以一个文件编写一个类，也可以把多个类的代码写在一个类文件中；系统默认生成的类包含 Main 方法，而通过添加命令生成的类不包含 Main 方法。

本案例详细介绍了在 Visual Studio 2010 中创建解决方案、添加项目及编写代码的操作过程，后续章节中的案例将以代码讲解为主，其他操作步骤请读者参照本案例。

### 4. 1. 4　对象的 this 引用

C#提供了一个 this 关键字，this 关键字可以调用本类中的字段，也可以调用本类中的其他方法。this 关键字最大的作用就是让类中一个方法，访问该类中的另一个字段或方法。首先来看如何用 this 调用类中的字段。

上一节【案例 4－1】中 Person1 类的代码如下：

```
class Person1
{
        public String name;
        public int age;
        public void talk()
        {
            Console.WriteLine("我是:" + name + ", 今年" + age + "岁");
        }
}
```

在talk方法中直接使用了name和age两个字段，这容易让读者产生误会：这两个字段是Person1类的字段。其实不然，字段的归属（static修饰的除外）一定是某个具体的实例。那么，就上面的代码而言，name和age两个字段的归属实例又是谁呢？谁调用了talk方法，那么谁就是这两个字段的归属实例，这一点请读者一定要仔细理解。所以，最准确的写法是：

```
Console.WriteLine("我是:" + this.name + ", 今年" + this.age + "岁");
```

接下来看一下用this调用类中方法的情况。

```
01  class Test
02  {
03          static void Main(string[] args)
04          {
05              Person2 p2 = new Person2();
06              p2.name = "张三";
07              p2.age = 25;
08              p2.say();
09              Console.ReadKey();
10          }
11      }
12  class Person2
13  {
14          public String name;
15          public int age;
16          public void say()
17          {
18              this.talk();
19          }
20          public void talk()
21          {
```

```
22                    Console.WriteLine("我是:" + this.name + ", 今年" + this.age + "岁");
23                }
24            }
```

以上代码的运行结果与上节的案例相同。Person2 类中增加了一个 say 方法，在该方法中通过 this 调用了 talk 方法，在 Main 方法中调用了 say 方法。由此我们知道：在同一个类中，方法不仅可以访问类的字段，也可以访问类的方法；省略 this 前缀只是一种假象，虽然编程时可以省略 this，但实际上这个 this 依然是存在的。

### 4.1.5 理解封装

封装是面向对象的三大特征之一，它指的是将对象的状态信息隐藏在对象内部，不允许外部程序直接访问对象内部信息，而是通过该类所提供的方法来实现对内部信息的操作和访问。就像电视机制造出来之后，只在机身外部提供一些功能按键供用户操作，至于电视机内部是如何设计的都被隐藏起来。

前面的程序中经常出现某个实例对象直接访问字段的情况，语法没错但可能引起潜在的问题，这显然违背了现实。封装是面向对象编程语言对客观世界的模拟，客观世界里的字段都是被隐藏在对象内部的，外界无法直接操作和修改。就如之前的 Person 和 Person2 对象的 age 字段，应该随着时间的推移，age 字段才会增加，通常不能随意修改该字段。对一个类或对象实现良好的封装，可以实现以下目的。

- 隐藏类的实现细节。
- 让使用者只能通过事先预定的方法来访问数据，从而可以在该方法里加入控制逻辑，限制对字段的不合理访问。
- 可进行数据检查，有利于保证对象信息的完整性。
- 便于修改，提高代码的可维护性。
- 要实现良好的封装，需考虑以下两个方面。
- 把对象的字段和实现细节隐藏起来，不允许外部直接访问。
- 把方法暴露出来，让方法来控制，对这些字段进行安全的访问和操作。

所以，封装有两方面的意义：把该隐藏的隐藏起来，把该暴露的暴露出来。这两个方面需要通过使用 C#提供的访问控制修饰符来实现。本书在编写过程中，有些类并没有提供良好的封装，这只是为了更好的演示某个知识点，或为了突出某些用法，请读者留意。

### 4.1.6 成员的访问级别

C#提供了以下访问控制修饰符：public、private、protected、internal，分别代表了四个访问控制级别，另外还有一个不加任何访问控制符的访问控制级别。这几个访问控制级别的详细介绍如下。

**一、公有(public)**

这是一个最宽松的访问控制级别，如果一个成员(字段和方法)或者一个外部类使用public 访问控制修饰符，那么这个成员或外部类就可以被所有类访问。

**二、私有(private)**

私有成员只能在当前类的内部被访问。很显然，这个访问控制修饰符用于修饰字段最合适，使用它来修饰字段就可以把字段隐藏在类的内部。需要注意的是，如果在声明类成员的时候，没有使用修饰符，那么默认就是私有成员。

**三、保护(protected)**

保护成员定义了一种不对外部访问，但其子类可以访问的方式。

**四、内部(internal)**

内部成员定义了一种只有包含在同一个命名空间中的类才可以访问的方式。

掌握了访问控制符的用法之后，下面通过使用合理的访问控制符来定义一个 Person3 类，这个类实现了良好的封装。

【案例4－2】实现良好封装的Person3 类。本案例在 Visual Studio 2010 中创建项目的过程，请读者参考【案例4－1】。代码如下：

```
01  class Person3
02  {
03          private String name;
04          private int age;
05          public void setName(String name)
06          {
07                  if (name.Length  > 6  ||  name.Length  < 2)
08                  {
09                          Console.WriteLine("您设置的人名不符合要求");
10                          return;
11                  }
12                  else
13                  {
14                          this.name  =  name;
15                  }
16          }
17          public string getName()
18          {
19              return this.name;
20          }
```

```
21      public void setAge(int age)
22      {
23          if (age > 100 || age < 0)
24          {
25              Console.WriteLine("您设置的年龄不合法");
26              return;
27          }
28          else
29          {
30              this.age = age;
31          }
32      }
33      public int getAge()
34      {
35          return this.age;
36      }
37  }
```

Test 类中 Main 方法的代码如下：

```
01  class Test
02  {
03      static void Main(string[] args)
04      {
05          Person3 p3 = new Person3();
06          p3.setAge(150);
07          Console.WriteLine("设置 age 字段不成功时，age 字段的值为：" +
08  p3.getAge());
09          p3.setAge(20);
10          Console.WriteLine("设置 age 字段成功时，age 字段的值为：" +
11  p3.getAge());
12          p3.setName("张三");
13          Console.WriteLine("设置 name 字段成功时，age 字段的值为：" +
14  p3.getName());
15          Console.ReadKey();

16      }
17  }
```

定义了上面的Person3类后，该类的name和age两个字段只有在Person3类内才可以操作和访问，在Person3类之外只能通过各自对应的set和get方法来操作和访问它们。

关于访问控制符的使用，有如下几条原则：

- 类里的绝大部分字段都应该使用private修饰，只有一些static修饰的、类似全局变量的字段才考虑使用public修饰。此外，有些方法只是用于辅助实现该类的其他方法，这些方法被称为工具方法，也应使用private修饰。
- 如果某个类主要用做其他类的父类，该类里包含的大部分方法可能仅希望被其子类重写，而不想被外界直接调用，则应该使用protected修饰这些方法。
- 希望暴露出来给其他类自由调用的方法应该使用public修饰。

## 4.2 字段和属性

字段和属性都是用来存放类的实例的数据信息的成员。字段就是与对象或类相关联的变量；属性是对现实世界中实体特征的抽象，用来表达类或对象的状态。本节重点讲述属性的用法。

### 4.2.1 字段

字段可以简单的理解为类的成员变量。【案例4－1】和【案例4－2】中的name和age就是字段的典型应用，限于篇幅在此不再赘述。需要注意的是，字段的修饰符可以是以下几种：new、public、internal、protected、static和readonly。本节重点讨论static修饰的字段，未涉及到的修饰符的用法请读者自行查阅相关资料。

类中的字段可以分为静态字段和非静态字段。静态字段可以直接通过类来访问，非静态字段需要通过对象实例来访问。静态字段用static关键字来修饰，static字段可以扩大成员字段的使用范围。以下程序演示了两种字段的使用方式及区别。

```
01  class Program
02  {
03      static int i; //含有static关键字，为静态字段
04      int j = 1; //不含有static关键字，为非静态字段
05
06      static void Main(string[] args)
07      {
08          Program p1 = new Program();
09          Console.WriteLine(p1.j); //通过对象访问非静态字段
10          Console.WriteLine(Program.i); //直接通过类访问静态字段
11          Console.ReadKey();
12      }
13  }
```

从以上代码可以看出，非静态字段必须对类进行实例化后才能被访问，而静态字段可以直接通过类名直接访问。所以，通常也把非静态字段称为实例的字段，把静态字段称为类的字段。需要注意的是，当用一个类实例化多个对象时，每个对象都分别拥有其自己的非静态字段，而静态字段归属类本身。

### 4.2.2 属性

属性是字段的延伸，两者都是与类型相关的有名称的成员，并且访问字段和属性的语法是相同的。

与字段不同的是，属性拥有两个类似于方法的块：一个块用于获取属性的值；另一个块用于设置属性的值。这两个块也称为访问器，分别用 get 和 set 关键字来定义。

【案例 4-3】属性的使用。(由于本案例的文件存放在新创建的项目中，读者在 Visual Studio 2010 中运行该程序时，需要先将本案例所在项目设为启动项目方可运行。) 代码如下：

```
01  class Person4
02  {
03      private int age;
04      public int Age
05      {
06          get//取值
07          {
08              return this.age;
09          }
10          set//赋值
11          {
12              if (value < 0)//对非法值进行判断
13              {
14                  return;
15              }
16              this.age = value; //用户的赋值
17          }
18      }
19  }
```

以上代码中 Age 就是属性，它与私有字段 age 相关联，通过 get 块来获取属性值，通过 set 块设置属性值，其中 value 是用户的赋值，value 是固定用法，请读者留意。

Person4 类在 Main 方法中的使用如下：

```
01  class Test
02  {
03      static void Main(string[] args)
04      {
05          Person4 p4 = new Person4();
06          p4.Age = 20;
07          Console.WriteLine("年龄是" + p4.Age);
08          p4.Age = -10;
09          Console.WriteLine("年龄是" + p4.Age); // -10 是非法值，Age 的
10  值仍为 20
11          Console.ReadKey();
12      }
13  }
```

由此可见，属性的最大优点是可以对封装的字段进行控制性的赋值。需要注意的是：属性本身并不存储数据，而是由与之关联的字段存储，如本案例中的 age 字段；get 和 set 访问器并不要求同时定义，可根据需要进行选择，只有 set 访问器，表明属性的值只能写不能读，只有 get 访问器，表明属性的值只读。

此外，为减少程序员的输入，C#提供了一种特殊的属性声明方式：自动属性。可以用简化的语法声明属性，编译器会自动添加未输入的内容。编译器会声明一个用于存储属性值的私有字段，并在属性的 get 和 set 块中使用该字段，而开发人员无需考虑细节。代码段如下：

```
public int Age
{
    get;
    set;
}
```

自动属性唯一的限制是它们必须包含 get 和 set 访问器，所以无法使用这种方式定义只读或只写属性。

## 4.3 方法

方法是类或对象的行为特征的抽象，是类或对象最重要的组成部分。需要指出的是，C#中的方法不能独立存在，所有的方法都必须定义在类里。方法要么属于类，要么属于对象。在前面的案例中我们已多次使用过方法，下面系统介绍方法的相关内容。

### 4.3.1 方法的定义

方法是包含一系列语句的代码块，它可以改变对象的状态。通常，方法由返回值类

型、方法名、参数列表和方法体组成。请看下面的代码段：

```
01  class Maxvalue
02  {
03      public int getMaxValue(int value1, int value2)
04      {
05          if (value1 >= value2)
06              return value1;
07          return value2;
08      }
09  }
```

类 Maxvalue 中定义了名为 getMaxValue 的方法，该方法的返回值类型是 int 类型，有两个 int 类型的参数 value1 和 value2，方法体由一组 if 结构组成，完成返回两个数的最大值的功能。

方法定义的目的就是被调用，多数情况下使用方法需要进行显式的方法调用。方法被调用后，就会执行方法体内部的语句，完成相应的功能。根据方法的调用者与被调用的方法所处的位置不同，方法调用的形式分为两种：一种是调用者与被调用的方法位于同一个类中，另一种是调用者位于被调用的方法所在类的外部。

【案例 4-4】方法的不同调用方式。代码如下：

```
01  class Maxvalue
02  {
03      public int getMaxValue(int value1, int value2)
04      {
05          if (value1 >= value2)
06              return value1;
07          return value2
08      }
09      public void output()
10      {
11          Console.WriteLine("30 和 50 的最大值是:" + getMaxValue(30, 50));
12      }
13  }
```

上面代码中，同一个类中的 output 方法调用了 getMaxValue 方法。

```
01  class Program
02  {
03      static void Main(string[] args)
```

```
04        {
05            int a = 20, b = 30, c;
06            Maxvalue m1 = new Maxvalue();
07            c = m1.getMaxValue(a, b);
08            Console.WriteLine("a 和 b 中的最大值是:" + c);
09            Console.ReadKey();
10        }
11    }
```

上面代码中，Program 类中的 Main 方法先实例化一个 Maxvalue 对象，然后调用了该对象的 getMaxValue 方法。

方法调用完成后，往往需要回到调用的位置，这时就需要方法才能够返回。方法的返回有两种方式：一种是遇到方法体的结束右大括号，自动返回；另一种是执行了 return 语句，强行返回。需要注意的是，方法返回的数据类型必须和定义的返回值类型一致，如果方法没有返回值则标记返回值类型为 void。

### 4.3.2 方法的参数

参数是在调用方法时将数据值传入方法的载体。一个方法可以有一个或多个参数，也可以没有参数，每个参数都要有一个类型和一个名称。当一个方法有多个参数时，需要用逗号分隔开来。

**一、形参和实参**

形式参数即为在定义方法时使用的参数，作用是用来接收调用该方法时传递的参数。形参中最常见的是值参数，即声明时不带修饰符的参数，它是方法中默认的参数类型，这里不再赘述。形参变量只有在被调用时才分配内存单元，在调用结束时，即刻释放所分配的内存单元。因此，形参只在方法内部有效。

实参是在调用时传递给方法的参数，实参可以是变量、表达式或方法。无论实参是何种类型的值，在进行调用时，它们都必须具有确定的值。因此应预先用赋值、输入等办法使实参获得确定值。实参和形参在数量上、类型上、位置上应严格一致，否则就会出现类型不匹配的错误。

下面通过案例来加深对参数的理解。

【案例 4－5】两个整数的交换(一)。代码如下：

```
01    class Swap
02    {
03        public void swap1(int a, int b)
04        {
05            int temp;
```

```
06            temp = a;
07            a = b;
08            b = temp;
09        }
10    }
```

调用该方法的代码如下：

```
01    class Program
02    {
03        static void Main(string[] args)
04        {
05            int m = 20, n = 30;
06            Console.WriteLine("交换前 m = {0}, n = {1}", m, n);
07            Swap s1 = new Swap();
08            s1.swap1(m, n);
09            Console.WriteLine("交换后 m = {0}, n = {1}", m, n);
10            Console.ReadKey();
11        }
12    }
```

运行结果如图 4－8 所示。

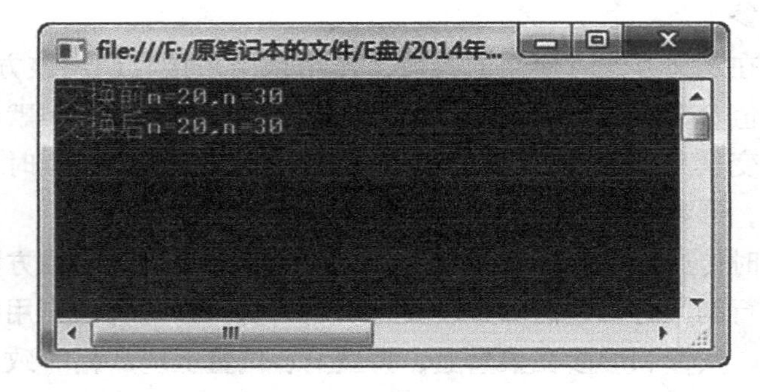


图 4－8　运行结果

很显然本案例并未成功实现交换两个整数的功能。这是因为实参 m 和 n 的值分别传递给形参 a 和 b 后，a 和 b 的值虽然进行了交换，但方法 swap 运行结束后便释放了 a、b 的内存单元，并未影响到 m 和 n 的值，这一点请读者认真体会。那么如何才能真正实现交换两个变量的值呢？请看如下案例。

【案例 4－6】两个整数的交换(二)。代码如下：

```
01    class Swapdata
```

```
02  {
03      public int a;
04      public int b;
05
06      public void swap(Swapdata sd)
07      {
08          int temp = sd.a;
09          sd.a = sd.b;
10          sd.b = temp;
11      }
12  }
```

调用该方法的代码如下：

```
01  class Program
02  {
03      static void Main(string[] args)
04      {
05          Swapdata sd = new Swapdata();
06          sd.a = 20;
07          sd.b = 30;
08          Console.WriteLine("交换前 a 字段值 = {0}, b 字段值 = {1}", sd.a,
09  sd.b);
10          sd.swap(sd);
11          Console.WriteLine("交换后 a 字段值 = {0}, b 字段值 = {1}", sd.a,
12  sd.b);
13          Console.ReadKey();
14      }
15  }
```

本案例中，swap 方法的参数 Swapdata 对象是引用类型参数，运行的结果请读者自行验证。

### 二、可变参数

C#允许定义形参个数可变的参数，从而允许为方法指定数量不确定的形参。如果在定义方法时，在最后一个形参的类型前增加 params 关键字，则表明该形参可以接受多个参数值，多个参数值被当成数组传入，最典型的一个应用就是 Console. WriteLine 方法。下面程序定义了一个形参个数可变的方法。

```
01  class Varparams
02  {
```

```
03        public void sayhello( string name, params string[ ] nicknames)
04        {
05            Console. WriteLine( "我的名字是{0}", name);
06            foreach (string nickname in nicknames)
07            {
08                Console. WriteLine( "我的昵称是{0}", nickname);
09            }
10        }
11    }
12
13    class Program
14    {
15        static void Main( string[ ] args)
16        {
17            Varparams vp = new Varparams( );
18            vp. sayhello( "张虎", "小张", "小虎");
19            Console. ReadKey( );
20        }
21    }
```

该程序运行结果如图 4 -9 所示。

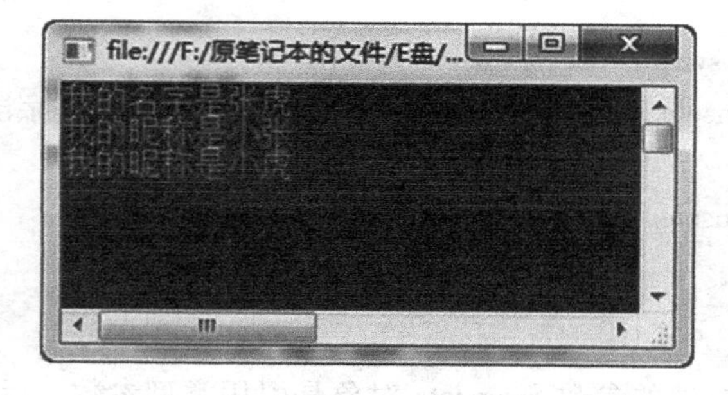


图 4 -9　运行结果

## 4. 3. 3　方法的重载

C#允许同一个类里定义多个同名方法，只要形参列表不同就行。如果同一个类中包含了两个或两个以上方法的方法名相同，但形参列表不同，则被称为方法重载。形参不同指的是参数个数或参数类型不同，或二者皆不同。下面请看方法重载的实例。

【案例 4 -7】方法重载。代码如下：

```
01  class Overload
02  {
03          public void test()
04          {
05                  Console.WriteLine("无参数的 test 方法");
06          }
07          public void test(string msg)
08          {
09                  Console.WriteLine("有参数的 test 方法，参数为:" + msg);
10          }
11  }
12
13  class Program
14  {
15          static void Main(string[] args)
16          {
17                  Overload ol = new Overload();
18                  ol.test();
19                  ol.test("hello");
20                  Console.ReadKey();
21          }
22  }
```

上面程序运行完全正常，虽然两个 test 方法的方法名和返回值类型相同，但因为它们的形参列表不同，所以系统可以正常区分出这两个方法。换句话说，重载方法无法通过返回值类型进行区分。

### 4.3.4 构造方法

C#中的每个类都有构造方法，它是类的一种特殊的方法。构造方法用来对类的成员进行初始化，它一般在创建实例对象的时候由系统自动调用。构造方法的定义方式与普通方法类似，其语法格式如下：

```
class 类名称
{
    访问权限 类名称(参数列表)
    {
            程序语句;
            //构造方法没有返回值
```

```
        }
    }
```

在使用构造方法时需要注意以下几点：

- 构造方法的名字必须和类的名字完全相同。
- 构造方法没有返回值。
- 尽管没有返回值，也不能用 void 修饰。
- 构造方法不能用 static 来修饰。

读者可能会发现在之前的程序代码中好像并没有看到有构造方法，这是因为在 C#语言中，如果程序员没有为类定义构造方法，那么系统就会自动提供一个默认的、没有任何参数的构造方法，以保证对象可以得到正确的初始化。下面请看一个使用构造方法的实例。

【案例 4－8】构造方法的使用。代码如下：

```
01  class Constructer
02  {
03          public Constructer()
04          {
05                  Console.WriteLine("构造方法被调用。");
06          }
07  }
08  class Program
09  {
10          static void Main(string[] args)
11          {
12                  Constructer c1 = new Constructer(); //调用 Constructer 类的构造方法，
13  实例化一个该类的对象 c1
14                  Console.ReadKey();
15          }
16  }
```

需要指出的是，一旦程序员编写了自定义的构造方法，系统就不再提供默认的构造方法。如果用户希望该类保留无参数的构造方法，或者希望有多个初始化方式，则可以为该类提供多个构造方法。通常建议为 C#类保留无参数的默认构造方法。因此，如果为一个类编写了有参数的构造方法，通常建议为该类额外提供一个无参数的构造方法。如果一个类里提供了多个构造方法，就形成了构造方法的重载。

由于构造方法主要用于被其他方法调用，用以返回该类的实例，因而通常把构造方法设置成 public 访问权限，从而允许系统中任何位置的类来创建该类的实例。

## 4.3.5 静态方法

前面已经介绍过，成员字段分为静态字段和非静态字段，其实方法也分为静态方法和非静态方法。其中，非静态方法必须在类实例化之后通过对象来调用，而静态方法可以通过类名直接访问。

使用了static关键字的方法称为静态方法，没有使用static修饰的即为非静态方法，也就是我们常用的普通成员方法。静态方法与非静态方法的区别主要体现在以下两个方面：

- 调用静态方法，只能使用“类名.方法名”的方式，即调用静态方法无需创建对象；调用非静态方法，只能使用“对象名.方法名”的方式。
- 静态方法在访问本类的成员时，只允许访问静态方法，不许访问非静态方法。非静态方法则无此限制。

下面通过实例来说明静态方法的使用。

【案例4-9】静态方法的使用。代码如下：

```
01 class Staticmethod
02 {
03       private static int sa; //定义一个静态成员变量
04       private int ia;
05       static void method1()
06       {
07             int i = 0; //正确，可以有自己的成员变量
08             sa = 10; //正确，静态方法可以使用静态变量
09             method2(); //正确，可以调用静态方法
10             //ia = 20; //错误，不能直接使用非静态变量
11             //method3(); //错误，不能直接调用非静态方法
12       }
13       static void method2()
14       {
15       }
16       void method3()
17       {
18             int i = 0;
19             sa = 15; //正确，可以使用静态变量
20             ia = 30;
21             method1(); //正确，可以调用静态方法
22       }
23 }
```

以上代码中如果希望在 method1 方法中使用非静态的 ia 字段和 method3 方法，只能先实例化一个 Staticmethod 对象，再通过对象调用，即 new Staticmethod( ). ia、new Staticmethod( ). method3( )。

这里补充说明一个问题，很多读者初学 C#时喜欢在系统自动生成的类文件中同时定义多个方法，这样做的好处是不需要在多个类文件窗口间频繁切换，特别是当专注于算法的学习时这种方式能带来很大便利。如果把定义的方法用 static 修饰将更加便利，因为可以直接在 Main 方法中通过"类名．方法名"的格式调用方法，省去了创建对象的过程。需要注意的是，Main 方法除了是程序的入口外同时还是静态方法，正因为如此才可以采用上述技巧，请读者多实践、多体会。

## 4.4 继承

继承是面向对象的三大特征之一，也是实现软件复用的重要手段。通过这种方式可以在既有类的基础上，快捷的开发出新的类，而不需要再编写相同的代码，从而大大减少了工作量。

### 4.4.1 继承的特点

**一、理解继承**

在 C#语言中，继承通过":"来实现。实现继承的类被称为子类，被继承的类被称为父类，也有人称其为基类、超类。父类和子类的关系，是一种一般和特殊的关系。例如水果和苹果的关系，苹果继承了水果，苹果是水果的子类，或者说苹果是一种特殊的水果。

因为子类是一种特殊的父类，因此父类包含的范围总比子类包含的范围要大，所以可以认为父类是大类，而子类是小类。

从子类角度来看，子类扩展了父类；但从父类的角度来看，父类派生出了子类。类的继承具有以下特点：

- 在 C#中，一个类仅能直接派生于一个基类，如果要实现多继承，就需要使用接口。
- 继承是传递的。有三个类 A、B、C，如果 C 从 B 派生，并且 B 从 A 派生，那么 C 继承了 B 的成员的同时也继承了 A 的成员。
- 一个派生类扩展它的直接基类，但不能去掉从父类继承的成员。
- 构造方法和析构方法不能被继承。
- 一个派生类可以通过用相同的名称或声明一个新的成员的方法隐藏继承的成员。
- 一个对派生类的引用可以被看作一个对基类实例的引用。
- 派生类可以覆盖基类的成员，这使得类可以展示多态行为。

继承性使程序员在编写程序时，可以从一个较一般的基类扩展或创建更多的特定类。例如，考虑一个代表人的类 Person，拥有方法 eatFood( )，在此基础上可以派生一个 Student 类，它支持 Person 的所有方法，另外，还有它自己的方法，如 Study( ) 和 selectClass( )；还可以派生另一个类 Employee，它也支持 Person 的所有方法，另外，该类还有

doWork()和 doMeeting()方法。

**二、类成员在继承中的访问权限**

继承并不能保证派生类能够访问基类中的所有成员，基类仍然可以控制对成员的访问。派生类不能访问基类的私有(private)成员，但可以访问其公有(public)成员。不过，派生类和外部的代码都可以访问公有成员。这就是说，只使用这两个可访问性，还不能使一个成员只能由基类和派生类访问，而不能由外部的代码访问。

为了解决这个问题，C#提供了第三种可访问性：保护(protected)。即只有派生类才能访问基类中的 protected 成员。对于外部代码来说，这个可访问性与私有成员一样。

## 4.4.2 继承的实现

在 C#中，类的继承可以用如下语法实现。

class 子类名：父类名{子类主体}

【案例 4-10】继承的实现。代码如下：

```
01  class Person
02  {
03          protected string name;
04          protected int age;
05          protected void eatFood()
06          {
07                  Console.WriteLine("Person 类对象有 eatFood 方法。");
08          }
09  }
10
11  class Student : Person
12  {
13          public void Study()
14          {
15                  this.eatFood();
16                  Console.WriteLine("Student 类对象有 Study 方法。");
17          }
18          public void selectClass()
19          {
20                  Console.WriteLine("Student 类对象有 selectClass 方法。");
21          }
22  }
23
```

```
24  class Employee : Person
25  {
26      public void doWork( )
27      {
28          this. eatFood( );
29          Console. WriteLine( "Employee 类对象有 doWork 方法。" );
30      }
31      public void doMeeting( )
32      {
33          Console. WriteLine( "Employee 类对象有 doMeeting 方法。" );
34      }
35  }
36
37  class Program
38  {
39      static void Main( string[ ] args)
40      {
41          Student s1 = new Student( );
42          s1. Study( );
43          //s1. eatFood( ); //错误，eatFood 方法是保护方法，在 Program 中不
44  可以调用
45          Employee e1 = new Employee( );
46          e1. doWork( );
47          //e1. eatFood( ); //错误，e1 调用 eatFood 的代码不在 Person 类或
48  Employee 类中
49          Console. ReadKey( );
50      }
51  }
```

该程序运行结果如图 4 -10 所示。

本案例定义了一个 Person 类以及它的两个派生类 Student 和 Employee。Student 类中的 Study 方法和 Employee 类中的 doWork 方法，均调用了从 Person 类继承得到的 eatFood 方法。但是，第 43 行和第 47 行调用 eatFood 方法的语句都不能通过编译。这是因为，调用 eatFood 方法的语句写在了基类 Person 和派生类 Student、Employee 外，这也是很多初学 C# 或对继承理解不透彻的读者想不清楚的常见问题。需要明确的是，用 protected 关键字修饰的方法是否能被正确调用，主要取决于该方法被调用的代码是否写在基类或派生类中。另外，在 C#中，所有的类都有一个共同的基类 Object，这些类直接或间接地继承了 Object 类。

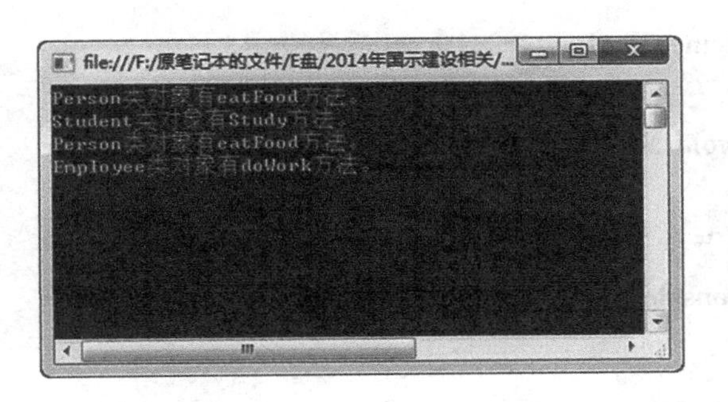


图4－10　运行结果

## 4.4.3　关键字 base

前面说过，派生类隐式获得基类的除构造方法和析构方法以外的所有成员。那么我们该如何获得基类的构造方法和自身的构造方法呢？我们知道基类的初始化工作由基类的构造方法完成，派生类的初始化工作则由派生类的构造方法完成，但是这样就产生了派生类构造方法的执行顺序问题。

来看一种典型的状态：如果基类定义了带有参数的构造方法，那么此构造方法必须被执行，且在派生类中实现该构造方法，此时我们可以使用 base 关键字。

【案例4－11】关键字 base 的使用。代码如下：

```
01  class A
02  {
03      int test = 0;
04      public A(int i)
05      {
06          test = i;
07          Console.WriteLine("I am A 公有有参构造方法 , test = {0}", test);
08      }
09  }
10  class B : A
11  {
12      public B(int j)
13          : base(j)
14      {
15          Console.WriteLine("I am B 公有有参构造方法, j = {0}", j);
16      }
17  }
```

```
18  class InheritanceTest1
19  {
20      static void Main(string[] args)
21      {
22          B b = new B(1);
23          Console.Read();
24      }
25  }
```

该程序运行结果如图 4－11 所示。

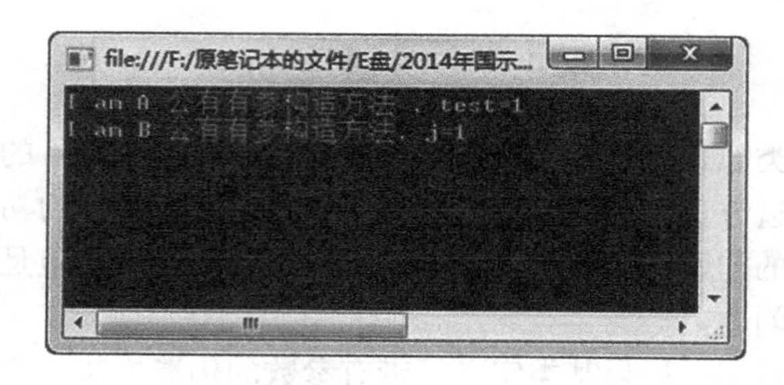


图 4－11　运行结果

本案例中定义的类 B 是类 A 的派生类，由于类 A 中定义了一个带有参数的构造方法，代码 13 ～16 行定义类 B 的构造方法时，用关键字 base 调用了其基类即类 A 的构造方法。由此可见：派生类隐式执行基类中带有参数的构造方法，在程序中基类定义了带有参数的构造方法，在其派生类中被继承，并使用 base 关键字调用基类中的构造方法来传送参数。

我们可以从运行结果中看到在创建派生类的对象后，程序首先运行的是基类的构造方法中的内容，然后才是派生类中的内容。如果派生类的基类也是派生类，则每个派生类只需负责其直接基类的构造，不负责间接基类的构造，并且其执行构造方法的顺序是从最上面的基类开始的，直到最后一个派生类结束。

### 4.4.4　关键字 virtual

在 C#中，当一个实例方法声明中包含 virtual 关键字时，该方法就是一个虚拟方法。相应的，没有 virtual 修饰的方法称为非虚拟方法。

非虚拟方法的执行是不变的：不管方法在它被声明的类的实例中还是在派生类的实例中被调用，执行结果都是相同的；而虚拟方法的执行可以被派生类改变，改变继承的虚拟方法的过程就是覆盖方法。

在调用虚拟方法时，所调用的实例的运行时类型决定了要调用的实际方法；而在非虚拟方法调用中，则取决于实例的编译时类型。

【案例 4 - 12】关键字 virtual 的使用。代码如下：

```
01  class Base
02  {
03      public void Func1()
04      {
05          Console.WriteLine("基类的 Func1 方法");
06      }
07      public virtual void Func2()
08      {
09          Console.WriteLine("基类的 Func2 方法");
10      }
11  }
12
13  class Sub : Base
14  {
15      new public void Func1()
16      {
17          Console.WriteLine("子类的 Func1 方法");
18      }
19      public override void Func2()
20      {
21          Console.WriteLine("子类的 Func2 方法");
22      }
23  }
24
25  class Test
26  {
27      static void Main(string[] args)
28      {
29          Sub s1 = new Sub();
30          Base b1 = s1;
31          b1.Func1();
32          s1.Func1();
33          b1.Func2();
34          s1.Func2();
35          Console.ReadKey();
36      }
37  }
```

该程序运行结果如图 4－12 所示。

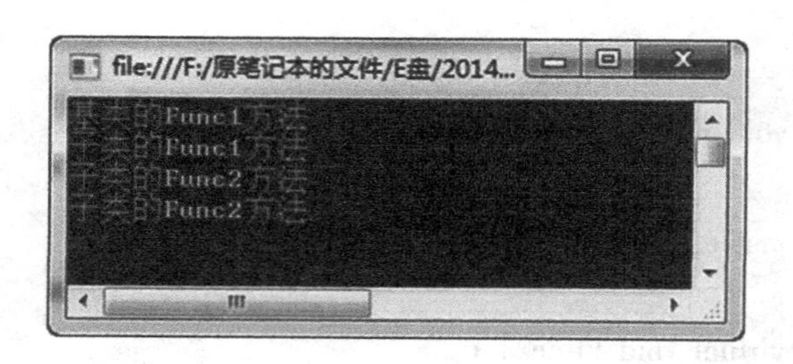


图 4－12　运行结果

本案例中基类 Base 中定义了一个非虚拟方法 Func1 和一个虚拟方法 Func2，Sub 类继承了 Base 类，并引入一个新的非虚拟方法 Func1，这样就隐藏了继承的 Func1，并且覆盖了继承的方法 Func2。从运行结果可以看出，代码第 31 行调用的是 Base 的 Func1 方法，这是因为 Sub 类只是用关键字 new 对 Base 的 Func1 进行了隐藏，仍然属于编译时类型；代码第 33 行调用的是 Sub 的 Func2 方法，这是因为 Base 的虚拟方法 Func2 在 Sub 中用 override 关键字进行了覆盖，这样一来 Func2 的调用取决于实例的运行时类型。

### 4.4.5　关键字 override

在 C#中，覆盖方法是指子类覆盖了一个有相同名称的父类虚拟方法，覆盖方法的声明要使用 override 关键字，覆盖方法通过提供一个方法的新执行来使存在的继承的虚拟方法特殊化，例如【案例 4－12】中子类(Sub)的 Func2 方法就覆盖了基类(Base)的 Func2 方法。

被 override 声明所覆盖的方法称为覆盖方法的基本方法。对于在子类中声明的一个覆盖方法，其基本方法将按下面过程确定：依次检测其每个基类，由它的直接基类开始，并用每个继承的直接基类继续，直到与该方法有相同名称的一个可访问的方法被确定为止。

对于覆盖声明需要满足以下几个条件：

- 被覆盖的基本方法可以被确定。
- 被覆盖的基本类型是虚拟的、抽象的或者覆盖的方法。也就是说，被覆盖的基本方法不能是静态的或者非虚拟的。
- 覆盖声明和被覆盖的基本方法有相同的声明可访问性。也就是说，一个覆盖声明不能改变虚拟方法的可访问性。

特别强调的是，只有使用 override 关键字才能覆盖另一个方法。在其他情况下，与继承的方法有相同名称的方法将完全隐藏所继承的方法。关于 override 关键字的用法已在【案例 4－12】中讲解过，在此不再举例讲解，也请读者通过【案例 4－12】仔细体会隐藏方法和覆盖方法的区别。

## 4.5 多态

C#引用变量有两个类型：一个是编译时类型，一个是运行时类型。编译时类型由声明该变量时使用的类型决定，运行时类型由实际赋给该变量的对象决定。如果编译时类型和运行时类型不一致，就可能出现多态。

### 4.5.1 多态的概念

多态性是考虑在不同层次的类中，以及在同一类中，同名的成员方法之间的关系问题。方法的重载、运算符的重载，属于编译时的多态性。以虚方法为基础的运行时的多态性是 OOP 的标志性特征。

在派生于同一个类的不同对象上执行任务时，多态性是一种极为有效的技巧，只要子类和孙子类在继承层次结构中有一个相同的类，它们就可以用相同的方式利用多态性。事实上，在 C#中，所有的类都派生于同一个基类 Object，所以可以把所有的对象都看作是类 Object 的实例。因为子类其实是一种特殊的父类，因此 C#允许把某个派生类型的变量赋值给其基类类型的变量。

### 4.5.2 多态的实现

在面向对象的程序中，多态可以表现在很多方面，例如可以通过子类对父类方法的覆盖实现多态，也可以通过一个类中方法的重载实现多态，还可以将子类的对象作为父类的对象实现多态。本节重点讨论对象的引用实现多态。

下面来看一个现实中的例子。

【案例 4－13】在一个单位中，有职工(Employee)，职工中又有少数人是管理者(Manager)。代码如下：

```
01  class Employee
02  {
03      protected string name;
04      protected int age;
05      protected float salary;
06      public Employee()
07      {
08      }
09      public Employee(string name, int age, float salary)
10      {
11          this.name = name;
```

```
12              this. age = age;
13              this. salary = salary;
14          }
15          public string getInfo( )
16          {
17              return "职工姓名:" + name + ", 年龄:" + age + ", 工资:" +
18  salary;
19          }
20  }
21
22  class Manager : Employee
23  {
24          string work;
25          public Manager(string name, int age, float salary, string work)
26          {
27              this. name = name;
28              this. age = age;
29              this. salary = salary;
30              this. work = work;
31          }
32  }
33
34  class test
35  {
36          static void Main(string[ ] args)
37          {
38              Employee e1 = new Employee("张三", 30, 2000f);
39              Console. WriteLine(e1. getInfo( ));
40              Employee e2 = new Manager("李四", 40, 3000f, "经理");
41              Console. WriteLine(e2. getInfo( ));
42              Console. ReadKey( );
43          }
44  }
```

该程序运行结果如图 4 – 13 所示。

从本案例代码 38 行和 40 行可以看出，Employee 类的变量 e1 和 e2，不仅可以表示 Employee 类的对象，还可以表示为 Manager 类的对象，体现了对象引用变量的多态性。

总之，多态大大提高了程序的抽象程度、简洁性和兼容性，最大限度地降低了类和程序模块之间的耦合性，提高了类模块的封闭性，使得它们不需要了解对方的具体细节，就可以很好地共同工作。

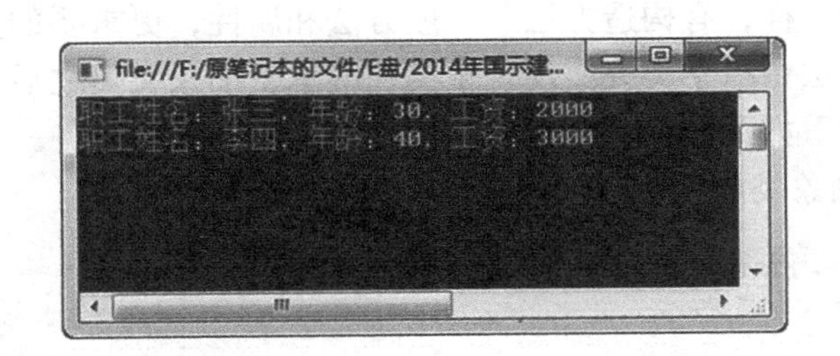


图 4 – 13　运行结果

## 4.6　接口

接口也被称为界面，是用来组织应用中的各类并调节它们相互关系的一种结构，更准确地说，接口是用来实现类间多层继承功能的结构。C#可以创建一种类专门用来当做父类，这种类称为抽象类。抽象类的作用有点类似模版，其目的是要设计者能够依据它的格式来修改并创建新的类。接口是 C#语言中比较复杂且较难掌握的技术，限于篇幅，本书只介绍接口的基本知识，让读者对接口有个初步认知。

### 4.6.1　抽象类

**一、抽象类的基本概念**

抽象类实际上也是一个类，只是与之前的普通类相比，其中多了抽象方法。抽象方法是只声明而未实现的方法，所有的抽象方法必须使用 abstract 关键字声明，包含抽象方法的类也必须使用 abstract 关键字来修饰。

抽象类的定义有很多规则，在此说明如下：

- 抽象类和抽象方法必须用 abstract 关键字来修饰，否则系统会发出错误信息。
- 抽象类不能被实例化，即不能直接用 new 关键字产生对象。
- 抽象方法只需声明，不需实现。
- 含有抽象方法的类必须被称为抽象类，抽象类的子类必须覆盖所有的抽象方法后才能被实例化，否则这个子类还是个抽象类。

下面代码定义了一个抽象类：

```
abstract class Player
{
    public abstract void train( );
}
```

请读者注意 abstract 关键字的用法。

## 二、抽象类的使用

抽象类同普通类一样，有构造方法、一般方法和属性，更重要的是还可以有一些抽象方法。其中，抽象方法留给子类去实现。子类在继承了抽象父类之后，就可以具体实现其中的抽象方法了。请看如下案例。

【案例4－14】抽象类的使用。代码如下：

```
01  abstract class Player
02  {
03      public abstract void train( );
04  }
05
06  class BasketballPlayer : Player
07  {
08      public override void train( )
09      {
10          Console.WriteLine("篮球运动员的训练。");
11      }
12  }
13
14  class FootballPlayer : Player
15  {
16      public override void train( )
17      {
18          Console.WriteLine("足球运动员的训练。");
19      }
20  }
21
22  class VolleyballPlayer : Player
23  {
24      public override void train( )
25      {
26          Console.WriteLine("排球运动员的训练。");
27      }
28  }
29
30  class Program
31  {
32      static void Main(string[ ] args)
```

```
33        {
34            BasketballPlayer b1 = new BasketballPlayer();
35            b1.train();
36            FootballPlayer f1 = new FootballPlayer();
37            f1.train();
38            VolleyballPlayer v1 = new VolleyballPlayer();
39            v1.train();
40            Console.ReadKey();
41        }
42    }
```

该程序运行结果如图 4－14 所示。

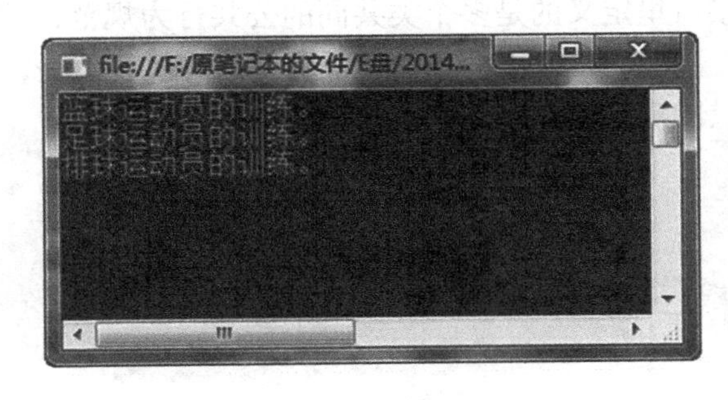


图 4－14　运行结果

本案例模拟现实生活中运动员的训练，定义了一个 Player 抽象父类和 BasketballPlayer、FootballPlayer、VolleyballPlayer 三个子类。父类中定义了一个抽象的 train 方法，然后由三个子类各自实现。很显然，不同项目的运动员不能用相同的训练方法，因此父类中的方法只是一个“虚拟”的方法。另外，子类在实现父类的抽象方法时要使用 override 关键字，请读者注意。

### 4.6.2　接口的概念

抽象类是从多个类中抽象出来的模版，如果将这种抽象进行得更彻底，则可以提炼出一种更加特殊的抽象类——接口(interface)，接口里不能包含普通方法，接口里的所有方法都是抽象方法。

接口定义了一种规范，接口定义了某一批类所需要遵守的规范，接口不关心这些类的内部状态数据，也不关心这些类里方法的实现细节，它只规定这批类里必须提供某些方法，提供这些方法的类就可满足实际需要。

可见，接口是从多个相似类中抽象出来的规范，接口不提供任何实现。接口体现的是规范和实现分离的设计哲学。让规范和实现分离正是接口的好处，让软件系统的各组件之间面向接口耦合，是一种松耦合的设计。例如主机板上提供了 PCI 插槽，只要一块显卡遵守PCI接口规范，就可以插入PCI插槽内，与该主机板正常通信。至于这块显卡是哪个厂家生产的，内部是如何实现的，主机板无须关心。

类似的，软件系统的各模块之间也应该采用这种面向接口的耦合，从而尽量降低各模块之间的耦合，为系统提供更好的可扩展性和可维护性。因此，接口定义的是多个类共同的公共行为规范，这些行为是与外部交流的通道，这就意味着接口里通常是定义一组公用方法。

### 4.6.3 接口的定义

和类定义不同，定义接口不再使用class关键字，而是使用interface关键字。接口定义的基本语法如下：

修饰符 interface 接口名{接口成员}

前面已经说过，接口里定义的是多个类共同的公共行为规范，因此接口里的所有成员都是public访问权限；同时，接口中的方法全部为抽象方法。但是，public和abstract关键字不能出现在接口成员的定义中。下面来看一个简单的接口定义：

```
interface Ishape
{
    double getArea();
}
```

### 4.6.4 接口的实现

定义接口之后，类就可以通过继承接口来实现其中的抽象方法。利用接口打造新的类的过程，称之为接口的实现。继承接口的语法和类的继承类似，使用冒号将待继承的接口放在类的后面。如果继承了多个接口，使用逗号分隔。下面通过案例来说明接口的实现。

【案例4-15】接口的实现。操作步骤如下：

①在Visual Studio 2010中，按照【案例4-1】的方法添加名为“4-6 接口”的项目。

②在【解决方案资源管理器】中右击【4-6 接口】，选择【添加】—【新建项】。在弹出的窗口中选择【接口】，在【名称】栏中输入Ishape.cs，并点击【添加】按钮。如图4-15所示。

③在Ishape.cs文件中输入4.6.3中的代码。

④再添加一个名为Rectangle的类，并输入如下代码：

```
01  class Rectangle : Ishape
02  {
03      public double dbwidth;
04      public double dbheight;
05      public Rectangle(double width, double height)
```

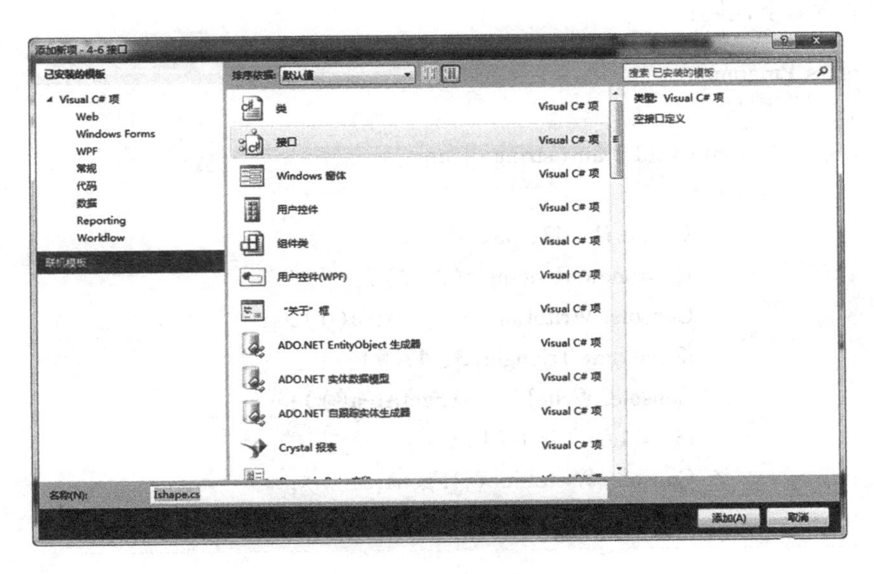


图 4－15　运行结果

```
06      {
07          this.dbwidth = width;
08          this.dbheight = height;
09      }
10      public double getArea()
11      {
12          return this.dbwidth * this.dbheight;
13      }
14  }
15
16  class Program
17  {
18      static void Main(string[] args)
19      {
20          Rectangle r1 = new Rectangle(5, 5);
21          Console.WriteLine(r1.getArea());
22          Console.ReadKey();
23      }
24  }
```

本案例中，代码第 1 行使用“:”继承了 Ishape 接口，实现了矩形类(Rectangle)。然后在 10～13 行实现了求面积的方法 getArea。和实现抽象类的抽象方法不同，实现接口中的方法并不需要使用“override”关键字。

接着来看如下代码：

```
01  class Program
02  {
03          static void Main(string[ ] args)
04          {
05              Ishape i1, i2, i3;
06              i1 = new Rectangle(2, 2);
07              Console. WriteLine(i1. getArea( ));
08              i2 = new Triangle(3, 4, 5);
09              Console. WriteLine(i1. getArea( ));
10              i3 = new Circle(1);
11              Console. WriteLine(i1. getArea( ));
12              Console. ReadKey( );
13          }
14  }
```

从上面程序中可以看出，如果还有三角形(Triangle)类和圆形(Cirle)类均实现了Ishape接口，就可以使用Ishape接口定义变量指向实现了该接口的实例对象，并调用其方法。仿佛矩形类、三角形类和圆形类都是Ishape的子类。实际上，接口并不能继承任何类，但所有接口类型的引用变量都可以直接赋值给Object类型的引用变量。所以，在上面程序中可以把三个类的变量直接赋值给Object类型变量，这是利用向上类型转换来实现的，这也是利用接口实现多态的典型方式。

## 4.6.5 接口和抽象类

接口和抽象类非常相似，它定义了一些未实现的属性和方法。所有实现它的类都继承这些成员。接口和抽象类的相似之处表现在以下两个方面：

- 两者都包含可以由子类继承的抽象成员。
- 两者都不能直接实例化。

从某种程度上来看，接口类似于整个系统的“总纲”，它制定了系统各模块应该遵循的标准，因此一个系统中的接口不应该经常改变；抽象类则不一样，抽象类作为系统中多个子类的共同父类，它所体现的是一种模板式设计，可以被当成系统实现过程中的中间产品。

除此之外，接口和抽象类在用法上也存在如下差别：

- 抽象类除拥有抽象成员外，还可以拥有非抽象成员；而接口所有的成员都是抽象的。
- 抽象类的抽象成员可以是私有的，而接口的成员一般都是公有的。
- 接口中不能含有构造方法、析构方法、静态成员和常量。

- C#只支持单继承，即子类只能继承一个父类，而一个子类却能实现多个接口。

## 4.7 命名空间

命名空间提供了一种组织相关类和其他类型的方式。与文件或组件不同，命名空间是一种逻辑组合，而不是物理组合。在C#文件中定义类时，可以把它包括在命名空间定义中。以后，在定义另一个类，在另一个文件中执行相关操作时，就可以在同一个命名空间中包含它，创建一个逻辑组合，告诉使用类的其他开发人员这两个类是如何相关的以及如何使用它们。

### 4.7.1 命名空间的概念

组织代码的最基本的单元就是类，为了更好地组织代码的结构，C#提供了将一组功能相关的类组织起来的方法，从而组成逻辑上的类库单元，那就是命名空间。

简单的说，就是把写好的类分门别类的存放，这很像文件系统管理文件的方式，把相关的文件(类)存放到一个文件夹(命名空间)中，便于管理，同时也解决了文件重名的问题。某种意义上来说，命名空间就是为了解决类的命名冲突问题的。

### 4.7.2 命名空间的定义和使用

用户可以自己定义命名空间，以便程序的功能可以更好的得到扩展，代码也可以更加有效地组织起来。

**一、命名空间的定义**

通常在定义类的时候，可以把它放在命名空间中定义。这样就可以把相关的类组织在一起，便于管理。命名空间的定义使用关键字 namespace，我们在使用 Visual Studio 2010 添加一个类的时候经常会见到如下代码，其中的“namespace _4_7_命名空间”是系统为我们自动创建的命名空间。可以看到，命名空间有自己的名字，创建的类都包含在命名空间中统一管理。

```
namespace _4_7_命名空间
{
    class Program
    {
        static void Main(string[] args)
        {
        }
    }
}
```

在一个命名空间中还可以嵌套另一个命名空间，嵌套的命名空间的结构如下所示：

```
namespace _ 4_ 7_ 命名空间
{
    class Program
    {
        static void Main(string[ ] args)
        {
        }
    }

    namespace namespace1
    {
        class test
        {
        }
    }
}
```

## 二、命名空间的使用

使用命名空间之前，要先引用。引用命名空间是利用 using 关键字，后跟命名空间的名称。通常，引用命名空间是放在前面的。请看如下代码：

```
01  using System;
02  using System. Collections. Generic;
03  using System. Linq;
04  using System. Text;
05  using _ 4_ 7_ 命名空间 . namespace1;
06
07  namespace _ 4_ 7_ 命名空间
08  {
09      class Program
10      {
11          static void Main(string[ ] args)
12          {
13              test t1  =  new test( );
14          }
15      }
16
```

```
17        namespace namespace1
18        {
19            class test
20            {
21            }
22        }
23    }
```

以上程序中的“using _4_7_命名空间.namespace1;”语句引用了嵌套在“_4_7_命名空间”中的“namespace1”命名空间。如果没有这句代码，Main 方法中的“test”类就无法使用。另外，本程序的前4行代码引用了系统的常用命名空间，这也是创建类时系统自动添加的，这样一来这四个命名空间中的类就可以使用了。需要注意的是，如果不希望把某个命名空间引用到当前程序中，又想在编程时使用其中的某个类，可以使用如下格式：

```
_4_7_命名空间.namespace1.test t1 = new _4_7_命名空间.namespace1.test();
```

## 4.8 处理异常

对于一个程序设计人员，我们需要尽可能地预知所有可能发生的情况，尽可能地保证程序在所有糟糕的情形下都可以运行。C#语言为我们提供了强大的异常处理机制，异常机制可以使程序有更好的容错性和健壮性。

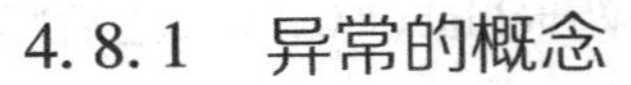

### 4.8.1 异常的概念

对于程序员来说最头疼的就是程序发生错误。传统的错误表示方式是错误码，这种方式需要知道不同错误码的含义，如果不处理错误码，则程序可能陷入不可预知的错误。错误码的缺点是显而易见的：不处理则很难发现，每次处理则很麻烦；难以看出错误的原因，容易使程序进入不确定状态。C#的异常处理机制可以让程序具有极好的容错性，让程序更健壮。当程序运行出现意外情形时，系统会自动生成一个 Exception 对象来通知程序，从而实现将“业务功能实现代码”和“错误处理代码”分离，提供更好的可读性。

异常是指程序运行过程中发生了不正确的或者意想不到的错误，而使得程序无法继续执行下去的情况。例如，在内存不足或者分母为零的情况下，就会产生异常。对于编程语言而言，异常处理是一种非常优雅的响应错误的方式。异常处理不仅可以避免程序发生崩溃，而且可以向程序发出信号。

### 4.8.2 使用 try…catch 捕获异常

C#语言提供了 try…catch 结构处理异常，其语法结构如下：

```
try
{//业务实现代码
}
catch(Exception ex)
{//异常处理代码
}
```

其中，Exception ex 是异常对象，Exception 类主要属性：Message、StackTrace。业务实现代码放在 try 块中定义，所有的异常处理逻辑放在 catch 块中进行处理。如果执行 try 块里的业务逻辑代码时出现异常，系统自动生成一个异常对象，该异常对象被提交给系统，这个过程被称为抛出(throw)异常；当系统收到异常对象时，会寻找能处理该异常对象的 catch 块，如果找到合适的 catch 块，则把该异常的对象交给该 catch 块处理，这个过程称为捕获(catch)异常；如果找不到捕获异常的 catch 块，则程序停止运行。

【案例 4-16】处理异常。代码如下：

```
01  class Program
02  {
03      static void Main(string[] args)
04      {
05          try
06          {
07              Console.WriteLine("Convert 之前");
08              int i = Convert.ToInt32("abc");
09              Console.WriteLine("Convert 之后");
10          }
11          catch (Exception ex)
12          {
13              Console.WriteLine("数据错误:" + ex.Message);
14          }
15          Console.WriteLine("ReadKey 之前");
16          Console.ReadKey();
17      }
18  }
```

该程序运行结果如图 4-16 所示。

本案例的第 8 行代码产生了异常。运行结果表明，当 try 块中的某行代码发生异常后，则该行后直到 try 块结束的代码都将不再执行，当 catch 块捕捉及处理异常后，catch 块后的代码继续执行，直到程序结束；Exception 类对象 ex 的 Message 属性表示的是异常的具体信息。

读者可能会问：如果使用系统提供的类的方法，什么时候要使用异常处理机制捕获可

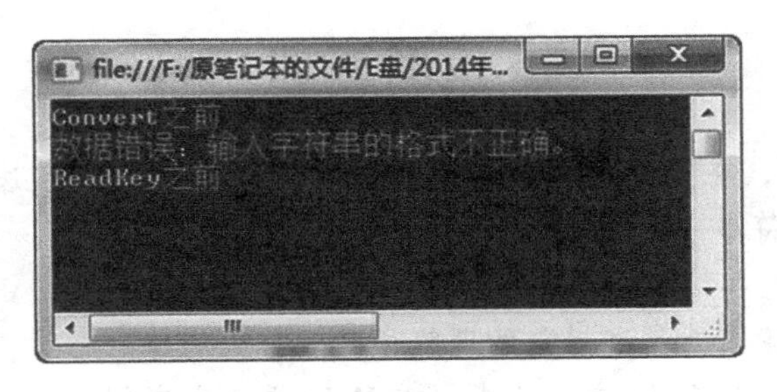


图4-16 运行结果

能的异常？其实，当我们使用这些方法时，Visual Studio 2010对我们进行了提示，请看下图：

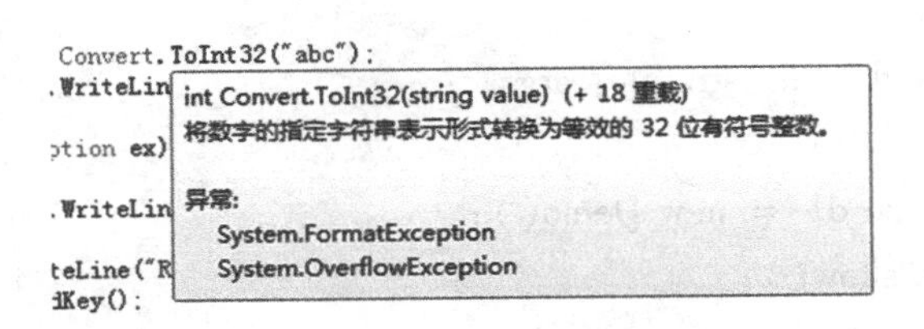


图4-17 方法的提示信息

在【案例4-16】中，当我们把光标停放在"ToInt32"方法上时，会弹出图4-17所示的方框。这就告诉我们，如果提示中有异常信息，在使用这些方法时我们就要考虑捕获异常了。

## 4.8.3 异常处理规则

不可否认，C#的异常机制确实方便，但滥用异常机制也会带来一些负面影响。因此，不能过度使用异常，需要避免以下情况的发生：

- 把异常和普通错误混淆在一起，不再编写任何错误处理代码，而是以简单地抛出异常来代替所有的错误处理。
- 使用异常处理来代替流程控制。

熟悉了异常使用方法后，程序员可能不再愿意编写繁琐的错误处理代码，而是简单地抛出异常。实际上这样做是不对的，对于完全已知和普通的错误，应该编写处理这种错误的代码，增加程序的健壮性；只有对外部的、不能确定和预知的运行时错误才使用异常。

必须指出：异常处理机制的初衷是将不可预期异常的处理代码和正常的业务逻辑处理代码分离，因此绝不要使用异常处理来代替正常的业务逻辑判断。另外，异常机制的效率比正常的流程控制效率差，所以不要使用异常处理来代替正常的程序流程控制。

## 拓展实训

1. 编写一个程序，在程序中创建一个类，在类中定义一个方法，然后创建一个对象来调用它实现输出字符串——“这是一个对象”。

【分析】

该题目主要考查读者对类和对象的理解程度。首先创建一个类，在类中定义其字段和方法。然后创建一个包含Main方法的类，在Main方法中实例化对象，再调用第一类中的字段和方法。

【核心代码】

```
class Question1
{
    static void Main(string[] args)
    {
        Demo d1 = new Demo();
        d1.show();
        Console.ReadKey();
    }
}
class Demo
{
    private string str = "这是一个对象";
    public void show()
    {
        Console.WriteLine(this.str);
    }
}
```

2. 编写一个程序，使用对象(Car)作为参数将一辆汽车的名字由“奔驰”改为“宝马”。

【分析】

本题考查将对象类型作为参数进行传递的理解。可以先创建一个表示车类的对象，确定其名字，然后创建一个以对象作为参数的改名方法，在程序中调用此方法进行改名就可以了。

【核心代码】

```
class Question2
{
    static void Main(string[] args)
    {
```

```
            Car c1  = new Car();
            Console.WriteLine("改名前:" +c1.name);
            c1.changeName(c1);
            Console.WriteLine("改名后:"  + c1.name);
            Console.ReadKey();
        }
    }
    class Car
    {
        public string name ="奔驰";
        public void changeName(Car car)
        {
            car.name  =  "宝马";
        }
    }
```

3. 编写一个声明为protected修饰的成员字段，并对其进行访问。比如可以声明一个父类A，里面包括了一个被protected修饰的String类型的成员字段，要求创建一个子类B去继承父类A，并对String类型字段进行访问。

【分析】

本题考查读者对访问修饰符的理解和掌握。声明为Protected的成员字段，子类是可以对其进行访问的。

【核心代码】

```
    class Question3
    {
        static void Main(string[] args)
        {
            B b1  = new B();
            b1.getstr();
            Console.ReadKey();
        }
    }
    class A
    {
        protected string str  =  "A的字段";
    }
    class B : A
    {
```

```
        public void getstr( )
        {
            Console. WriteLine( this. str) ;
        }
    }
```

4. 编写一个实现多态的程序，要求程序中既要有覆盖又要有重载。比如可以创建一个 Test 类，里面包含了一个 test( ) 方法，可以在类中对其进行重载，然后用子类 Test1 去继承 Test 类，并对 test( ) 方法进行覆盖。

【分析】

这是一道考查读者对多态性质的理解和掌握的例子。首先要明确覆盖和重载的区别，覆盖是子类对父类同名方法的重新定义，而重载是类对自身已有的同名方法的重新定义，只要明确了这一点，就可以编写程序了。

【核心代码】

```
    class Question4
    {
        static void Main( string[ ] args)
        {
            Test t1  = new Test( ) ;
            t1. test( ) ;
            t1. test(10) ;
            Test1 t2  = new Test1( ) ;
            t2. test( ) ;
            t1  = t2;
            t1. test( ) ;
            Console. ReadKey( ) ;
        }
    }
    class Test
    {
        public virtual void test( )
        {
            Console. WriteLine( "这是 Test 类的 test 方法") ;
        }
        public void test( int i)
        {
            Console. WriteLine( "这是 Test 类的 test 方法的重载，测试码:" + i) ;
```

```
        }
    }
    class Test1: Test
    {
        public override void test()
        {
            Console.WriteLine("这是 Test1 类中覆盖了 Test 类的 test 方法");
        }
    }
```

5. 编写程序，运用抽象类输出一段字符串“I love C#”。要求创建一个 Test2 抽象类，里面包含 method()抽象方法，然后由子类 Test2Abstractdemo 继承抽象类，输出方法中的字符串值。

【分析】

本题考查对抽象类的掌握程度。首先创建一个包含了 method()抽象方法的抽象类，然后再创建一个子类去继承并对方法进行实例化即可。

【核心代码】

```
    class Question5
    {
        static void Main(string[] args)
        {
            Test2Abstractdemo t1 = new Test2Abstractdemo();
            Console.WriteLine(t1.method());
            Console.ReadKey();
        }
    }
    abstract class Test2
    {
        public abstract string method();
    }
    class Test2Abstractdemo: Test2
    {
        public override string method()
        {
            return "I love C#!";
        }
    }
```

6. 编写使用接口的程序，创建一个 MP3 播放器，输出音乐名“I love Java!”。要求实现接口的多继承性质，比如创建 ElectronicUtility 接口和 MusicInstrument 接口，然后由 Player 类去继承这两个接口。

【分析】

本题考查对接口的理解和应用。首先要创建两个接口：ElectronicUtility 接口和 MusicInstrument 接口，然后再创建一个 Player 类去继承它们，在类中通过继承的方法输出题目要求的字符串即可。

【核心代码】

```
class Question6
{
    static void Main(string[] args)
    {
        Player p1 = new Player();
        p1.install("解码");
        p1.play("I love C#");
        Console.ReadKey();
    }
}
interface ElectronicUtility
{
    void install(string name);
}
interface MusicInstrument
{
    void play(string music);
}
class Player : ElectronicUtility, MusicInstrument
{
    public void install(string name)
    {
        Console.WriteLine("安装了" + name + "设备");
    }
    public void play(string music)
    {
        Console.WriteLine("播放" + music );
    }
}
```

# 第 5 章

## 字符与字符串

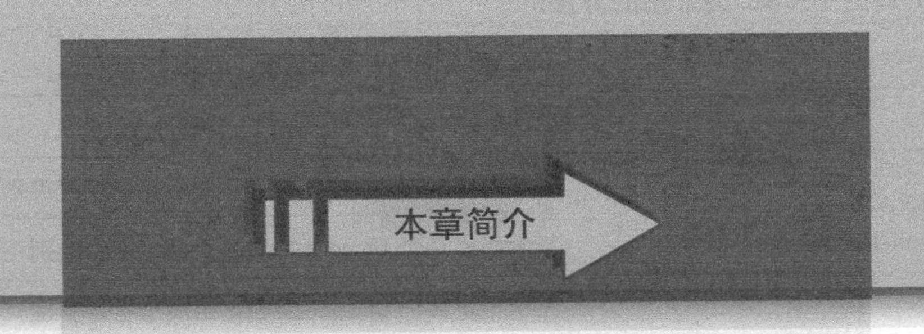


本章主要介绍字符和字符串，C# 中用 Char、String 等类来表示它们。C# 中对于文字的处理大多是通过对字符串的操作来实现的。本章详细地介绍字符与字符串的相关内容，讲解过程中为了便于读者理解结合了大量的案例。

- 了解什么是字符类
- 掌握如何定义及使用字符类
- 了解什么是字符串类
- 掌握常见的几种字符串的处理方法
- 了解字符类与字符串的区别
- 了解什么是可变字符串类
- 掌握可变字符串的定义及使用

## 5.1 字符类 Char 的使用

在 C#中，Char 表示一个两个字节的 Unicode 字符。Unicode(统一码、万国码、单一码)是一种在计算机上使用的字符编码。Unicode 是为了解决传统的字符编码方案的局限而产生的，它为每种语言中的每个字符设定了统一并且唯一的二进制编码，以满足跨语言、跨平台进行文本转换、处理的要求。

下面举例说明如何定义字符。

```
char a ='1';
char b ='A';
char c ='和';
```

表 5 - 1 列出了 Char 类常用的方法。

**表 5 - 1　Char 类的常用方法及说明**

| 转义符 | 说明 |
|---|---|
| IsControl | 指示指定的 Unicode 字符是否属于控制字符类别 |
| IsLetter | 指示指定某个 Unicode 字符是否属于字母类别 |
| IsLower | 指示指定某个 Unicode 字符是否属于字母类别 |
| IsNumber | 指示指定某个 Unicode 字符是否属于数字类别 |
| IsSymbol | 指示指定某个 Unicode 字符是否属于符号字符类别 |
| IsUpper | 指示指定某个 Unicode 字符是否属于大写字母类别 |
| IsWhiteSpace | 指示某个 Unicode 字符是否属于空白类别 |
| Parse | 将指定字符串的值转换为它的等效 Unicode 字符 |
| ToLower | 将 Unicode 字符的值转换为它的小写等效项 |
| ToString | 将此实例的值转换为其等效的字符串表示 |
| ToUpper | 将 Unicode 字符的值转换为它的大写等效项 |
| TryParse | 将指定字符串的值转换为它的等效 Unicode 字符 |

下面代码演示如何使用 Char 类的方法。

```
char a ='h';
Char. IsLower(a); //判断 a 是否小写字符
Char. ToUpper(a); //将小写字母 a 转换为大写字母
```

# 5.2 字符串 String 的使用

## 5.2.1 String 类概述

.NET Framework 中表示字符串的关键字为 string，它是 String 类的别名。String 类型表示 Unicode 字符的字符串。String 类型提供了很多功能很强大的方法，后面有详细的介绍。虽然 String 类功能很强，但是它也是不可改变的，这就是说一旦创建 String 对象，就不能够修改。表面看来能够修改字符串的所有方法，实际上不能修改。它们实际上返回一个根据所调用的方法修改的新的 String。当需要大量的修改时，可用 StringBuilder 类。

## 5.2.2 String 类的使用

字符串是 Unicode 字符的有序集合，用于表示文本。String 对象是 System. Char 对象的有序集合，用于表示字符串。String 对象的值是该有序集合的内容，并且该值是不可变的。正是字符构成了字符串，根据字符在字符串中的不同位置，字符在字符串中有一个索引值，可以通过索引值获取字符串的某个字符。字符在字符串中的索引从零开始。例如，字符串 Hello World 中的第一个字符为 H，而 H 在字符串中的索引顺序为 0。

下面代码的功能是声明一个字符串变量，然后获取字符串中的某个字符。

```
01        string str = "朝辞白帝彩云间，千里江陵一日还。";
02        char a  =  str[1]; //获取字符串 str 的第二个字符
03        char b  =  str[2]; //获取字符串 Str 的第三个字符
04        Console. WriteLine("字符串 str 中的第二个字符是：{0}", a);
05        //输出第二个字符
06        Console. WriteLine("字符串 str 中的第三个字符是：{0}", b);
07        //输出第三个字符
```

程序运行结果如下：

```
字符串 str 中第二个字符是：辞
字符串 str 中第三个字符是：白
```

## 5.2.3 比较字符串

比较字符串是指按照字典排序规则，判定两个字符串的相对大小。按照字典规则，在一本英文字典中，出现在前面的单词小于出现在后面的单词。在 String 类中，常用的比较字符串的方法包括 Compare、CompareTo、Equals 及比较运算符等。

## 一、Compare 方法

Compare 方法是静态方法，在使用时，可以直接引用。该方法有多种重载方式，下面介绍常用的 2 种：

```
int Compare(string strA, string strB)
int Compare(strA, string strB, bool ignorCase)
```

参数说明：

strA：要比较的第一个字符串。

strB：要比较的第二个字符串。

ignorCase：要在比较过程中忽略大小写，则为 true；否则为 false

Compare 方法的使用如下例所示。

```
01  string strA = "hello";
02  string strB = "world";
03  Console.WriteLine(String.Compare(strA, strB));
04  Console.WriteLine(String.Compare(strA, strA));
05  Console.WriteLine(String.Compare(strB, strA));
```

程序的运行结果如下：

```
-1
 0
 1
```

## 二、CompareTo 方法

CompareTo 方法将当前字符串对象与另一个字符串对象做比较，与 Compare 方法类似，不同的是 CompareTo 不是静态方法，要以实例对象本身与指定的字符串做比较。其语法如下：

```
public int CompareTo(string strB)
```

例如，对字符串 strA 和字符串 strB 进行比较，方法如下：

```
strA.CompareTo(strB);
```

如果 strA 的值与 strB 相等，则返回 0；如果 strA 大于 strB 的值，则返回 1；否则返回 -1。

## 三、Equals 方法

Equals 方法用于方便地判断两个字符串是否相同。其常用的两种方式的语法如下：

```
public bool Equals(string value)
public static bool Equals(string a, string b)
```

参数说明：

value：是与实例比较的字符串。

a 和 b：是要进行比较的两个字符串。

Equals 方法使用实例如下：

```
01    string a = "hello";
02    string b = "world";
03    Console.WriteLine(a.Equals(b));
04    Console.WriteLine(String.Equals(a, b));
```

程序的运行结果如下：

```
False
False
```

**四、比较运算符**

String 支持两个比较运算符"= =""! ="，分别用于判定两个字符是否相等和不等，并区分大小写。相对于上面介绍的方法，这两个运算符使用起来更加直观和方便。

下例中，使用"= =""! ="对"hello"和"world"进行比较。

```
01    string strA = "hello";
02    string strB = "world";
03    Console.WriteLine(StrA = = StrB);
04    Console.WriteLine(StrA! = StrB);
```

输出结果如下：

```
False
True
```

## 5.2.4 格式化字符串

化字符串使用 Format 方法，它是静态方法，用于将字符串格式化及连接多个字符串。该方法是重载方法，最常用的格式如下：

```
public static string Format(string format, object obj)
```

参数说明：

format：用来指定字符串所要格式化的形式。

obj：要被格式化的对象。

下面代码演示如何利用 String. Format 将两个字符串格式化输出。代码如下：

```
01    string a = "长风破浪会有时;
02    string b = "直挂云帆济沧海";
03    string newstr = String.Format("{0}, {1}。----李白", a, b);
04    Console.WriteLine(newstr);
05    Console.ReadLine();
```

程序的运行结果：

```
长风破浪会有时，直挂云帆济沧海。——李白
```

String. Format 也可用于格式化日期时间字符串，表 5 – 2 列出了日期时间的格式规范。

**表 5 – 2 日期时间格式规范**

| 格式规范 | 说明 |
|---|---|
| d | 简短日期格式（YYYY – MM – dd）。 |
| D | 完整日期格式（YYYY 年 MM 月 dd 日）。 |
| t | 简短时间格式（hh：mm）。 |
| T | 完整时间格式（hh：mm：ss） |
| f | 简短的日期/时间格式（YYYY 年 MM 月 dd 日 hh：mm） |
| F | 完整的日期/时间格式（YYYY 年 MM 月 dd 日 hh：mm：ss） |
| g | 简短的可排序的日期/时间格式（YYYY – MM – dd hh：mm） |
| G | 完整的可排序的日期/时间格式（YYYY – MM – dd hh：mm：ss） |
| M 或 m | 月/日格式（MM 月 dd 日） |
| Y 或 y | 年/月格式（YYYY 年 MM 月） |

下面代码演示了通过 Format 显示格式规范系统当前的日期时间。代码如下。

```
01        DateTime dt = DateTime. Now;
02        string str = String. Format("{0: D}", dt);
03        Console. WriteLine(str);
04        Console. ReadLine();
```

程序运行结果：

```
2014 年 9 月 5 日
```

## 5. 2. 5　截取字符串

String 类提供了一个 Substring 方法，该方法可以截取字符串中指定位置和指定长度的字符。其语法格式如下：

```
public static Substring(int startIndex, int length)
```

参数说明：

startIndex：子字符串的起始位置的索引。

length：子字符串中的字符数。

下例中，从“床前明月光，疑是地上霜。”中截取“明月光”出来。

```
01        string a = "床前明月光，疑是地上霜。";
02        string b = a.Substring(2, 3);
03        Console.WriteLine(b);
04        Console.ReadLine();
```

程序运行结果：

明月光

### 5.2.6　分割字符串

使用Split方法，可以按照某个分隔符分割为一系列小的字符串。其语法格式如下：

```
public string[] Split(params char[] separator)
```

参数说明：

separator：是一个数组，包含分隔符。

下面的例子中，声明一个string类型变量StrA，初始化为"抽刀^断水*水更，流"。

代码如下：

```
01     string str = "抽刀^断水*水更，流"; //声明字符串StrA
02     char[] separator = {'^', '*', ','}; //声明分割字符的数组
03     string[] splitstrings = new string[100]; //声明一个字符串数组
04     splitstrings = str.Split(separator); //分割字符串
05     for (int i = 0; i < splitstrings.Length; i++)
06         {
07             Console.WriteLine("item{0}: {1}", i, splitstrings[i]);
08           }
09                 Console.ReadLine();
```

运行结果如下：

```
item0：抽刀
item1：断水
item2：水更
item3：流
```

### 5.2.7　插入和填充字符串

#### 一、插入字符串

Insert方法用于在一个字符串的指定位置插入另一个字符串，从而构造一个新的串。其语法格式如下：

```
public string Insert(int startIndex, string value);
```

参数说明：

startIndex：用于指定所要插入的位置，索引从0开始。

value：指定所要插入的字符串。

下例中，在“邀明月”前插入“举杯”。

```
01        string strA = "邀明月";
02        string strB = "举杯";
03        string strC = strA.Insert(0, strB);
04        Console.WriteLine(strC);
05        Console.ReadLine();
```

程序运行结果为：

```
举杯邀明月
```

如果想要在字符串的尾部插入字符串，可以用字符串变量的Length属性来设置插入的起始位置。如StrA.Insert(StrA.Length, StrB)。

**二、填充字符串**

有时候，需要对一个字符串进行填充，可以利用PadLeft方法实现在一个字符串的左侧进行字符填充，使用PadRight方法在字符串的右侧进行字符填充。

PadLeft方法的语法格式如下：

```
public string PadLeft(int totalWidth, char paddingChar)
```

参数说明：

totalWidth：指定填充后的字符长度。

paddingChar：指定所要填充的字符，如果省略，则填充空格符号。

下例中，实现了对“*^_^*”的填充操作。代码如下：

```
01        string strA = "*^_^*";
02        string strB = strA.PadLeft(6, '(');
03        string strC = strB.PadRight(7, ')');
04        Console.WriteLine(strC);
05        Console.ReadLine();
```

程序运行结果为：

```
(*^_^*)
```

## 5.2.8 删除字符串

String类包含了删除一个字符串的方法，可以用Remove方法在任意位置删除任意长度的字符。其语法格式如下：

```
Public String Remove(int startIndex)
Public String Remove(int startIndex, int count)
```

参数说明：

startIndex：用于指定开始删除的位置，索引从0开始。

count：指定删除的字符数量。

该方法有两种语法格式，第一种格式删除字符串中从指定位置到最后位置的所有字符。第二种格式从字符串指定位置开始删除指定数目的字符。

下面通过实例演示如何使用 Remove 方法的第一种语法格式。

代码如下：

```
01        string strA = "今人不见古时月";
02        string strB = strA.Remove(2);
03        Console.WriteLine(strB);
04        Console.ReadLine();
```

程序运行结果为：

```
今人
```

下面再演示如何使用 Remove 方法的第二种语法格式。

```
01        string strA = "今月曾经照古人";
02        string strB = strA.Remove(1, 2);
03        Console.WriteLine(strB);
04        Console.ReadLine();
```

程序运行结果为：

```
今经照古人
```

### 5.2.9 复制字符串

String 类包含了复制字符串方法 Copy 和 CopyTo，可以完成对一个字符串及其一部分的复制操作。

1. Copy 方法

若想把一个字符串复制到另一个字符数组中，可以使用 String 的静态方法 Copy 来实现。其语法格式如下：

```
public static string Copy(string str)
```

参数说明：

str：是要复制的字符串。

返回值：与 str 具有相同值的字符串。

下例中，声明一个String类型的变量stra，值为“举头望明月”，然后使用Copy方法复制字符串stra，并赋给字符串strb。

代码如下：

```
01        string stra = "举头望明月"；//声明字符串变量stra并初始化
02        string strb = String. Copy(stra)；//声明字符串变量strb，使用String类的
     Copy方法，复制字符串stra并赋值给strb
03
04        Console. WriteLine(strb)；
05        Console. ReadLine()；
```

程序运行结果为：

```
举头望明月
```

2. CopyTo方法

CopyTo方法可以实现Copy同样的功能，但功能更为丰富，可以复制复制源字符串中一部分到一个字符数组中。还有，CopyTo不是静态方法，其语法格式如下：

```
public void CopyTo(int sourceIndex，char[ ]destination，int
destinationIndex，int count)
```

参数说明：

sourceIndex：需要复制的字符的起始位置。

destination：目标字符数组。

destinationIndex：指定目标数组中的开始存放位置。

count：指定要复制的字符个数。

下例中，声明一个String类型变量stra，值为“低头思故乡”。然后定义Char类型的数组str，使用CopyTo方法将“低头思故乡”复制到数组str中。

代码如下：

```
01        string stra = "低头思故乡"；//声明一个字符串变量stra并初始化
02        char[ ] str = new char[100]；//声明一个字符数组str
03        //将字符串stra从索引1开始的4个字符串复制到字符、数组str中
04        stra. CopyTo(1，str，0，4)；
05        Console. WriteLine(str)；
06        Console. ReadLine()；
```

程序运行结果为：

```
头思故乡
```

### 5.2.10　替换字符串

String类提供了一个Replace方法，用于将字符串中的某个字符或字符串替换成其他的

字符或字符串。其语法格式如下：

```
pblic string Replace(char OChar, char NChar)
pblic string Replace(string OValue, string NValue)
```

参数说明：

OChar：待替换的字符。

NChar：替换后的新字符。

Ovalue：待替换的字符串。

NValue：替换后的新字符串。

第一种语法格式主要用于替换字符串中指定的字符，第二种语法格式主要用于替换字符串中指定的字符串。下面通过实例演示这两种语法格式的用法。

声明一个 string 类型变量 a，并初始化为“one world，one dream”。然后使用 Repalace 方法的第一种语法格式将字符串中的“，”替换成“＊”。最后使用 Replace 方法的第二种语法格式将字符串中的“one world”替换成“One World”。代码如下：

```
01    string a = "one world, one dream"; //声明一个字符串变量 a 并初始化
02    //使用 Replace 方法将字符串 a 中的“,”替换为“*”, 并赋值给字符串变量 b
03    string b = a.Replace(',', '*');
04    Console.WriteLine(b);
05    //使用 Replace 方法将字符串中的"one world"替换为"One World"
06    string c = a.Replace("one word","One World");
07    Console.WriteLine(c);
08    Console.ReadLine();
```

程序运行结果为：

```
0one world * one dream
One World, one dream
```

### 5.2.11 连接字符串

String 类包含两个连接字符串的静态方法：Concat 和 Join。

**一、Concat 方法**

Concat 方法用于连接两个或多个字符串。该方法是可重载方法，最常用的是：

```
public static string Concat(params string[] values)
```

参数说明：

valuesvalues：用于指定所要连接的多个字符串。

下面代码演示连接两个字符串：

```
01        string newstr = "";
02        string strA = "时间";
03        string strB = "流沙";
04        newstr = String.Concat(strA,"就像", strB);
05        Console.WriteLine(newstr);
```

程序运行结果：

```
时间就像流沙
```

## 二、Join 方法

Join 方法利用一个字符数组和一个分隔符构造新的字符串。常用于把多个字符串连接在一起，并用一个特殊的符号来分隔开。Jion 的常用形式为：

```
public static string Join(string separator, string[] value)
```

参数说明：

separator：指定的分隔符

values：用于指定所要连接的多个字符串数组

下面代码演示利用 Jion 方法用"^"连接"时间""就像""流沙"。

代码如下：

```
01        string newstr = "";
02        string strA = "时间";
03        string strB = "就像";
04        string strC = "流沙";
05        string[] strArr = {strA, strB, strC};
06        newstr = String.Join("^", strArr);
07        Console.WriteLine(newstr);
```

程序运行结果如下：

```
时间^就像^流沙
```

## 三、连接运算符

String 支持连接运算符"+"，可以方便地连接多个字符串。下面用实例说明该方法，代码如下：

```
01        string strA = "时间";
02        string strB = "流沙";
03        string str = strA + "就像" + strB;
04        Console.WriteLine(str);
```

程序运行结果：

```
时间就像流沙
```

### 5.2.12 【案例5-1】统计英文字符串中英文单词的个数

#### 需求描述

如图5-1所示，此程序功能是统计预先定义字符串的单词个数。把一段英文字符的各种标点符号去掉，计算单词的个数，然后依次输出段落中的单词。

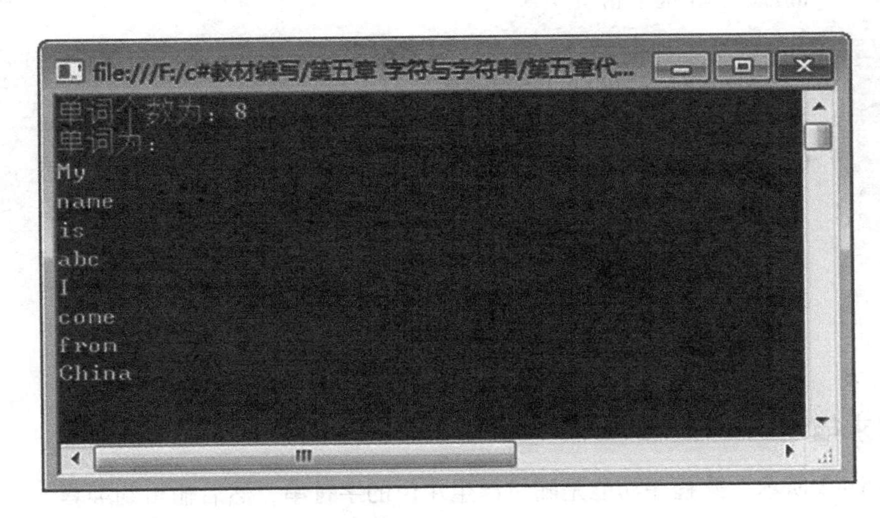


图5-1 统计英文字符串中英文单词的个数运行结果

#### 案例分析

本案例中可以利用Split分割字符串，返回字符分割后的字符串数组，然后遍历返回的字符数组，用计数器的形式累加，如果出现空字符串则不计入总数。因为用Split在以指定字符拆分字符串时，会把最后的空字符串也返回到字符串数组中。

#### 案例实现

案例实现步骤如下：

①新建一个控制台应用程序，并命名为“统计英文字符串单词的个数”。

②声明一个整型变量count用来计数，声明一个字符串变量，一个字符数组接收截取的字符。

③程序主要代码如下：

```
01  static void Main(string[] args)
02  {    int count = 0;
03       string text = "My name is abc, I come from China.";
04       string[] str = text.Split(' ', ',', '?', '!', ':', '.');
```

```
05        foreach (string st in str)
06        {
07            if (! st. Equals(""))
08                count + + ;
09        }
10        Console. WriteLine("单词个数为: {0}", count);
11        Console. WriteLine("单词为:");
12        foreach(string s in str)
13        {
14            Console. WriteLine(s);
15        }
16        Console. ReadKey();
17    }
```

## 5.2.13 【案例 5 - 2】随机产生字符串

### 需求描述

如图 5 - 2 所示，此程序功能是随机产生 4 位的字符串，然后输出到屏幕上。

图 5 - 2　随机产生字符串

### 案例分析

本案例中可以首先定义一个字符数组，初始化为 A ~ Z 等 26 个字母，然后通过随机函数 Random 函数产生 4 个不同的随机数，通过这些随机数确定抽取数组的字符。

### 案例实现

案例实现步骤如下：

① 新建一个控制台应用程序，并命名为“随机产生字符串”。

② 声明一个 char[ ]数组，初始化为 A ~ Z，定义字符串 sCode，用来接收产生的随机字符。

③ 程序主要代码如下：

```
01  static void Main(string[] args)
02  {//定义字符数组，存放 A ~ Z 字母
03      char[] CharArray = { 'A', 'B', 'C', 'D', 'E', 'F', 'G', 'H', 'J', 'K',
04  'L', 'M', 'N', 'O', 'P', 'Q', 'R', 'S', 'T', 'U', 'V', 'W', 'X', 'Y', 'Z'};
05      string sCode = "";
06  //通过随机函数产生随机数
07      Random random = new Random();
08      for (int i = 0; i < 4; i++)
09      {
10  //利用 sCode 接收随机字符
11          sCode += CharArray[random.Next(CharArray.Length)];
12      }
13      Console.WriteLine("随机产生的4位字符串为:" + sCode);
14      Console.ReadKey();
15  }
```

## 5.3 可变字符串类 StringBuilder 的使用

String 对象是不可改变的。每次使用 System.String 类中的方法之一时，都要在内存中创建一个新的字符串对象，这就需要为该新对象分配新的空间。在需要对字符串执行重复修改的情况下，与创建新的 String 对象相关的系统开销可能会非常昂贵。如果要修改字符串而不创建新的对象，则可以使用 System.Text.StringBuilder 类。例如，当在一个循环中将许多字符串连接在一起时，使用 StringBuilder 类可以提升性能。

### 5.3.1 StringBuilder 类的定义

StringBuilder 类有 6 种不同的构造方法，本节只介绍最常用的一种，其语法格式如下：

```
pblic StringBuilder(string value, int cap)
```

参数说明：

value：StringBuilder 对象引用的字符串。

cap：设定 StringBuilder 对象的初始大小。

下面演示如何创建一个 StringBuilder 对象，代码如下：

```
StringBuilder MyStringBuilder = new StringBuilder("Hello");
```

## 5.3.2 StringBuilder 类的使用

StringBuilder 类存在于 System. Text 命名空间中，如果要创建 StringBuilder 对象，首先必须引用此命名空间。StringBuilder 类中的常用方法及说明如表 5－3 所示。

**表 5－3 StringBuilder 常用的方法及说明**

| 方 法 | 说 明 |
| --- | --- |
| Apend | 将文本或字符串追加到指定对象的末尾 |
| AppendFormat | 自定义变量的格式并将这些值追加到 StringBuilder 对象的末尾 |
| Insert | 将字符串或对象添加到当前 StringBuilder 对象中的指定位置 |
| Remove | 从当前 StringBuilder 对象中移除指定数量的字符 |
| Replace | 用另一个指定的字符来替换 StringBuilder 对象内的字符 |

## 5.3.3 【案例 5－3】利用 StringBuilder 处理字符串

### 需求描述

如图 5－3 所示，此程序功能利用 StringBuilder 类中的方法对字符串进行追加、添加、删除、修改操作。

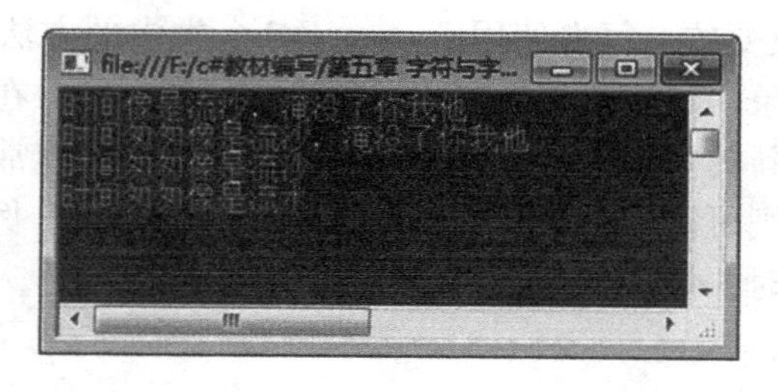


5－3 利用 StringBuilder 处理字符串运行结果

### 案例分析

本案例首先实例化对象 StringBuilder，并初始化为“时间像是流沙”，然后通过 Append，Insert，Remove，Replac 方法操作 StringBuilder 对象。

### 案例实现

案例实现步骤如下：

①新建一个控制台应用程序，并命名为“利用 STRINGBUILDER 处理字符串”。

②创建 StringBuilder 对象 SB，其初始值“时间像是流沙”，然后使用 StringBuilder 操作该对象。

③程序主要代码如下：

```
01  static void Main(string[] args)
02  {
03      //实例化一个 StringBuilder 类，并初始化为“时间像是流沙”
04      StringBuilder SB = new StringBuilder("时间像是流沙");
05      //使用 Apend 方法将字符串追加到 SB 的末尾
06      SB.Append("，淹没了你我他");
07      Console.WriteLine(SB);
08      SB.Insert(2,"匆匆"); //使用 Insert 方法将“匆匆”添加到字符串里面
09      Console.WriteLine(SB);
10      SB.Remove(8, SB.Length -8); //使用 Remove 方法删除索引 8 以后的字符串
11      Console.WriteLine(SB);
12      SB.Replace("流沙","流水"); //使用 Replace 将“流沙”替换为“流水”
13      Console.WriteLine(SB);
14      Console.ReadKey();
15  }
```

## 拓展实训

(1)使用“*”把“Hello*World”分割成两个字符串。效果如图5-4所示。

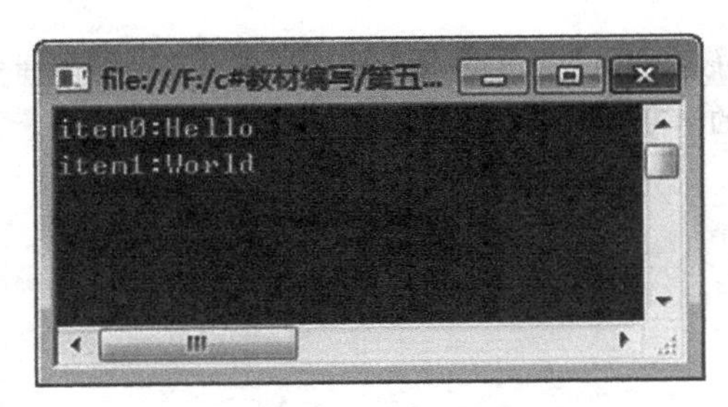


图5-4　字符串操作结果

(2)使用 StringBuilder 类，在字符串“Hello”后面插入字符串“，Tom”。效果如图5-5所示。

图5-5　字符串操作结果

# 第6章

## Windows窗体应用程序开发

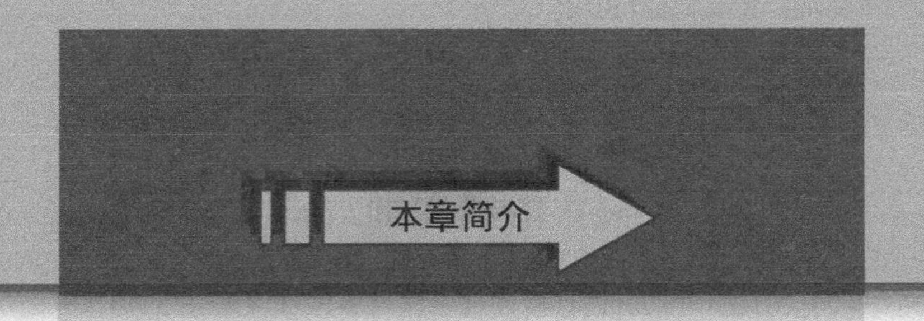


本章主要介绍C#的Windows应用程序设计，包括窗体和常用控件的使用、菜单、工具栏、单窗体、多窗体以及绘图。通过本章的学习能够独立进行Windows应用程序的开发。

- 应用程序的开发过程
- 掌握各种控件、菜单、工具栏的创建
- 单窗体、多窗体的应用
- 绘制各种图形

## 6.1 窗体概述

窗体可以看做是控件的容器。当新建一个 Windows 窗体应用程序时，Visual Studio 都会自动创建一个名为“Form1”的窗体，而且这个窗体会作为这个应用程序的主窗体，为此，我们给这个窗体取一个更有意义的名字——MainForm（不管是窗体和控件，我们都要规范命名，后面将会讲到规范命名）。

### 6.1.1 窗体常用属性

- Name

窗体对象的名字。

- BackColor

窗体的背景色。

- Text

窗体标题栏显示的文字。

- WindowState

设置窗口的操作状态，有 3 个可选择的值。

(1) Maximized：最大化的窗口。

(2) Minimized：最小化的窗口。

(3) Normal：默认大小的窗口。

- Opacity

窗体透明度，100 为不透明，0 为完全透明，即不可见。窗体上所有控件将跟随一起透明。

- StartPosition

窗体运行时的起始位置，有 5 种取值。

(1) CenterParent：窗体在其父窗体中居中。只有当窗体为子窗体时，设置这个属性才有效。

(2) CenterScreen：窗体在当前屏幕中居中。

(3) Manual：窗体的位置由 Location 属性确定。

(4) WindowsDefaultBounds：窗体定位在 Windows 默认位置，边界也由 Windows 默认决定。

(5) WindowsDefaultLocation：窗体定位在 Windows 默认位置，尺寸在窗体大小中指定。

### 6.1.2 窗体常用事件

- Click

单击事件，单击窗体时触发此事件，并调用事件过程。

- DoubleClick

双击事件，双击窗体时触发此事件，并调用事件过程。

- Load

此事件发生于窗体装载时，Load 事件一般用来完成程序的初始化，程序运行并加载窗体时自动调用。

- FormClosed

关闭窗体时触发此事件，可以用此事件执行一些任务，比如释放窗体占用的资源，保存输入窗体中的信息或更新其父窗体。

- Resize

当调整窗体大小时触发此事件。

## 6.2 窗体控件

### 6.2.1 控件常用属性和事件

#### 一、控件属性

所有控件都有许多属性，大多数控件的基类是 System. Windows. Forms. Control，下面列出控件最常见的属性，后面介绍控件时不再详细解释。

- Name

控件的名称，这个名称可以在代码中引用该控件。

- Text

与该控件相关的文本。

- BackColor

控件的背景色。

- Enabled

表示控件可用和不可用两种状态，当值为 true 时表示控件可用，当值为 false 时表示控件不可用。

- ForeColor

控件的前景色。

- TabIndex

控件在容器中的标签顺序号。

- TabStop

是否可以用 Tab 键访问控件。

- Visible

控件是否可见，其值为 true 和 false。

- Width

控件的宽度。

- Height

控件的高度。

**二、控件事件**

下面介绍控件最常见的事件，后面介绍时不再详细介绍。

- Click

当单击控件时触发此事件。

- DoubleClick

当双击控件时触发此事件。

- KeyDown

当控件有焦点，按下一个键时触发此事件，该事件总是在 KeyPress 和 KeyUp 之前触发。

- KeyPress

当控件有焦点时，按下一个键时触发此事件，这个事件在 KeyDown 之后、KeyUp 之前触发。

- KeyUp

当控件有焦点时，释放一个键时触发此事件，这个事件在 KeyDown 和 KeyPress 之后触发。

- GotFocus

控件接收焦点时触发此事件。

- LostFocus

控件失去焦点时触发此事件。

- MouseDown

鼠标按钮按下时触发此事件，此事件发生在按钮被按下之后且未被释放之前。

- MouseUp

鼠标指针位于控件上且鼠标按钮被释放时触发。

### 6.2.2 标签控件

标签(Label)控件，用来显示静态文本或图像，在运行时文本为只读，不能编辑。下面介绍属性，对象的共有属性前面已经介绍，不再介绍。

Label 的常用属性如下所示。

- BorderStyle

指定标签边框样式，有三个可选值。

(1)Fixed3D：三维边框。

(2)FixedSingle：单行边框，边框为细条显示。

(3)None：无边框，默认值。

- Image

指定要在标签上显示的图像。

● ImageAlign

指定图像在标签显示的地方。

● TextAlign

指定文本在标签显示的地方。

● Font

设置文本的各种特性，包括字体、字号等。可以通过单击 Font 属性右边的按钮弹出对话框进行设置，也可以展开 Font 属性左边的加号进行设置。

● AutoSize

设定标签的大小是否根据标签的内容自动调整。true 表示自动调整大小，false 表示不自动调整大小。

### 6.2.3 按钮控件

按钮(Button)控件是最常用的控件。对 Button 控件的操作非常简单，通常是在窗体上添加控件，再双击它，给 Click 事件添加代码。按钮上显示的文本包含在 Text 属性中。Button 的常用属性如下所示。

● FlatStyle

用于设定按钮的外观。其值为 FlatStyle 值之一，默认值为 standard。

(1) Flat：按钮以平面显示。

(2) Popup：按钮以平面显示，但当鼠标移动到按钮时，按钮就会向上凸起。

(3) Standard：按钮外观为三维。

(4) System：按钮的外观是由用户的操作系统决定的。

### 6.2.4 消息框

消息框(MessageBox)是最常见的控件，在程序运行过程中弹出消息，显示提示信息及选择按钮，供用户选择不同的操作，然后通过用户的操作返回一个值。本节重点介绍 MessageBox. Show 的使用。

函数原型：

MessageBox. Show(Text, Title, Buttons, Icon, Default )

参数说明如下：

- Text：必选项，表示消息框显示提示信息即正文。
- Title：可选项，表示消息框的标题。
- Buttons：可选项，消息框的显示的按钮，默认为只显示【确定】按钮。更多按钮设置见表 6－1。

**表6－1　消息框按钮设置**

| 参数 | 作用 |
| --- | --- |
| OK | 只显示【确定】按钮 |
| OKCancel | 显示【确定】和【取消】按钮 |
| AbortRetryIgnore | 显示【终止】、【重试】和【忽略】按钮 |
| YesNoCancel | 显示【是】、【否】和【取消】按钮 |
| YesNo | 显示【是】和【否】按钮 |
| RetryCancel | 显示【重试】和【取消】按钮 |

• Icon：可选项，消息框中显示的图标，默认为不显示任何图标。更多图标设置见表6－2。

**表6－2　消息框图标设置**

| 参数 | 图标 |
| --- | --- |
| Question | ? |
| Information | i |
| Error Stop | ✕ |
| Warming | ! |
| None | 不显示任何图标 |

• Default：可选项，对话框中默认选中的按钮设置。Default 默认按钮设置见表6－3。

**表6－3　Default 默认按钮设置**

| 参数 | 作用 |
| --- | --- |
| DefaultButton1 | 第1个 Button 是默认按钮 |
| DefaultButton2 | 第2个 Button 是默认按钮 |
| DefaultButton3 | 第3个 Button 是默认按钮 |

当用户单击消息框的某个按钮时，系统会返回一个 DialogResult 枚举型值，具体返回值见表6－4。

表 6－4 Show 方法返回值

| 返回值 | 说明 |
| --- | --- |
| Abort | 单击【终止】按钮的返回值 |
| Cancel | 单击【取消】按钮的返回值 |
| Ignore | 单击【忽略】按钮的返回值 |
| No | 单击【否】按钮的返回值 |
| None | 从对话框中返回 Nothing，表明有模式对话框继续运行 |
| OK | 单击【确定】按钮的返回值 |
| Retry | 单击【重试】按钮的返回值 |
| Yes | 单击【是】按钮的返回值 |

## 6.2.5 文本框控件

文本框(TextBox)控件是最常见的输入/输出文本数据的控件，用户可以用此控件编辑文本，与标签控件不一样，文本框控件可以编辑文本。文本框控件有如下特有的属性。

**一、TextBox 的常用属性**

• MaxLength

用于设定文本框中最多可容纳的字符数。当值为 0 时，表示可以输入任意多个字符。

• MultiLine

用于设定文本框是否是允许显示和输入多行文本。当值为 true 时表示允许显示和输入多行文本，当要显示或输入的文本超过文本框的右边界时，文本自动换行，也可以按 Enter 键强行换行。当值为 false 时不允许显示和输入多行文本，并且按 Enter 键也不会换行。

• PasswordChar

是否用密码字符替换输入字符，但是当 MultiLine 属性为 true 时，此属性不起作用。

• ReadOnly

用于设定程序运行时能否对文本框中的内容进行编辑，当为 true 时，表示程序运行时不能编辑其中的文本，当为 false 时则相反。

• ScrollBarstool

用于设定文本框中是否带有滚动条。有以下 4 个值可选。

(1)None：表示不带滚动条。

(2)Horizontal：表示带有水平滚动条。

(3)Vertical：表示带有垂直滚动条。

(4)Both：表示带有水平和垂直滚动条。

• SelectedText

文本框中被选择的文本。

● SelectionLength

文本框中被选定文本的字符数。如果这个值设置得比文本中的总字符数大，则控件会重新设置为字符总数减去 SelectionStart 的值。

● SelectionStart

用于设定文本框中被选择文本的开头。

● WordWrap

用于设定在多行文本框中，如果一行的宽度超出了控件的宽度，其文本是否应自动换行。

● AcceptsReturn

如果 AcceptsReturn 值为 true 且文本框占多行，那么按 Return 键会创建一新行。如果为 false，按 Enter 键就会单击窗体的默认按钮。

**二、TextBox 的常用事件**

● Enter

当控件获得焦点时触发此事件。

● Leave

当控件失去焦点时触发此事件。

● TextChanged

只要文本框的文本发生了改变，无论发生什么改变，都会触发此事件。

### 6.2.6 【案例6－1】只允许输入字母

#### 需求描述

设计一个如图6－1所示的界面，只允许用户输入字母，当输入非字母的其他字符，将弹出图6－2所示的对话框，并取消该字符在文本框的显示。具体操作步骤如下。

图6－1 只允许输入字母

#### 案例分析

本案例主要通过 KeyPress 事件参数 e 的 KeyChar 获得用户所按下的键，用 IsLetter( )方法判断该字符是否为字母，如果是，在文本框显示该字母；如果不是，将事件参数 e 的 Handled的属性设置为 true。

图6－2　输入字母消息框

## 案例实现

本案例的主要实现步骤如下：

STEP 1 单击【开始】→【所有程序】→【Microsoft Visual Studio 2010】→∞ Microsoft Visual Studio 2010 命令，打开【起始页】对话框。

STEP 2 单击【文件】→【新建】→【项目】或者单击【起始页】对话框中 新建项目...，弹出图6－3【新建项目】对话框。

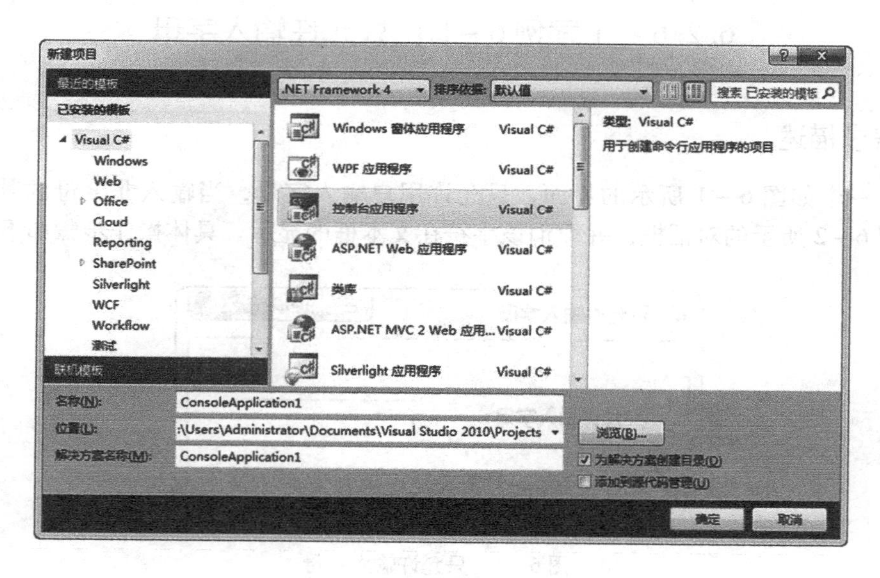


图6－3　新建项目对话框

STEP 3 【新建对话框】主要包含五个部分：

最左边窗格：选择使用哪种语言创建项目，此处选择【Visual C#】下的【Windows】选项。

中间窗格：显示已安装的模板，即可创建的应用程序类型，此处选择【Windows 窗体应用程序】。

【名称】框：给项目命名，系统默认名称为【WindowsFormApplication1】，此处以例题名命名为【只允许输入字母】。

【位置】框：项目保存位置，选择自己保存的位置。

【解决方案名称】：项目所属的解决方案，此处采用本章的名称命名为【Windows 窗体应用程序开发】。

STEP 4 此时建立了一个只有空白界面的 Windows 应用程序，该界面的名称为系统默认的“Form1”，按 F5 可以运行该程序。将窗体 Form1 的 name 属性改为 MainForm，Text 属性改为“只允许输入字母”。

STEP 5 向窗体添加 1 个 Lable 控件，Name 属性为“lblOnlyChar”，添加一个 TextBox 控件，Name 属性为“txtOnlyChar”。

STEP 6 双击按钮的 KeyPress 事件，代码如下。

**案例 6－1　只允许输入字母**

```
01 private void txtOnlyChar_ KeyPress(object sender, KeyPressEventArgs e)
02 {
03       //通过 KeyChar 属性获取按键字符，并判断是否为字母
04       if (! Char. IsLetter(e. KeyChar))
05       {
06             MessageBox. Show("请输入字母","输入字母",
07 MeMessageBoxButtons. OK, MessageBoxIcon. Information);
08             //取消在文本框中显示字符
09             e. Handled = true;
10       }
11 }
```

## 6.2.7　列表框

列表框(ListBox)控件以列表形式显示多个数据项，可以一次从中选择一个或多个选项。下面介绍列表框控件特有的属性。

**一、ListBox 的常用属性**

- ColumnWidth

用于设置列表框的列宽度。

- Items

Items 集合包含列表框中的所有选项，也可以使用此集合的属性增加和删除选项。

- MultiColumn

用于设定列表框是否包含多列，默认值为 false，表示以单列显示。

• SelectedIndex

表示所选择项的索引号，索引号从0开始。如是多选，该属性返回任意一个选择项的索引号，如没有选择任何项，则值为 -1。

• SelectedIndices

返回选定项索引值的集合。如果没有选定任何项，则返回空值。

• SelectedItem

返回所选择项的内容，即列表中选定的字符串。如是多选，则返回选择的索引号最小的项，如没有选择任何项，则该值为空。

• SelectedItems

该属性是一个集合，表示所选择的所有项。

• SelectionMode

用于设置列表框的选择模式，有4个可选值。

(1) None：不允许选择。

(2) One：只允许选择一项，为默认值。

(3) MultiSimple：允许选择多项，在此模式下，在单击列表框中的一项时，该项被选中，即使单击另一项，该项也仍保持选中，除非再次单击它。

(4) MultiExtended：扩展多选，就像选择文件一样用 Ctrl、Shift 键选择列表框的多项。

• Sorted

用于设置列表框是否按字母自动排序，true 表示排序，false 表示不排序，只按列表框的原始次序显示，默认为 false。

• ItemHeight

用于设置自动列表框高度是否正确显示控件中的最后一项。当值为 false，列表框控件的高度不合适时，则控件中的最后一行文字只会显示一部分；当值为 True，可以自动调整列表框的高度，以便正确显示控件中的最后一项。

• IntegralHeight

用于设置列表框的总体高度。

**二、ListBox 的常用方法**

• Items. Clear( )

移除列表框中的所有项。假如清空列表框中的所有项，可以使用如下代码。

```
listBox, Items. Clear( );
```

• Items. Add( )

利用此方法可以动态地向列表框中添加项，如果添加"C#程序设计教材"项，代码如下：

```
listBox. Items. Add( "C#程序设计教材" );
```

• Items. Remove( )

利用此方法可以动态地移除列表框中的项，如果移除列表框中选中项，代码如下：

```
listBox. Items. Remove( ListBox. SelectedItem );
```

## 6.2.8 【案例6-2】列表框项的交换

### 需求描述

创建如图6-4所示的窗体，实现两个列表框中选择项的移动。当用户单击 > 按钮，将左边列表框被选择的项移动到右边列表框，当用户单击 >> 按钮，将左边列表框中的所有项移动到右边列表框。反之则是右边列表框移动到左边列表框。

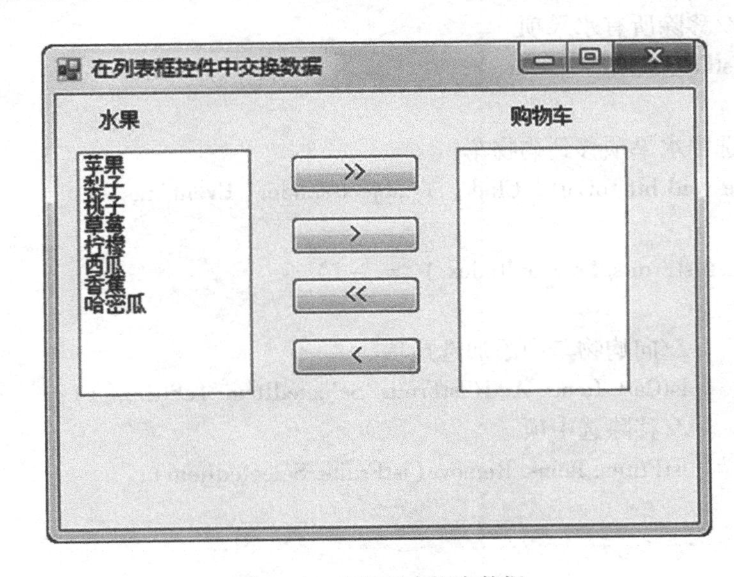


图6-4 交换列表框中数据

### 案例分析

要实现两个列表框中选择项的移动，就要用列表框的两个方法：Items. Add( ) 和 Items. Remove( )，清除列表框的所有项用 Items. Clear( ) 方法。

### 案例实现

案例实现的操作步骤如下：

**STEP 1** 新建一个 Windows 窗体应用程序，将此项目命名为“列表框项的交换”，将窗体的 Name 属性改为“MainForm”，Text 属性改为“在列表框控件中交换数据”。

**STEP 2** 添加2个 Label 控件，分别命名为 lblFruits、lblCart；添加2个 ListBox 控件，Name 属性分别为 lstFruits、lstCart。并将其中一个列表框按照图6-4所示进行初始化；添加4个按钮，Name 属性分别为 btnAllToCart、btnToCart、btnMoveAll、btnToFruits。

**STEP 3** 双击4个按钮，代码如下。

**案例 6－2　两个列表框项的交换**

```
01  private void btnAllToCart_ Click(object sender, EventArgs e)
02  {
03      int i;
04      for (i = 0; i < = lstFruits. Items. Count -1; i+ +)
05      {
06          //添加项
07          lstCart. Items. Add(lstFruits. Items[i]. ToString());
08      }
09      //移除所有水果项
10      lstFruits. Items. Clear();
11  }
12  //将选中水果项移到购物车
13  private void btnToCart_ Click_ 1(object sender, EventArgs e)
14  {
15      if (lstFruits. SelectedIndex ! = -1)
16      {
17          //向购物车中添加选择项
18          lstCart. Items. Add(lstFruits. SelectedItem. ToString());
19          //移除选中项
20          lstFruits. Items. Remove(lstFruits. SelectedItem);
21      }
21  }
22  private void btnMoveAll_ Click_ 1(object sender, EventArgs e)
23  {
24      int i;
25      for (i = 0; i < = lstCart. Items. Count -1; i+ +)
26      {
27          //从购物车中移动所有项到水果列表框
28          lstFruits. Items. Add(lstCart. Items[i]. ToString());
29      }
30      //清空购物车所有项
31      lstCart. Items. Clear();
32  }
32  private void btnToFruits_ Click_ 1(object sender, EventArgs e)
33  {
34      if (lstCart. SelectedIndex ! = -1)
```

```
35      {
36          //移动选中项至水果列表框
37          lstFruits.Items.Add(lstCart.SelectedItem.ToString());
38          //移除选中项
39          lstCart.Items.Remove(lstCart.SelectedItem);
40      }
41  }
```



## 6.2.9 单选按钮

单选按钮(RadioButton)表示用户从多个选项中只允许选择一项。单选按钮处于被选中状态时，其左边圆圈中心有一黑点。单选按钮通常以组的形式存在，在由多个单选按钮组成的选项组中，每次只能选中一个。将单选按钮组合在一起必须给它们创建一个逻辑单元，此时使用 GroupBox 控件或其他容器。下面介绍单选按钮特有的属性和事件。

**一、RadioButton 的常用属性**

• Checked

此属性表示按钮是否被选中，它是一个布尔值，当为 true 时表示选中，为 false 时表示不选中状态。

• Appearance

此属性用于设定单选按钮的样式。单选按钮可以显示为一个标签，相应的圆点放在左边、中间或右边，或者显示为标准按钮，为按钮样式时，选中时按钮为按下状态，否则为弹起状态。

• FlatStyle

此属性用于设定单选按钮的外观，此属性有 4 种可选值。

(1)Flat：控件以平面显示。

(2)Popup：控件以平面显示，直到鼠标移到该控件位置，此时控件外观为三维。

(3)Standard：控件外观为三维。

(4)System：控件外观由操作系统决定的。

**二、RadioButton 的常用事件**

• CheckedChanged

当 Checked 值发生改变时触发此事件。

## 6.2.10 复选框和复选列表框

复选框(CheckBox)和复选列表框(CheckedListBox)表示用户在选项组中可以选择一个或多个选项。复选按钮一般表示为一个标签，左边是一个小方框。当复选按钮处于被选中状态时，左边方块会出现勾号。复选按钮和单选按钮很相似，都有 Checked 属性和

CheckedChanged 事件，这里不再介绍。CheckedListBox 提供的列表类似 ListBox，只不过每个选项还带一个复选标记，因此可以看做是 CheckBox 和 ListBox 的组合体，CheckedListBox 和 ListBox 有很多相同的属性，比如 items，这里不再介绍。下面介绍 CheckBox 和 CheckedListBox 特有的属性。

### 一、CheckBox 和 CheckedListBox 的常用属性

- CheckState

CheckState 有 3 种状态。

(1) Checked：处于选中状态。

(2) Indeterminate：当状态为 Indeterminate 时，复选框通常为灰色，表示复选框当前值无效，或者无法确定。

(3) Unchecked：处于未选中状态。

- CheckOnClick

此属性只适用 CheckedListbox，是一个布尔值，当值为 true 时则选项就会在用户单击它时改变状态。如果为 false 则需要单击选项 2 次才能改变状态。

- CheckedIndices

此属性只适用 CheckedListbox，是一个集合，表示 CheckedListBox 中状态是 checked 或 Indeterminate 的所有选项的索引。

- CheckedItems

此属性只适用 CheckedListbox，是一个集合，表示 CheckedListBox 中状态是 checked 或 Indeterminate 的所有选项。

### 二、CheckBox 和 CheckedListBox 的常用事件

- CheckedStateChanged

当 CheckState 属性改变时触发此事件。

- ItemCheck

此事件只适用 CheckedListBox，当 CheckedListBox 中某个项的 Checked 属性发生改变时触发此事件，需要注意的是先触发事件才改变 Checked 属性。

- SelectedIndexChanged

此事件只适用 CheckedListBox，当 CheckedListBox 中某个项的 Checked 属性发生改变时触发此事件，需要注意的是先改变 Checked 属性才触发此事件，而且该事件用于鼠标操作时的情况，使用代码改变 Checked 属性不会触发此事件。

### 三、CheckedListBox 的常用方法

CheckedListBox 也具有 Items 属性，因此有关 items 的方法都适合 CheckedListBox，前面已经做了相关介绍，这里只介绍特有的一些方法。

- SetItemChecked( )

设定某项是否处于选中状态，此方法的原型是：

```
Public void SetItemChecked(int index, bool value)
```

第 1 个参数 index 是一个整数值，表示指定项的索引号。

第 2 个参数 value 是一个布尔值，表示指定项是否被选中。true 表示被选中，false 表

示未选中。假设将索引号为3的项设为选中状态可使用如下代码：

```
checkedListBox. SetItemChecked(3, true)
```

- SetItemCheckState( )

此方法用来设置CheckState属性的值。此方法的原型是：

```
Public void SetItemCheckState(int index, CheckState value);
```

第1个参数index是一个整数值，表示指定项的索引号。

第2个参数value是一个CheckState类型。它的值就是CheckState属性的3个值。假设要将索引号为3的项设置为选中状态可使用如下代码：

```
checkedListBox. SetItemCheckState(3, CheckState. checked);
```



### 6.2.11　组合框控件

组合框(ComboBox)控件可以看到是一个文本框和一个列表框的组合。与列表框不同的是组合框除了在给定的列表项中选择还可以直接在文本框中输入。组合框具有列表框和文本框的大部分属性、事件和方法，这里不再介绍，下面介绍组合框的特有属性。

ComboBox控件的常用属性如下。

- DropDownStyle

此属性用于设置组合框的外观和功能，有以下3种取值：

(1)DropDown

一般组合框，既可以单击下拉箭头进行选择，也可以直接输入。这是默认值。

(2)DropDownList

下拉列表框，只能通过单击下拉箭头进行选择。

(3)Simple

简单组合框，相当于文本框与列表框的组合。

我们可以通过如下代码修改组合框的DropDownStyle属性：

```
comboBox. DropdownStyle = ComboBoxStyle. Dropdown;
```

- MaxDropDownItems

此属性用于设定组合框下拉列表显示的项的最大数目。

### 6.2.12　图片框

图片框(PictureBox)用于显示位图、GIF、JPEG、图元文件或图标格式的图形。图片框控件表示可用于显示图像的Windows图片框控件，下面介绍图片框PictureBox的常用属性。

- Image

该属性用于指定图片框显示的图像。单击Image属性右边的小按钮可以打开【选择资源】窗口，如图6－5所示。当单选按钮【项目资源文件】处于选中状态时，单击左下方的【导入】按钮可以打开【打开】对话框选择一幅将要显示的图像。这幅图像保存在Resources

文件夹内，可以选择把它生成为内嵌在可执行文件内的资源文件。当单选按钮【本地资源】处于选中状态时，可以单击【本地资源】单选按钮下方的【导入】按钮导入一个图像文件。这时，图像不能作为内嵌的资源文件存于文件中，程序运行时会通过一个文件的路径而载入文件。

- SizeMode

该属性用于指定图像的显示方式。它有以下 5 种取值。

(1) Autosize：调整 PictureBox 大小，使其等于所包含的图像大小。

(2) CenterImage：如果 PictureBox 比图像大，则图像将居中并全部显示；如果图像比 PictureBox 大，则图片将居于 PictureBox 中心，而外边缘将被裁剪掉。

(3) Normal：图像被置于 PictureBox 的左上角。如果图像比 PictureBox 大，则图像将被裁剪。

(4) StretchImage：将拉伸或收缩 PictureBox 中的图像，以适合 PictureBox 的大小。

(5) Zoom：使图像按其原有的大小比例增加或缩小，使其完全容纳于 PictureBox。

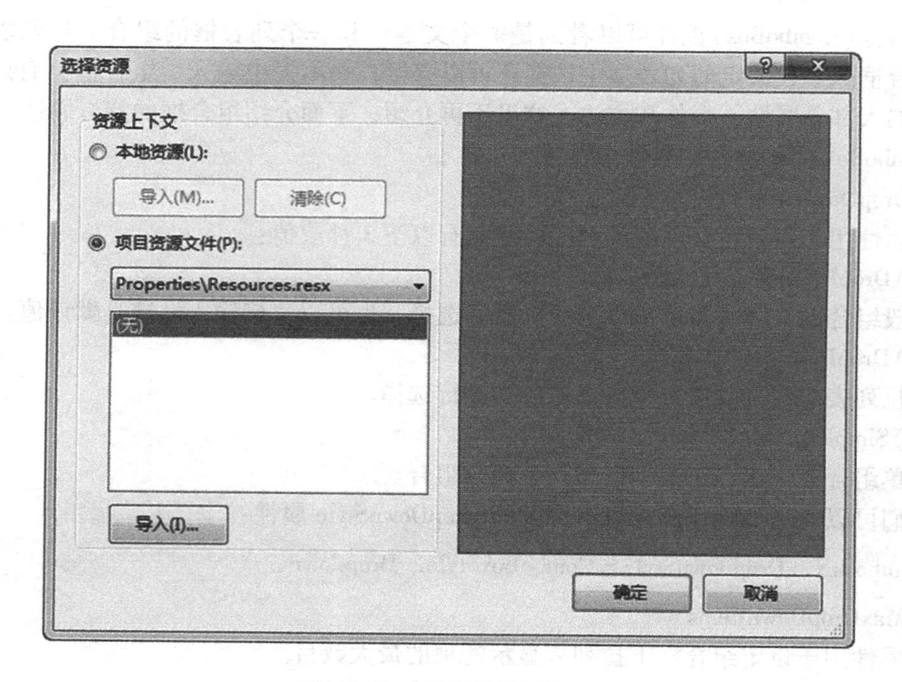


图 6-5 【选择资源】窗口

- ImageLocation

该属性用于获取或设置在 PictureBox 中显示的图像的路径。

## 6.2.13 计时器

计时器(Timer)又称时钟，是一个不可见控件，计时器事件的执行无需用户干预，它能以一定的时间间隔自动触发计时器事件而执行相应的代码。下面介绍计时器常用的属

性、事件和方法。

**一、Timer 的常用属性**

- Enable

此属性为布尔值，为 true 时表示计时器开始工作，为 false 时暂停。

- Interval

此属性用于设置计时器触发事件的周期(以毫秒为单位)，取值范围为 0 ～64767。

**二、Timer 的常用事件**

- Tick

计时器开始工作时由系统触发的事件，用户无法直接触发此事件。

**三、Timer 的常用方法**

- Start( )

启动计时器控件，相当于将 Enabled 属性设置为 true。

- Stop( )

停止计时器控件，相当于将 Enabled 属性设置为 false。

## 6.2.14 【案例6－3】 倒计时

### 需求描述

如图 6－6 所示的窗体，进行 10 秒倒计时，当用户单击【开始】按钮则计时器开始工作，用一个标签显示剩余时间，当倒计时结束则显示“时间到！”。

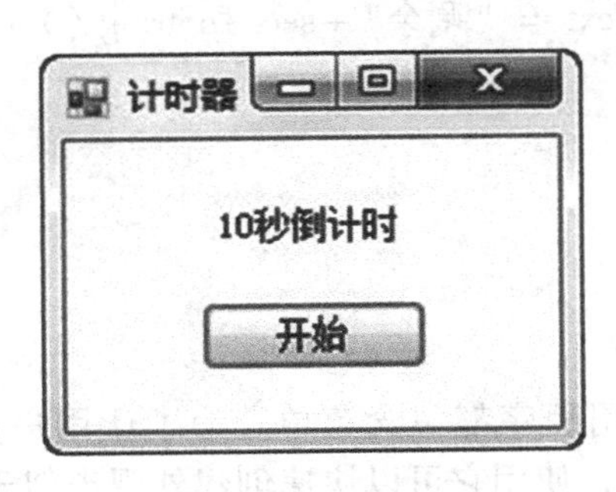


图6－6 计时器

### 案例分析

本案例需要用到计时器，计时器的 Interval 属性设置为 1000，并定义一个全局变量 intTime 用来表示时间，初始值为 10。当计时结束时将计时器的 Enabled 属性设置为 false。

### 案例实现

案例实现的主要步骤如下：

**STEP 1** 在 VS2010 中创建项目【倒计时】，将窗体的 Name 属性改为 MainForm，Text 属性改为倒计时。向窗体中添加 Timer 控件并设置属性，按图 6－13 布局设计窗体。

**STEP 2** 在计时器的 Tick 事件和【开始】按钮的单击事件中，编写如下代码。

**案例 6－3 倒计时**

```
01  int sec = 10;
02  private void btnStart_ Click(object sender, EventArgs e)
03  {
04      //计时器开始计时
05      timer1. Enabled = true;
06  }
07  private void timer1_ Tick(object sender, EventArgs e)
08  {
09      sec -= 1;
10      if (sec == 0)
11      {
12          lblTime. Text = "时间到!";
13          //计时器停止工作
14          timer1. Enabled = false;
15      }
16      else
17      {
18          lblTime. Text = "剩余" + sec. ToString () + "秒";
19      }
20  }
```

## 6.3 创建菜单

几乎所有的 Windows 应用程序都包含菜单。为了让用户更快捷地创建应用程序的菜单，VS2010 提供了菜单控件，使用它可以快速创建外观类似于 VS2010 的菜单。

### 6.3.1 菜单设计

**一、添加菜单**

在工具箱中双击 MenuStrip 图标即可在当前应用程序中添加菜单，由于控件本身在程序运行时并不显示，因此它出现在窗体设计器窗口的下方窗格中。如下图 6－7 所示。

**二、添加主菜单**

如图 6－7 所示，单击菜单栏上【请在此处键入】的白色区域，可以添加菜单。如输入

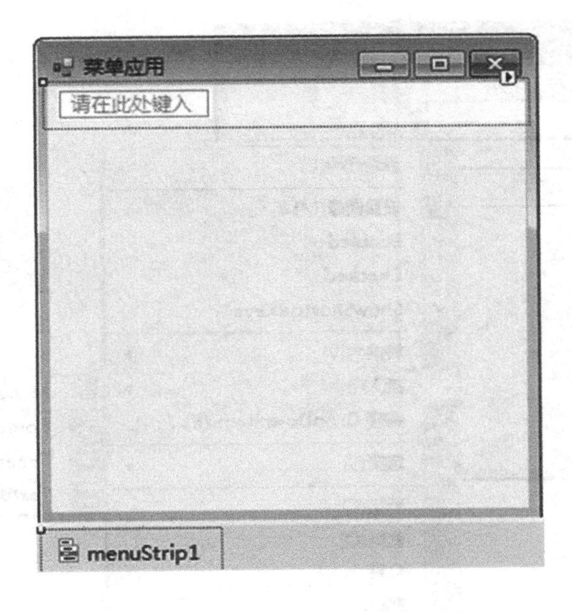


图 6－7　添加菜单

【文件】便添加了一个主菜单。如图 6－8 所示，如果单击【文件】菜单右边白色区域可以继续添加主菜单，如果单击下方的白色区域便可以给当前主菜单添加子菜单。

图 6－8　添加主菜单

### 三、添加子菜单

在主菜单下方白色区域内直接输入子菜单名即可添加子菜单（菜单项），或鼠标右击一个子菜单，在弹出的菜单中选择【插入】—【MenuItem】即可添加一个子菜单，如图 6－9 所示为【文件】主菜单添加【新建】和【打开】两个子菜单。

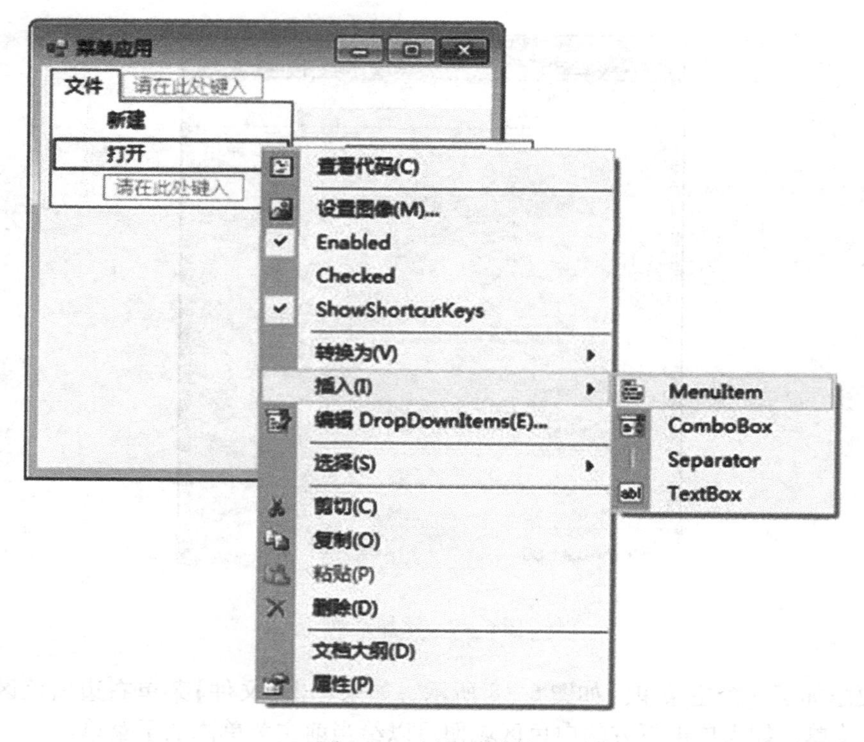


图 6－9　添加子菜单

下面介绍右键【插入】项的 4 个控件含义。

(1) MenuItem：菜单项。

(2) ComboBox：组合框，用得比较少。

(3) Separeator：分隔条。在【请在此处键入】的白色区域内直接输入“－”号可以创建一个分隔条。

(4) TextBox：文本框，用得比较少。

**四、ToolStripMenuItem 控件的属性**

上文所说的 MenuItem 是最常用的项，是一个 ToolStripMenuItem 控件，有如下的常用属性。

- Checked

表示菜单是否被选中。如果为 true，可以在菜单项左边显示一个勾号。

- ShortcutKeys

给菜单项指定一个快捷键。

- ShowShortcutKeys

表示是否在该菜单项上显示其快捷键。

- ToolTripText

表示当鼠标移动到菜单项时显示的提示信息。

**五、给子菜单添加事件**

菜单项一般情况下只用 Click 事件。双击图 6－9 中的【打开】菜单可以为该菜单项生成一个 Click 事件方法。如下面代码所示：

```
private void 打开 ToolStripMenuItem_ Click(object sender, EventArgs e)
```

上述的事件方法中存在中文，这不符合编程习惯。正确的方法是在给一个菜单项生成事件之前必须先命名。选中【打开】菜单项，在属性窗口中将 Name 属性改为 mitemOpen，再双击【打开】生成的代码如下：

```
private void mitemOpen_ Click(object sender, EventArgs e)
```



## 6.4 创建工具栏

工具栏和菜单栏一样成为 Windows 应用程序的一部分。工具栏提供了菜单命令的快速访问。工具栏一般由多个按钮排列组成，每个按钮对应菜单中的某个菜单项，单击按钮可以实现对该菜单项的快速执行。

### 6.4.1 添加工具栏

在工具箱中双击 ToolStrip 控件，这时会在窗体中显示一个空白工具栏，左边有一个带向下箭头的图表，同时控件本身也会出现在窗体外下方区域，如图 6－10 所示。

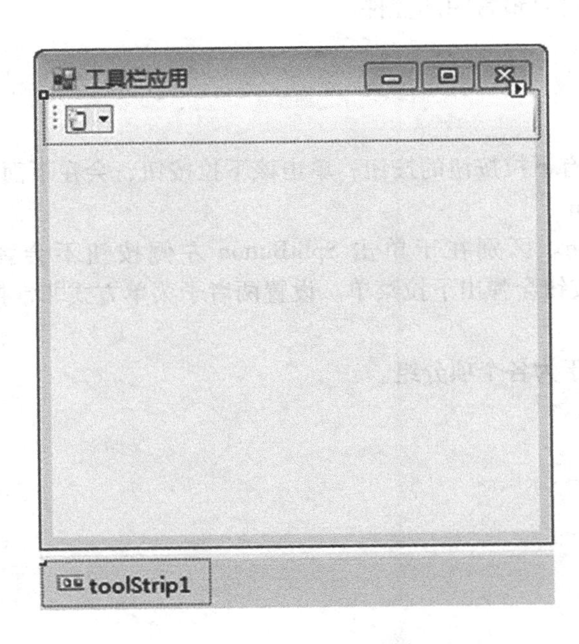

图 6－10 添加工具栏

### 6.4.2 工具栏项

单击如图 6－10 所示工具栏左边的向下箭头，就可以向工具栏中添加项。如图 6－11

所示在工具栏中可以添加如下 8 种控件。

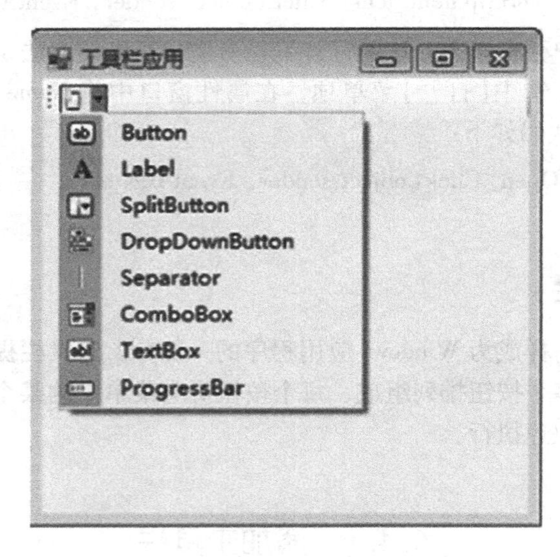


图 6－11　工具栏项

- Button

表示一个按钮，这是最常用的控件。

- Label

表示一个标签。

- SplitButton

表示一个右端带有下拉按钮的按钮，单击该下拉按钮，会在下面显示一个菜单。

- DropDownButton

类似于 SplitButton。区别在于单击 SplitButton 左侧按钮不会弹出下拉菜单，单击 DropDownButton左侧按钮会弹出下拉菜单。设置两者子菜单方式非常接近。

- Separator

表示分割线，用于为各个项分组。

- ComboBox

表示组合框。

- TextBox

表示文本框。

- ProgressBar

表示进度条。

### 6.4.3　添加事件

下面通过工具栏的 Label 项来了解怎样向工具栏中添加事件。

双击标签按钮，可以生成这个按钮的 Click 事件，如下面代码所示：

```
private void toolStripLabel1_ Click(object sender, EventArgs e)
```

这是常用的添加事件的处理方式，有时我们可以把相近功能的按钮放在一个 ToolStrip 中，生成 ToolStrip 的 ItemClicked 事件方法，如下面代码所示：

```
private void toolStrip1_ ItemClicked(object sender, ToolStripItemClickedEventArgs e)
```

## 6.5 创建状态栏

状态栏用来显示当前程序相关的某些信息。比如可以显示当前的时间、光标所在的行列位置等。

### 6.5.1 添加状态栏

用鼠标双击工具箱状态栏控件 StatusStrip 即可创建状态栏。状态栏可以由若干个面板(ToolStripStatus)组成，显示为状态栏中一个个小窗格，每个面板中可以显示一种状态信息。

### 6.5.2 状态栏项

单击如图 6－12 所示状态栏左边的向下箭头，就可以向状态栏中添加项。如图 6－12 所示在工具栏中可以添加如下 4 种控件。这 4 种控件与工具栏相似，在此不再详细介绍。

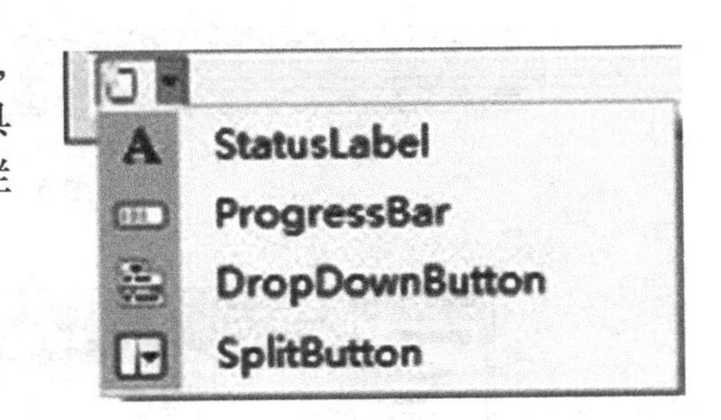


图 6－12　状态栏项

## 6.6 SDI 和 MDI

应用程序可以分为单文档(SDI)应用程序和多文档(MDI)应用程序。MDI 子窗体是一种特殊的窗体，包含并完全显示在主窗体之内。下面介绍如何向应用程序添加一个窗体。

(1)在【解决方案资源管理器】窗口右击项目名称，在弹出菜单中选择【添加】—【新建项】，从而打开【添加新项】窗口，如图 6－13 所示，或者在弹出菜单中选择【添加】—【Windows 窗体】也可以打开【添加新项】窗口。

(2)在【添加新项】对话框中，选中【Windows 窗体】项，并在【名称】文本框中输入窗体的名称。单击【添加】按钮就可以创建一个窗体，如图 6－14 所示。

### 6.6.1 模式窗体

什么叫模式窗体，简单地说模式窗体就相当于对话框形式，打开模式窗体后，模式对话框获得焦点，父窗体失去焦点，当模式对话框关闭之后，父窗体才可以获得焦点。

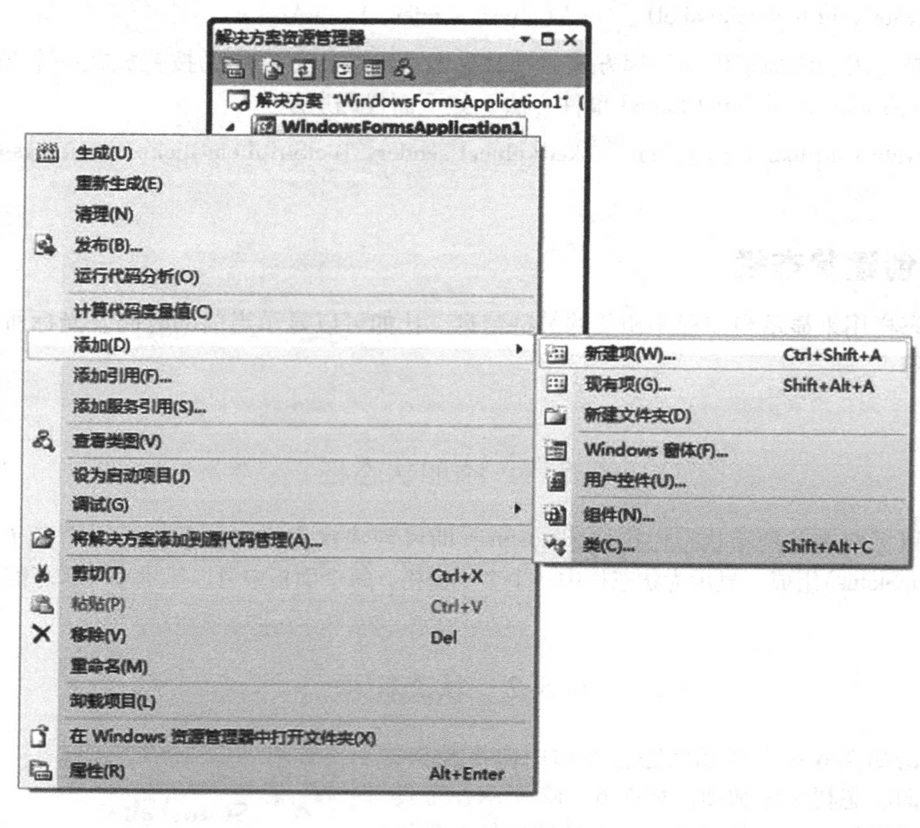


图 6－13　添加新项菜单

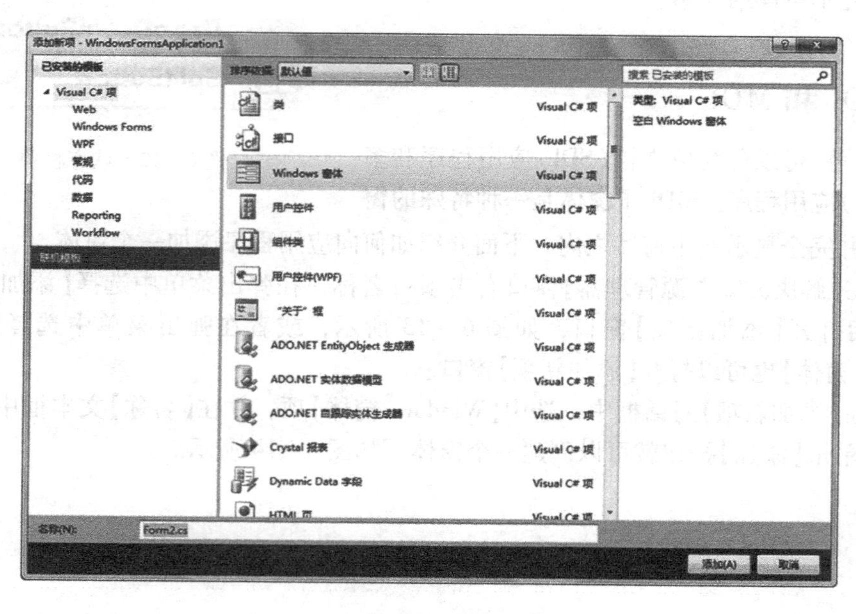


图 6－14　添加新项窗口

**一、模式窗体的属性**

- FormBorderStyle

此属性用于设置窗体的边框和标题栏的外观和行为。它的取值为以下7种情况：

(1)Fixed3D：固定的三维边框。

(2)FixedDialog：固定的对话框样式的粗边框，不显示图标。

(3)FixedSingle：固定单行边框。

(4)FixedToolWindow：不可调整大小的窗口边框。

(5)None：无边框。

(6)Sizable：可调整大小的边框。

(7)SizableToolWindow：可调整大小的工具窗口边框。

- Form. ControlBox

用于设置窗体是否有【控制/系统】菜单，如果值为false，标题栏只有标题文字。

- ShowIcon

是否在窗体的标题栏显示图标，一般情况下模式窗体左上角不显示图标。

- ShowInTaskbar

窗体是否出现在任务栏中。模式窗体大多数情况下以对话框出现，为了节省空间，一般设置为false。

**二、模式窗体的打开与关闭**

模式窗体的打开一般使用Form. ShowDialog( )方法。ShowDialog( )方法有两个重载函数，分别如下：

```
public DialogResult ShowDialog( )
public DialogResult ShowDialog(IWin32Window owner)
```

第2个方法中有一个IWin32Window类型的参数owner，表示给模式窗体指定一个父窗体，这样可以在模式窗体内获取父窗体的引用。一般的用法如下：

```
form2. showDialog(this);
```

## 6.6.2 非模式窗体

模式窗体与非模式窗体的区别有以下几点：

(1)打开一个非模式窗体后，用户可以与程序的其他部分交流，而模式窗体不行。

(2)模式窗体有返回值，类型为DialogResult，而非模式窗体没有。

(3)非模式窗体使用Show( )方法打开，模式窗体使用ShowDialog( )方法打开。

(4)关闭非模式窗体会直接在内存中释放资源，而模式窗体则不会。

## 6.6.3 MDI窗体

C#允许在单个窗体中创建包含多个子窗体的多文档界面(MDI)。Excel和Word就是典型的多文档界面。

**一、MDI 窗体的特点**

在程序中使用 MDI 窗体时，通常将一个 MDI 窗体作为父窗体，父窗体可以将多个子窗体包含在它的工作区中。MDI 父窗体与子窗体有如下特性：

(1)父窗体必须且只能有一个，它只当容器使用，客户区用于显示子窗体，客户区不接受键盘和鼠标事件。

(2)不能在客户区添加控件，否则这些控件会显示在子窗体中。

(3)父窗体的框架区可以有菜单、工具栏和状态栏等控件。

(4)子窗体显示在客户区，不可能被移出客户区之外。

(5)子窗体被最小化后，其图标显示在父窗体的底部，而不是在任务栏。

(6)父窗体最小化或还原后，子窗体随之一同最小化或还原。

(7)子窗体可以单独关闭，但若关闭父窗体，子窗体同父窗体一同关闭。

(8)子窗体可以有菜单，但子窗体显示后，其菜单被显示在父窗体上。

**二、MDI 窗体的设计**

MDI 应用程序的基础是父窗体，可以使用以下创建一个 MDI 应用程序。

(1)将作为 MDI 父窗体的 IsMDIContainer 属性设置为 true。父窗体在显示后，客户区是凹下的，子窗体显示在下凹区。

(2)新建一个窗体(假设命名为 Form1)作为 MDI 的子窗体。

(3)在 MDI 父窗体中调用如下代码即可显示一个 MDI 子窗体。

```
Form1 f1 = new Form1( );
f1. MdiParent = this;
f1. show( );
```

**三、MDI 窗体的排列**

一般情况下，MDI 多个子窗体显示后会以层叠排列在父窗体的工作区中。父窗体的 LayoutMdi 方法可以重新排列子窗体，用代码实现如下：

```
this. LayoutMdi(MdiLayout. ArrangeIcons);
```

LayoutMdi 方法的参数是 MdiLayout 枚举值中的一个，MdiLayout 类型的枚举值如下：

(1)ArrangeIcons：所有的子窗体均排列在 MDI 父窗体工作区之中，这一选项只对最小化的窗口有效。

(2)Cascade：所有子窗体均层叠在 MDI 父窗体工作区之中。

(3)TileHorizontal：所有子窗体均水平平铺在 MDI 父窗体工作区中。

(4)TileVertical：所有 MDI 子窗体均平铺在 MDI 父窗体工作区中。

## 6.6.4 【案例 6 – 4】简易写字板

### 需求描述

运用菜单、工具栏设计一个简易写字板，如图 6 – 15 所示。

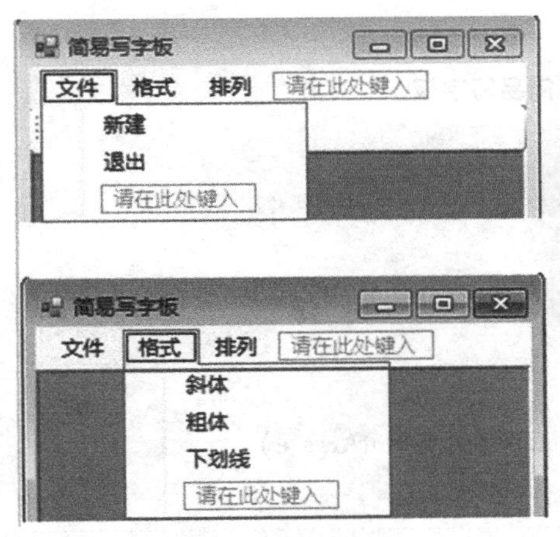


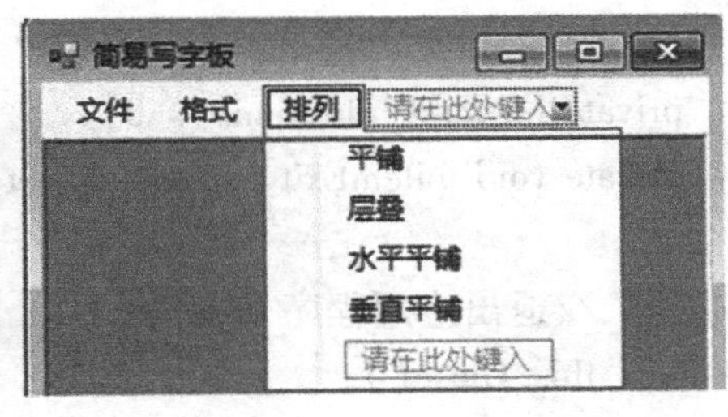


图6－15 简易写字板菜单

## 案例分析

根据题目要求，设计菜单和工具栏。添加一个子窗体，并在子窗体中添加一个RichTextBox控件。分别给菜单和工具栏添加单击事件代码。

## 案例实现

本案例实现的具体步骤如下：

**STEP 1** 在VS2010中新建Windows窗体应用程序，项目命名为【简易写字板】，把窗体Name属性设置为MainForm，Text属性设置为“简易写字板”，IsMdiContainer属性设置为True。

**STEP 2** 在主窗体上添加一个MenuStrip控件，并按照图6－15设置好菜单并命名。

**STEP 3** 在主窗体上添加一个ToolStrip控件，按照图6－16进行设置。

图6－16 简易写字板工具栏

**STEP 4** 添加一个Windows窗体，命名为frmChild，向子窗体添加一个RichTextBox控件，把Dock属性设置为Fill，表示充满整个窗体。

**STEP 5** 分别双击【新建】和【退出】子菜单，生成Click事件并添加代码。

**STEP 6** 按Ctrl键同时选中【粗体】、【斜体】、【下划线】子菜单，并在事件窗口中双击Click事件，使它们共享同一事件。

**STEP 7** 按照步骤⑥的方法添加菜单【排列】子菜单的Click事件。

**STEP 8** 分别选中工具栏的三个项，并生成ItemClick事件。

STEP 9 在代码窗口中输入如下代码。

**案例 6-4 简易写字板**

```
01 private int mdiChildCount = 0;
02 private void mitemExit_ Click(object sender, EventArgs e)
03 {
04      //退出应用程序
05      this. Close();
06 }
07 private void mitemFile_ Click(object sender, EventArgs e)
08 {
09      //子窗体个数加1
10      mdiChildCount ++;
11      //创建一个新的子窗体
12      frmChild frmMDIChild = new frmChild ();
13      //确定子窗体的父窗体
14      frmMDIChild . MdiParent = this;
15      frmMDIChild. Show ();
16      //设置窗体的标题
17      frmMDIChild. Text ="文档" + mdiChildCount. ToString ();
18 }
19 private void mitemArrangeIcons_ Click(object sender, EventArgs e)
20 {
21      //根据菜单项的 Text 属性来排列窗口
22      switch (((ToolStripMenuItem)sender). Text)
23      {
24          case "平铺":
25              this. LayoutMdi (MdiLayout . ArrangeIcons );
26              break;
27          case "层叠":
28              this. LayoutMdi(MdiLayout . Cascade );
29              break;
30          case "水平平铺":
31              this. LayoutMdi(MdiLayout . TileHorizontal );
32              break;
33          case "垂直平铺":
34              this. LayoutMdi(MdiLayout . TileVertical );
35              break;
36      }
```

```
37  }
38  private void formatText(String item)
39  {
40      //找到激活的子窗体
41      Form activeChild = this.ActiveMdiChild;
42      //找到激活子窗体中处于活动状态的 RichTextBox
43      RichTextBox activeRTxt = (RichTextBox)activeChild.ActiveControl;
44      if (activeChild != null)
45      {
46          if (activeRTxt != null)
47          {
48              FontStyle fs = FontStyle.Regular;
49              //根据不同的菜单项实现不同的功能
50              switch (item)
51              {
52                  case "斜体":
53          fs = activeRTxt.SelectionFont.Italic? FontStyle.Regular: FontStyle.Italic;
54                      break;
55                  case "粗体":
56          fs = activeRTxt.SelectionFont.Bold? FontStyle.Regular: FontStyle.Bold;
57                      break;
58                  case "下划线":
59      fs = activeRTxt.SelectionFont.Underline? FontStyle.Regular: FontStyle.Underline;
60                      break;
61              }
62              activeRTxt.SelectionFont = new Font(activeRTxt.SelectionFont, fs);;
63          }
64      }
65  }
66  private void mitemItalic_Click(object sender, EventArgs e)
67  {
68      formatText(((ToolStripMenuItem)sender).Text);
69  }
70  private void tsbtnBold_Click_1(object sender, EventArgs e)
71  {
72      //调用函数设置格式
73      formatText(((ToolStripItem)sender).Text);
74  }
```

```
75  private void tsbtnItalic_ Click(object sender, EventArgs e)
76  {
77      formatText(((ToolStripItem)sender).Text);
78  }
79  private void tsbtnUnderLine_ Click(object sender, EventArgs e)
80  {
81      formatText(((ToolStripItem)sender).Text);
82  }
```

## 6.7 GDI + 绘图

在.NET Framework 出现以前，Windows 程序员曾使用 GDI(Graphics Device Interface，图像设备接口)绘制图形、文本和图像。GDI + 是 GDI 的扩展版本，对原有的 GDI 功能进行了优化，并增添了许多新特性。GDI + 已完全取代 GDI，是目前 Windows 窗体应用程序中以编程方式呈现图形的一个常用方法。

### 6.7.1 创建 Graphics 对象

**一、创建 Graphics 对象**

在用 GDI + 绘图时，首先需创建 Graphics 对象，然后才可以使用 GDI + 绘制线条和形状、呈现文本或显示与操作图像。Graphics 类是绘图操作的核心，提供了绘图界面上绘图的功能。下面介绍创建 Graphics 对象的方法。

(1)用某控件或窗体 CreateGraphics 方法建立 Graphics 对象。通过当前窗体的 CreateGraphics 方法，获取对 Graphics 对象的引用。

(2)在窗体或某控件的 Paint 事件处理过程中建立 Graphics 对象，该对象为窗体或控件的 Paint 事件中 PaintEventArgs 的一部分，通过 Graphics 属性获取 Graphics 对象。

**二、创建绘图工具**

创建 Graphics 对象后，可用于绘制线条和形状、呈现文本或显示、操作图像。与 Graphics 对象一起使用的主要对象有以下几类(后面将详细介绍)：

(1)Pen 类：用于绘制线条、勾勒形状轮廓或呈现其他几何表示形式。

(2)Brush 类：用于填充图形区域，如实心形状、图像或文本。

(3)Font 类：提供在呈现文本时的字体。

(4)Color 结构：表示要显示的不同颜色。

**三、使用 Graphics 类方法绘图**

Graphics 类提供了很多方法用于绘制空心图形、填充图形和文本等。绘制空心图形的方法有 DrawEllipse、DrawLine、DrawRectangle 等。填充图形的方法有 FillEllipse、FillRectangle 等。绘制文本的方法有 DrawString。

## 6.7.2 【案例6－5】绘制直线

### 需求描述

创建如图6－17所示的窗体，单击【水平黑直线】或【垂直红直线】按钮，则在窗体上绘制出相应的图形。

### 案例分析

在绘制直线之前，用前面介绍的方法创建 Graphics 对象，然后分别创建黑画笔和红画笔，最后调用 DrawLine 方法画直线。

### 案例实现

案例实现的主要步骤如下：

STEP 1 在 VS2010 中创建项目【绘制直线】，向窗体中添加两个按钮并设置属性，按图6－17布局设计窗体。

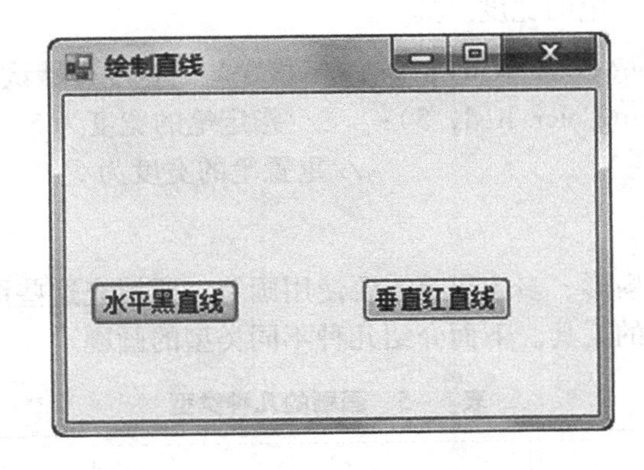


图6－17 绘制直线

STEP 2 分别双击两个按钮，并添加如下代码。

**案例6－5 绘制直线**

```
01  private void btnHorLine_ Click(object sender, EventArgs e)
02  {
03      //通过窗体的 GreateGraphics()方法创建一个 Graphics 对象
04      Graphics g = this.CreateGraphics();
05      //创建一个黑色画笔
06      Pen blackPen = new Pen(Color.Black);
```

```
07        //画直线
08        g. DrawLine(blackPen, 10, 50, 200, 50);
09    }
10 private void btnVerLine_ Click(object sender, EventArgs e)
11    {
12        //通过窗体的 GreateGraphics()方法创建一个 Graphics 对象
13        Graphics g = this. CreateGraphics();
14        //创建一个红色画笔
15        Pen blackPen = new Pen(Color. Red );
16        g. DrawLine(blackPen, 100, 50, 100, 120);
17    }
```

## 6.7.3 画笔、画刷、颜色

**一、画笔**

画笔用于绘制各种直线和曲线，可以使用指定颜色来创建，也可以在创建时指定笔的宽度，或者通过代码改变笔的宽度。如：

```
Pen   pen = new Pen(Color. Red);      //不指定笔的宽度，默认为 1
Pen   pen = new Pen(Color. Red, 5);      //指定笔的宽度为 5
Pen. Width = 6;                       //重置笔的宽度为 6
```

**二、画刷**

绘制矩形、椭圆、扇形、多边形等需要使用画笔，要填充这些图形就要使用画刷。画刷是一种用来填充区域的工具。下面介绍几种不同类型的画刷。

**表 6－5 画刷的几种类型**

| Brush 类 | 说明 |
|---|---|
| SolidBrush | 画刷的最简单形式，定义纯色画刷 |
| HatchBrush | 用阴影样式、前景色和背景色定义矩形画刷 |
| LinearGradientBrush | 使用渐变混合的两种颜色进行绘制 |
| PathGradientBursh | 使用复杂的混合色渐变进行绘制 |
| TextureBrush | 使用图像来填充形状的内部 |

下面介绍几种画刷的使用。

(1) SolidBrush 画刷的构造函数如下：

```
SolidBrush(Color color)
```

如：

```
SolidBrush greenBrush = new SolidBrush(Color.green);
```

(2)HatchBrush 画刷的构造函数如下：

```
HatchBrush(HatchStyle hatchStyle, Color foreColor, Color backColor)
```

其中参数含义如下：

- hatchStyle：是一个 HatchStyle 枚举，表示此 HatchBrush 所绘制的样式。
- foreColor：Color 的结构，表示此 HatchBrush 所绘制线条的颜色。
- backColor：Color 的结构，表示此 HatchBrush 所绘制线条间的颜色。

如：

```
HatchBrush hatchBrush = new HatchBursh ( HatchStyle.Cross, Color.Green,
Color.Blue);
```

(3)LineGradientBrush 画刷的构造函数介绍如下 2 种：

```
LinearGradientBrush(Rectangle rect, Color cStart, Color cEnd, LinearGradientMode lgm)
LinearGradientBrush(Point p1, Point p2, Color cStart, Color cEnd)
```

其中参数含义如下：

- reg：指定一个矩形区域作为线性渐变作用的区域。
- cStart：渐变起始色。
- cEnd：渐变结束色。
- lgm：指定渐变的方向，LinearGradientMode 是枚举值。

## 6.7.4 绘制线条或形状

Graphics 对象提供绘制各种线条和形状的方法。可以用纯色或透明色或使用用户定义的渐变或图像纹理来呈现简单或复杂的形状。可使用 Pen 对象创建线条、非闭合的曲线和轮廓形状。若要填充矩形或闭合曲线等区域，则需要使用 Brush 对象。

### 一、绘制直线

绘制直线可以使用 DrawLine()方法，DrawLine()方法有 4 个重载版本，这里介绍常用的 2 个方法。

(1)绘制一条连接两个 Point 对象的线，形式为：

```
DrawLine(Pen pen, Point start, Point end)
```

其中参数含义如下：

- pen：确定线条的颜色、宽度和样式。
- start：Point 结构，表示要连接的第一个点。
- end：Point 结构，表示要连接的第二个点。

Point 是一个类，表示在二维平面中定义点的 x 和 y 坐标的有序对，可以使用如下的方法创建 Point 类：

```
Point(int x, int y)
```

其中，x 表示该点的 X 轴坐标值，y 表示该点的 Y 轴坐标值。如创建一个点可以使用如下代码：

```
Point point = new Point(50, 50);
```

可以使用 Point 对象的 X 属性和 Y 属性访问 Point 中的 2 个值。PointF 与 Point 完全相同，只是 PointFont 参数的类型是浮点型 float。

(2)绘制一条连接由坐标对指定 2 个点的线条，形式为：

```
DrawLine(Pen pen, int x1, int x2, int y1, int y2)
```

其中参数含义如下：

- Pen：确定线条的颜色、宽度和样式。
- x1：线条起点的 X 轴坐标值。
- y1：线条起点的 Y 轴坐标值。
- x2：线条终点的 X 轴坐标值。
- y2：线条终点的 Y 轴坐标值。

### 二、绘制多边形和折线

用于绘制多边形的 Graphics 方法有 DrawLines( ) 和 DrawPolygon( )。DrawLines( ) 方法用于绘制一连串连接在一起的线段。DrawPolygon( ) 方法用于绘制封闭的多边形轮廓。

### 三、绘制矩形

绘制矩形的方法为使用 Graphics 类的 DrawRectangle( )，它的构造函数有如下 2 种：

(1)绘制一个由左上角坐标、宽度、高度定义的矩形。

```
DrawRectangle(Pen pen, int x, int y, int width, int height)
```

其中参数含义如下：

pen：Pen 对象，它确定矩形的颜色、宽度和样式。

x：要绘制的矩形的左上角的 X 轴坐标值。

y：要绘制的矩形的左上角的 Y 轴坐标值。

width：要绘制的矩形的宽度。

height：width：要绘制的矩形的高度。

例如，如下所示：

```
g.DrawRectangle(pen, 30, 30, 180, 180);
```

(2)绘制由 Rectangle 结构指定的矩形。

```
DrawRectangle(Pen pen, Rectangle rectangle)
```

其中 rectangle 是指定一个要绘制的矩形。如：

```
Rectangle rect = new Rectangle(85, 15, 140, 50);
g.DrawRectangle(pen, rect);
```

### 四、绘制椭圆

使用 Graphics 的 DrawEllipse( ) 方法绘制椭圆，它的构造函数常用的有以下 2 种：

(1)绘制一个由 Rectangle 边界定义的椭圆。

```
DrawEllipse(Pen pen, Rectangle rectangle)
```

其中参数的含义同绘制矩形一样。

(2)绘制一个指定左上角坐标、指定宽度和高度的椭圆。

```
DrawEllipse( Pen pen, int x, int y, int width, int height)
```

其中参数的含义参照绘制矩形。

**五、绘制文本**

绘制文本时需要指定文本所使用的字体及文本的布局，包括文本的间隔、首行缩进、自动换行和对齐方式等。绘制文本的方法为 DrawString()，有如下几种形式：

(1)在指定位置用指定的 Brush 和 Font 对象绘制指定的文本字符串。

```
DrawString(String str, Font font, Brush brush, PointF point)
```

其中参数含义如下：

- str：要绘制的字符串。
- font：定义字符串的文本格式。
- brush：指定所绘制文本的画笔颜色和纹理。
- point：指定所绘制文本的左上角坐标。

(2)在指定矩形内用指定的 Brush 和 Font 对象绘制指定的文本字符串。

```
DrawString(String str, Font font, Brush brush, RectangleF rectangle)
```

其中，rectangle 是一个 RectangleFont 结构(与 Rectangle 结构类似，只是存储的是浮点数)，它指定所绘制文本的位置。str 所表示的文本在矩形内绘制并自动换行，如果矩形无法容纳下该文本，文本将被截断。

(3)使用指定的 StringFormat 格式化属性，用指定 Brush 和 Font 对象在指定的矩形内绘制指定的文本字符串。

```
DrawString( String str, Font font, Brush brush, RectangleF rectangle, StringFormat for-
mat)
```

其中 format 是一个 StringFormat 对象，指定所绘制文本的格式化属性。

(4)使用指定的 StringFormat 格式化属性，用指定的 Brush 和 Font 对象在指定的位置绘制指定的文本字符串。

```
DrawString(String str, Font font, Brush brush, Single single, Single single, StringFor-
mat format)
```

参数含义与前面相同，在此不再介绍。

### 6.7.5 用 GDI+显示图像

**一、显示图像**

在 GDI+中，使用抽象基类 Image 的任何派生类来处理位图和矢量图。使用此操作的

方法如下：

(1)创建 Image 对象，该对象表示要显示的图像。

(2)创建一个 Graphics 对象，该对象表示要使用的绘图表面。

(3)调用 Graphics 对象的 DrawImage 方法，将在绘图表面上绘制图像。

**二、创建 Image 对象**

下面介绍几种常用的创建图像对象的方法。

(1)利用 Image 对象的 FromFile( )方法从指定的文件创建图像对象，如：

```
Image image = new Image. FromFile(@"d：\ a1. BMP ")；
```

(2)从指定的文件初始化 Bitmap 类创建图像对象，如：

```
Bitmap bitmap = new Bitmap(@"d：\ a1. BMP ")；
```

(3)用指定的大小初始化 Bitmap 类创建图像，如：

```
Bitmap bitmap = new Bitmap(240，350)；
```

**三、绘制图像**

Graphics 类的 DrawImage 方法用于在指定位置显示原始图像或者缩放后的图像。该类的重载形式也有多种，其中常用的一种为：

```
DrawImage(Image image，int x，int y，int width，int height)；
```

该方法表示在(x，y)位置点按指定的大小显示图像。利用此方法可以直接显示缩放后的图像。

图像的平移、旋转和缩放介绍如下：

Graphics 类提供了三种对图像进行几何变换的方法，它们分别是 TranslateTransform( )方法、RotateTransform( )方法、ScaleTransform( )方法，分别用于图像的平移、旋转和缩放。

(1)TranslateTransform( )方法常用形式：

```
TranslateTransform(float x，float y)
```

其中 x 表示平移的横坐标，y 表示平移的纵坐标。

(2)RotateTransform( )方法常用形式：

```
RotateTransform (float angle)
```

其中 angle 表示旋转角度。

(3)ScaleTransform( )方法常用形式：

```
ScaleTransform(float x，float y)
```

其中 x 表示 x 方向缩放比例，y 表示 y 方向缩放比例。

## 拓展实训

(1)创建如图6-18所示的窗体，向窗体添加相应的控件，CheckedListBox和Check-Box两个控件分别放在两个GroupBox容器中。当用户单击【提交】按钮，将会在文本框中显示个人信息。

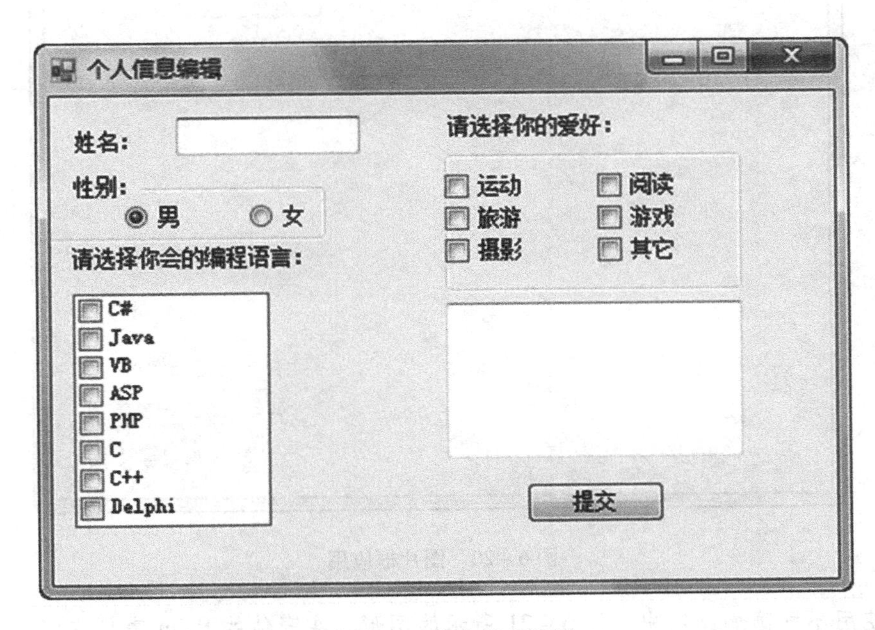


图6-18 个人信息编辑

(2)如图6-19所示的窗体，用户单击字号和字体就可以对标签控件进行设置。

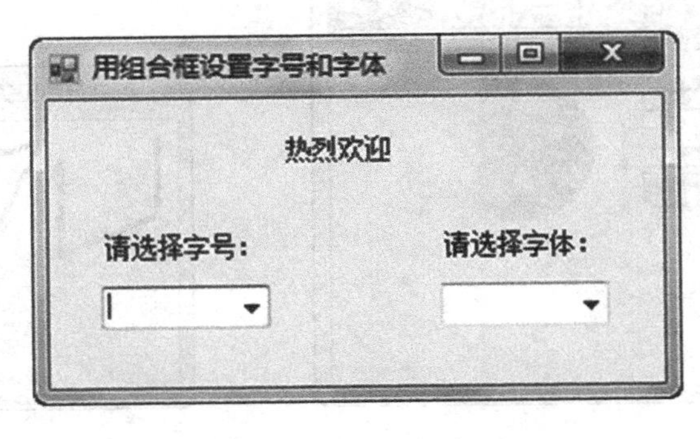


图6-19 组合框应用

(3)如图6－20所示窗体，用户单击【载入】，将打开【】对话框，选择用户所需要显示的图像文件并显示在图片框中。

图6－20　图片框应用

(4)使用不同画刷绘制出如图6－21所示的图形，在窗体的Paint事件中实现。

(5)绘制如图6－22所示的折线和多边形。在窗体的Paint事件中实现。

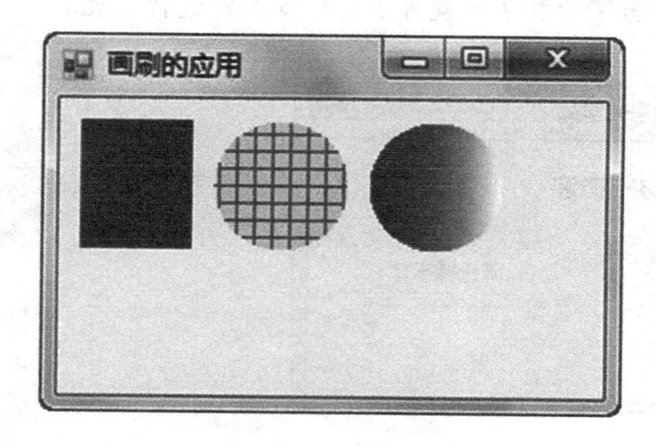


图6－21　画刷的应用

图6－22　绘制折线和多边形

# 第7章

## 文件及数据流技术

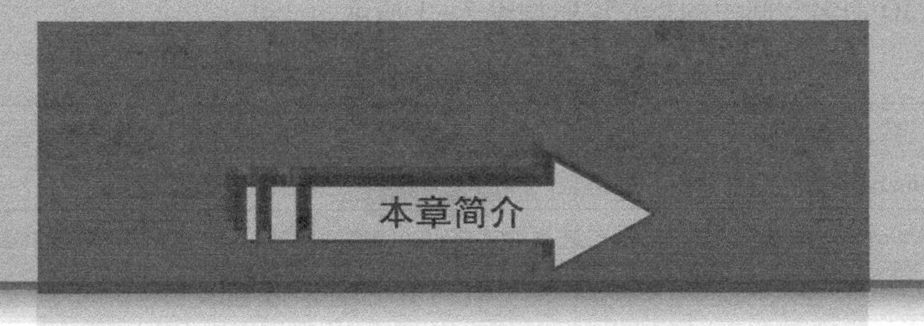


**在软件开发过程中经常需要对文件及文件夹进行操作，例如读写、移动、复制、删除文件及创建、移动、删除、遍历文件夹等，C#中与文件、文件夹及文件读写有关的类都位于 System.IO 命名空间下。本章将详细介绍如何在 C#中对文件、文件夹进行操作，及如何对文件进行数据流读写。**

- 了解 System.IO 命名空间中的常用类
- 掌握 File 类和 Directory 类的使用
- 掌握 FileInfo 类和 DirectoryInfo 类的使用
- 掌握文件的基本操作
- 掌握文件夹的基本操作
- 了解流操作类
- 掌握文件流的使用
- 掌握如何对文本文件进行写入与读取
- 掌握如何对二进制文件进行写入与读取

## 7.1 System. IO 命名空间

System. IO 命名空间包含允许在数据流和文件上进行同步和异步读取及写入的类型。这里需要注意文件和流的差异，文件是一些具有永久性存储及特定顺序的字节组成的一个有序的、具有名称的集合，因此，关于文件，人们常会想到目录路径、磁盘存储、文件和目录名等方面。相反，流提供一种向后备存储写入字节和从后备存储读取字节的方式。后备存储可以为多种存储媒介之一，正如除磁盘外存在多种后备存储一样，除文件流之外也存在多种流。例如，网络流、内存流和磁带流等。

本章的代码实例中如无特殊说明，将会包含以下引用：

```
using System;
using System. IO;
```

System. IO 命名空间中的类及说明如表 7－1 所示。

表 7－1　System. IO 命名空间中的类及说明

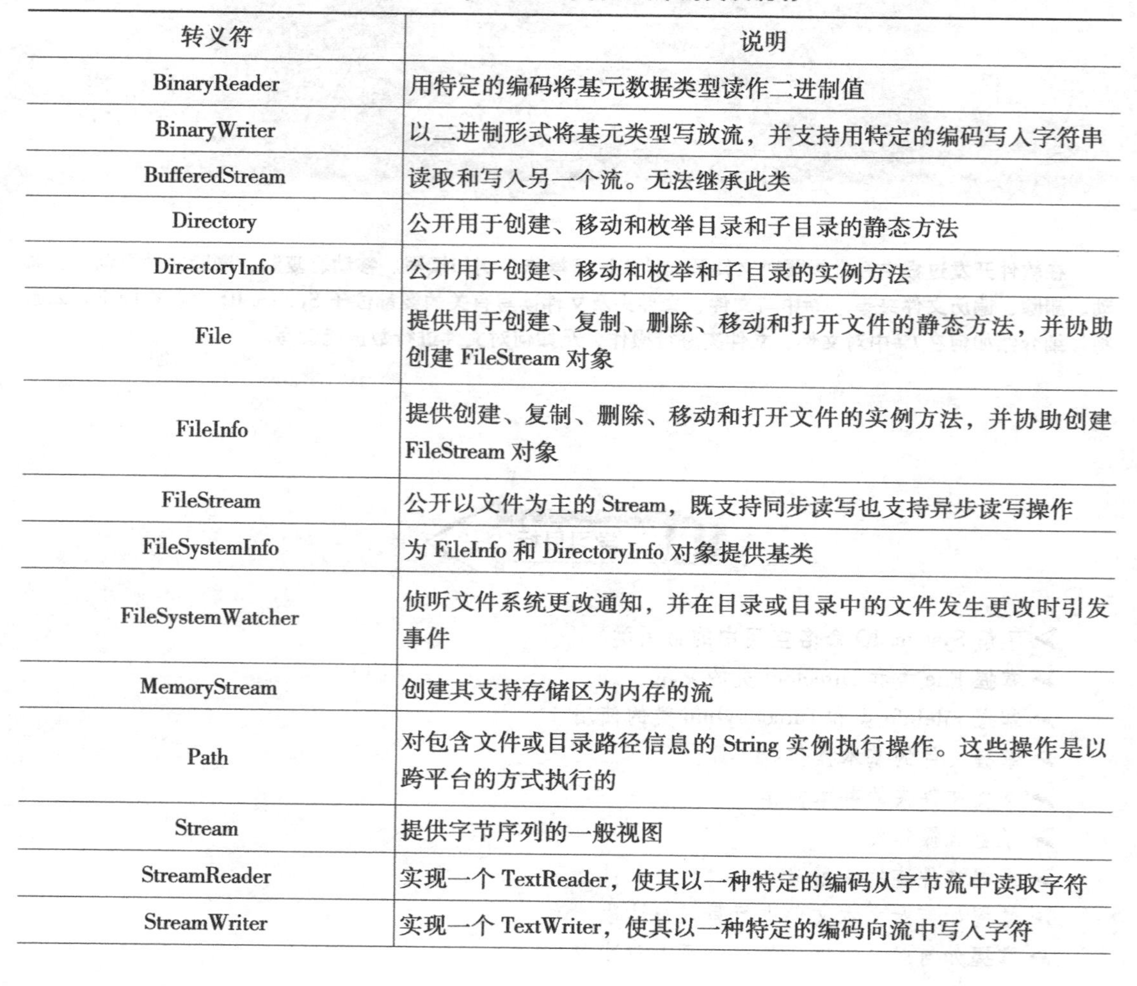

| 转义符 | 说明 |
|---|---|
| BinaryReader | 用特定的编码将基元数据类型读作二进制值 |
| BinaryWriter | 以二进制形式将基元类型写放流，并支持用特定的编码写入字符串 |
| BufferedStream | 读取和写入另一个流。无法继承此类 |
| Directory | 公开用于创建、移动和枚举目录和子目录的静态方法 |
| DirectoryInfo | 公开用于创建、移动和枚举和子目录的实例方法 |
| File | 提供用于创建、复制、删除、移动和打开文件的静态方法，并协助创建 FileStream 对象 |
| FileInfo | 提供创建、复制、删除、移动和打开文件的实例方法，并协助创建 FileStream 对象 |
| FileStream | 公开以文件为主的 Stream，既支持同步读写也支持异步读写操作 |
| FileSystemInfo | 为 FileInfo 和 DirectoryInfo 对象提供基类 |
| FileSystemWatcher | 侦听文件系统更改通知，并在目录或目录中的文件发生更改时引发事件 |
| MemoryStream | 创建其支持存储区为内存的流 |
| Path | 对包含文件或目录路径信息的 String 实例执行操作。这些操作是以跨平台的方式执行的 |
| Stream | 提供字节序列的一般视图 |
| StreamReader | 实现一个 TextReader，使其以一种特定的编码从字节流中读取字符 |
| StreamWriter | 实现一个 TextWriter，使其以一种特定的编码向流中写入字符 |

| StringReader | 实现从字符进行读取的 TextReader. |
|---|---|
| StringWriter | 将信息写入字符串。该信息存储在基础 StringBuilder 中 |
| TextReader | 表示可读取连续字符系列的阅读器 |
| TextWriter | 表示可以编写一个有序字符系列的编写器。该类为抽象类 |

从表 7－1 中可以看到，System. IO 命名空间下的类提供了非常强大的功能。对这些类熟练地掌握可以使我们写出功能十分强大的代码，但对于初学者来说，常用的类有 File、Directory、FileInfo、DirectoryInfo、FileStream、StreamReader、StreamWriter 等，这些类的功能可以满足一般应用程序的需求。

### 7.1.1 File 类

File 类是最重要和最基础的一个类，支持对文件的基本操作，它包括用于创建、复制、删除、移动和打开文件的静态方法，并协助创建 FileStream 对象。File 类中一共包含 42 多个方法，这里只列出其常用的几种，如表 7－2 所示。

**表 7－2 File 类的常用方法及说明**

| 转义符 | 说明 |
|---|---|
| Copy | 将现有文件复制到新文件 |
| Create | 在指定路径中创建文件 |
| Delete | 删除指定的文件。如果指定的文件不存在，则不引发异常 |
| Exists | 确定指定的文件是否存在 |
| Move | 将指定文件移动新位置，并提供指定新文件名的选项 |

**一、File 类的 Exists 方法**

通过 File. Exists( )方法可以简单、快速地判断文件是否存在，语法如下：

```
public static bool Exists(string path)
```

参数说明：

path：要检查的文件。

返回值：如果调用方具有要求的权限并且 path 包含现有文件的名称，则为 true；否则为 false。如果 path 为 null、无效路径或零长度字符串，则此方法也将返回 false。如果调用方不具有读取指定文件所需的足够权限，则不引发异常并且该方法返回 false，这与 path 是否存在无关。

下面代码使用 File 类的 Exists 方法判断 D 盘根目录下是否存在 test. txt 文件。

```
File.Exists(@"D:\test.txt");
```

**二、File 类的 Create 方法**

File. Create( )方法可以在指定的路径中创建文件。

该方法是可重载方法，重载方法如下：

```
public static FileStream Create(string path)
public static FileStream Create(string path, int bufferSize)
public static FileStream Create(string path, int bufferSize, FileOptions options)
public static FileStream Create (string path, int bufferSize, FileOptions options,
FileSecurity fileSecurity)
```

表 7-3　File 类的 Create 方法参数说明

| 参　数 | 说　明 |
|---|---|
| path | 文件名 |
| bufferSize | 用于读取和写入文件的已放入缓冲区的字节数 |
| options | FileOptions 值之一，它描述如何创建或改写该文件 |
| fileSecurity | FileSecurity 值之一，它确定文件的访问控制和审核安全性 |

下面代码演示如何利用 File 的 Create 方法在 D 盘根目录创建一个 test. txt 文件。

```
File.Create(@"D:\test.txt");
```

### 三、File 类的 Copy 方法

该方法能将现有文件复制到新文件。

此方法为可重载方法，重载方法为：

```
public static void Copy(string sourceFileNmae, string destFileName)
public static void Copy(string sourceFileName, string destFileName, bool overwrite)
```

表 7-4　File 类的 Copy 方法参数说明

| 参　数 | 说　明 |
|---|---|
| sourceFileName | 要复制的文件 |
| destFileName | 目标文件的名称。它不能是一个目录或现有文件 |
| overwrite | 如果可以改写目标文件，则为 true；否则为 false |

下面代码演示利用 File 的 Copy 方法将 D 盘根目录下的 test. txt 复制到的 C 盘根目录下。

```
File.Copy(@"D:\test.txt", @"C:\test.txt");
```

### 四、File 类的 Move 方法

File. Move()将指定文件移到新位置，并提供指定新文件名的选项。

```
public static void Move(string sourceFileName, string destFileName)
```

表7-5 File类的Move方法参数说明

| 参 数 | 说 明 |
|---|---|
| sourceFileName | 要移动的文件名称 |
| destFileName | 文件的新路径 |

下面代码演示利用File的Move方法将D盘根目录下的test.txt移动到的C盘根目录下。

```
File.Move(@"D:\test.txt", @"C:\test.txt");
```

5. File类的Delete方法

File.Delete()方法可以删除指定的文件。

```
public static void Delete(string path)
```

参数说明:

path:要删除的文件的名称。

下面代码是删除D盘根目录test.txt文件。

```
File.Delete(@"D:\test.txt");
```

## 7.1.2 Directory类

Directory类公开了用于创建、移动、枚举、删除目录和子目录的静态方法,表7-6列举了一些常用的方法。

表7-6 Directory类的常用方法及说明

| 方 法 | 说 明 |
|---|---|
| CreateDirectory | 创建指定路径中的所有目录 |
| Delete | 删除指定的目录 |
| Exists | 确定给定路径是否引用磁盘上的现有目录 |
| GetCurrentDirectory | 获取应用程序的当前工作目录 |
| GetDirectories | 获取指定目录中子目录的名称 |
| GetFiles | 返回指定目录中的文件的名称 |
| GetLogicalDrives | 检索词计算机上格式为"<驱动器号>:\"的逻辑驱动器的名称 |
| GetParent | 检索指定路径的父目录,包括绝对路径和相对路径 |
| Move | 将文件或目录及其内容移动新位置 |

### 一、Directory类的Exists方法

Directory.Exists()方法确定给定路径是否引用磁盘上的现有目录。语法:

```
public static bool Exists(string path)
```

参数说明：

path：要测试的路径。

返回值：如果 path 引用现有目录，则为 true；否则为 false。

下面演示如何利用 Directory. Exists()判断 D 盘根目录是否存在文件夹 test。

```
Directory. Exists(@"D:\test");
```

**二、Directory 类的 CreateDirectory 方法**

该方法用于在指定路径创建文件夹。它是可重载方法，语法如下：

```
public static DirectoryInfo CreateDirectory(string path)
public static DirectoryInfo CreateDirectory(string path, DirectorySecurity directorySecurity)
```

参数说明：

path：创建的目录。

directorySecurity：用于此目录的访问控制。

下面利用 Directory. CreateDirectory 方法在 D 盘根目录创建 test 文件夹。

```
Directory. CreateDirectory(@"D:\test");
```

**三、Directory 类的 Move 方法**

```
public static void Move(string sourceDirName, string destDirName)
```

参数说明：

sourceDirName：要移动的文件或目录的路径。

destDirName：指向 sourceDirName 的新位置的路径。如果 sourceDirName 是一个文件，则 destDirName 也必须是一个文件名。

下面利用 Diretory. Move 方法移动 D 盘的 test 文件夹移动到 C 盘根目录。

```
Directory. Move(@"D:\test", @"C:\test");
```

**四、Directory 类的 Delete 方法**

Directory. Delete 方法用于删除指定目录及(可选地)删除其任意子目录。

该方法是可重载函数，语法如下：

```
public static void Delete(string path)
public static void Delete(string path, bool recursive)
```

参数说明：

path：要移除的目录名称。

recursive：若要移除 path 中的目录、子目录和文件，则为 true；否则为 false。

下面代码利用 Directory. Delete 方法删除 D 盘根目录下的 test 文件夹。

```
Directory. Delete(@"D:\test");
```

## 7.1.3 【案例7-1】文件夹与文件的创建

### 需求描述

如图7-1所示，用户输入需要创建的文件夹或文件路径及名称，如果成功创建则会提示。

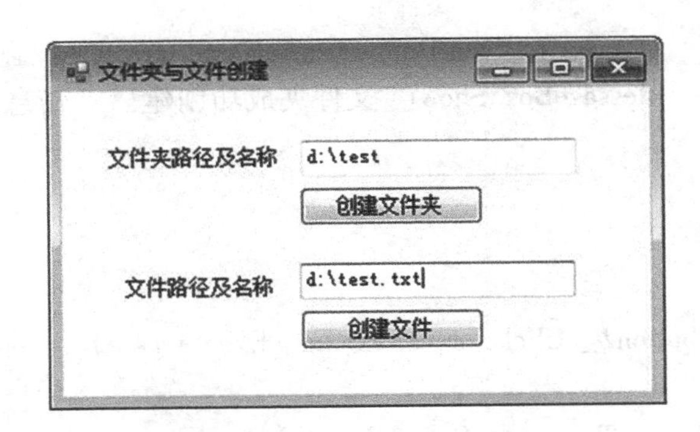


图7-1 文件夹与文件创建

### 案例分析

本案例需要判断文件或文件夹是否存在，如果存在则给出提示，可以用 Directory. Exists( )和 File. Exists( )方法进行判断。

### 案例实现

案例实现步骤如下：

**STEP 1** 新建一个 Window 应用程序，并命名为文件夹与文件创建，窗体名称为文件夹与文件创建.cs。

**STEP 2** 在窗体中添加两个 TextBox 控件用来输入文件夹或文件的路径及名称 Name 分别设为 dirName，filename 两个 Button 控件。

程序主要代码如下：

```
01  private void botton1_ Click(object sender, EventArgs e)
02  {
03      if (dirName. Text = = String. Empty)//判断输入是否为空
04      {
05          MessageBox. Show("请输入正确的文件夹路径及名称!","错误提示");
06      }
```

```
07          else
08          {
09                if (Directory.Exists(dirName.Text))//判断文件夹是否存在
10                {
11                MessageBox.Show("该文件夹已经存在，请重新输入","错误提示");
12                }
13                else
14                {
15                      Directory.CreateDirectory(dirName.Text); //创建文件夹
16                      MessageBox.Show("文件夹成功创建!","信息提示");
17                }
18          }
19    }
20
21    private void button2_ Click(object sender, EventArgs e)
22    {
23          if (fileName.Text == String.Empty)
24          {
25                MessageBox.Show("请输入正确的文件路径及名称!","错误提示");
26          }
27          else
28          {
29                if (File.Exists(fileName.Text))//判断文件是否存在
30                {
31                      MessageBox.Show("该文件已经存在，请重新输入","错误提示");
32                }
33                else
34                {
35                      File.Create(fileName.Text); //创建文件
36                      MessageBox.Show("文件成功创建!","信息提示");
37                }
38          }
39    }
```

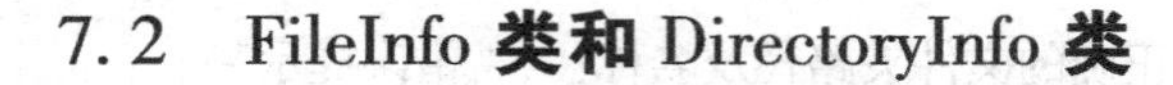

## 7.2　FileInfo 类和 DirectoryInfo 类

使用 FileInfo 类和 DirectoryInfo 可以方便地对文件和文件夹进行操作，下面将对这两个类进行介绍。

### 7.2.1 FileInfo 类

FileInfo 与 File 类不同。它虽然也提供了创建、复制、删除、移动和打开文件的方法，并且帮助创建 FileStream 对象，但是它提供的仅仅是实例方法。因此要使用 FileInfo 类，必须先实例化一个 FileInfo 对象。FileInfo 类的常用方法与 File 类基本相同。

FileInfo 类的常用属性及说明如表 7－4 所示。

**表 7－4 FileInfo 的常用属性及说明**

| 方 法 | 说 明 |
|---|---|
| CreationTime | 获取或设置当前 FileSystemInfo 对象的创建时间 |
| Directory | 获取父目录的实例 |
| DirectoryName | 获取表示目录的完整路径的字符串 |
| Exists | 获取指示文件是否存在的值 |
| Extension | 获取表示文件扩展名部分的字符串 |
| FullName | 获取目录或文件的完整目录 |
| IsReadOnly | 获取或设置确定当前文件是否为只读的值 |
| LastAccessTime | 获取或设置上次访问当前文件或目录的时间 |
| LastWriteTime | 获取或设置上次写入当前文件或目录的时间 |
| Length | 获取当前文件的大小 |
| Name | 获取文件名 |

下面代码演示如何使用 FileInfo 类中的 Create 方法，其他方法使用方法大同小异，在此就不一一列举。

```
FileInfo finfo = new FileInfo(@"D:\test.txt");
finfo.Create();
```

### 7.2.2 DirectoryInfo 类

DirectoryInfo 类和 Directory 类之间的关系与 FileInfo 和 File 类之间的关系十分类似，这里不再赘述。下面介绍 DirectoryInfo 类的常用属性。

DirectoryInfo 类的常用属性及说明如表 7－5 所示。

表 7－5　DirectoryInfo 常用属性

| 属　性 | 说　明 |
|---|---|
| Attributes | 获取或设置当前 FileSystemInfo 的 FileAttributes |
| CreationTime | 获取或设置当前 FileSystemInfo 对象的创建时间 |
| Exists | 获取指示目录是否存在的值 |
| Extension | 获取表示文件扩展名部分的字符串 |
| Name | 获取此 DiretoryInfo 实例的名称 |
| Parent | 获取指定子目录的父目录 |
| Root | 获取路径的根部分 |

下面代码演示如何使用 DirectoryInfo 类中的 Create 方法，其他方法使用方法大同小异，在此就不一一列举。

```
DirectoryInfo dfo = new DirectoryInfo(@"D:\test.txt");
dfo.Create();
```

### 7.2.3　FileInfo 类与 DirectoryInfo 类的用法

文件信息类（FileInfo）和文件夹信息类（DirectoryInfo）具有文件类（File）和文件夹类（Directory）的大部分功能。读者在实际应用中应当注意选择使用不同的实现。

（1）File 类和 Directory 类适合用于在对象上单一的方法调用。此种情况下静态方法的调用在速度上效率比较高，因为此种方法省去了实例化新对象的过程。

（2）FileInfo 类和 DirectoryInfo 类适合用于对同一文件或文件夹进行几种操作的情况。此种情况下，实例化的对象不需要每次都找文件，只需调用实例化的方法，比较节省时间。

读者可以根据自己应用程序的实际需求应用不同的方法。

### 7.2.4　【案例 7－2】创建文件及文件夹并显示信息

#### 需求描述

如图 7－2 所示，用户输入需要创建的文件或文件夹路径及名称，如果成功创建则提示已经创建的文件或文件夹的信息。

#### 案例分析

本案例首先用 FileInfo. Create 创建文件，DirectoryInfo. Create 创建文件夹，然后通过它们的函数显示文件或文件夹的属性。

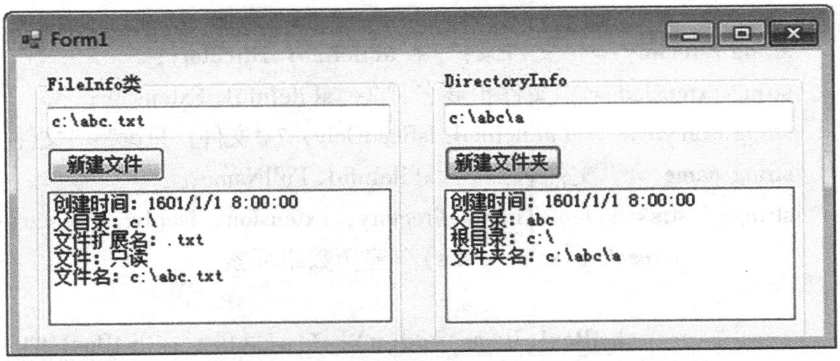

图 7-2 创建文件与文件夹并显示信息

## 案例实现

案例实现步骤如下：

**STEP 1** 新建一个 Window 应用程序，并命名为文件夹与文件创建，窗体名称默认为 Form1. cs。

**STEP 2** 在窗体中添加两个 TextBox 控件用来输入文件夹或文件的路径及名称，两个 Button 控件，一个 GroupBox 控件，两个 ListBox 空间用来显示文件及文件夹信息。

程序主要代码如下：

```
01  private void button1_ Click(object sender, EventArgs e)
02  {
03      if (textBox1. Text  = =  string. Empty)//判断输入是否为空
04      {
05          MessageBox. Show("文件名不能为空，请重新输入!");
06      }
07      else
08      {
09          FileInfo aFileInfo  =  new FileInfo(textBox1. Text);
10
11          if (aFileInfo. Exists)
12          {
13              MessageBox. Show("该文件已经存在!");
14          }
15          else
16          {
17      aFileInfo. Create(); //使用 FileInfo 对象创建文件
18      FileInfo aFileInfo1  =  new FileInfo(textBox1. Text);
19      string createTime  =  "创建时间:"  +  aFileInfo1. CreationTime. ToString();
```

```
20          string directory = "父目录:" + aFileInfo1. Directory;
21          string extension = "文件扩展名:" + aFileInfo1. Extension;
22          string isonlyread = (aFileInfo1. IsReadOnly) ? "文件：只读"："文件：读写";
23          string name = "文件名:" + aFileInfo1. FullName;
24          string[ ] strs = {createTime, directory, extension, isonlyread, name};
25                  foreach (var n in strs)//遍历数组元素
26                  {
27                      listBox1. Items. Add(n); //信息显示在 listBox1 中
28                  }
29              }
30          }
31  }
32
33  private void button2_Click(object sender, EventArgs e)
34  {
35      if (textBox2. Text = = string. Empty)
36      {
37          MessageBox. Show("文件夹名不能为空，请重新输入!");
38      }
39      else
40      {
41          DirectoryInfo dinfo = new DirectoryInfo(textBox2. Text);
42          if (dinfo. Exists)
43          {
44              MessageBox. Show("该文件夹已经存在!");
45          }
46        else
47          {
48              Dinfo. Create(); //使用 DirectoryInfo 对象创建文件夹
49              DirectoryInfo dinfo1 = new DirectoryInfo(textBox2. Text);
50              string createTime = "创建时间:" + dinfo1. CreationTime. ToString();
51              string directory = "父目录:" + dinfo1. Parent;
52              string root = "根目录:" + dinfo1. Root;
53              string name = "文件夹名:" + dinfo1. FullName;
54              string[ ] strs = { createTime, directory, root, name };
55              foreach (var n in strs)
56              {
```

```
57                          listBox2. Items. Add(n);
58                  }
59              }
60          }
61  }
```



## 7.3 数据流

数据流由 Stream 类表示，是 . NET 操作文件的基本类。. NET 中对文件的输入输出操作都要用到数据流。数据流分为输入流和输出流，输入流用来读取数据，输出流用于向外部写数据。下面对数据流进行详细讲解。

### 7.3.1 流操作类介绍

. NET Framework 有 5 种常用的流操作类，用于文件的常见操作。下表 7 – 5 做简单的说明。

表 7 – 5 常见的流操作类

| 类 | 说 明 |
|---|---|
| BinaryReader | 用特定的编码将基元数据类型读作二进制值 |
| BinaryWriter | 以二进制形式将基元类型写入流，并支持用特定的编码写入字符串 |
| FileStream | 公开以文件为主的 Stream，既支持同步读写操作，也支持异步读写操作 |
| StreamReader | 实现一个 TextReader，使其以一种特定的编码从字节流中读取字符 |
| StreamWriter | 实现一个 TextWriter，使其以一种特定的编码向流中写入字符 |

### 7.3.2 文件流

FileStream 公开以文件为主的 Stream，既支持同步读写操作，也支持异步读写操作。FileStream 对象表示在磁盘或网络路径上指向文件的流。这个类提供了在文件中读写字节的方法，但经常使用 StreamReader 或 StreamWriter 执行这些功能。这是因为 FileStream 类操作的是字节和字节数组，而 Stream 类操作的是字符数据。字符数据易于使用，但是有些操作，比如随机文件访问(访问文件中间某点的数据)，就必须由 FileStream 对象执行。

**一、FileStream 的属性**

FileStream 类常用的有以下几种属性，如表 7 – 6 所示。

**表 7-6　FileStream 常用的属性及说明**

| 类 | 说　明 |
| --- | --- |
| CanRead | 获取一个值，该值指示当前流是否支持读取 |
| CanSeek | 获取一个值，该值指示当前流是否支持查找 |
| CanTimeout | 获取一个值，该值确定当前流是否可以超时 |
| CanWrite | 获取一个值，该值指示当前流是否支持写入 |
| IsAsync | 获取一个值，该值指示 FileStream 是异步还是同步打开的 |
| Length | 获取用字节表示的流长度 |
| Name | 获取传递给构造函数的 FileStream 的名称 |
| Position | 获取或设置此流的当前位置 |

## 二、FileStream 的方法

FileStream 类常用的有以下几种方法，如表 7-7 所示。

**表 7-7　FileStream 常用的方法及说明**

| 类 | 说　明 |
| --- | --- |
| BeginRead | 开始异步读操作 |
| BeginWrite | 开始异步写操作 |
| Close | 关闭当前流并释放与之关联的所有资源 |
| CopyTo(Stream) | 从当前流中读取字节并将其写入到另一流中 |
| EndRead | 等待挂起的异步读取操作完成 |
| EndWrite | 结束异步写入操作，在 I/O 操作完成之前一直阻止 |
| Read | 从流中读取字节块并将该数据写入给定缓冲区中 |
| Seek | 将该流的当前位置设置为给定值 |
| SetLength | 将该流的长度设置为给定值 |
| ToString | 返回表示当前对象的字符串 |
| Write | 将字节块写入文件流 |
| WriteByte | 将一个字节写入文件流的当前位置 |

## 三、使用 FileStream 操作文件

要使用 FileStream 类操作文件，首先要实例化一个 FileStream 对象。FileStream 类的构造函数有 15 种，此处对两种常用的进行介绍。

```
FileStream(String, FileMode)
FileStream(String, FileMode, FielAccess)
```

这两个构造函数都需要提供 FileMode 参数。FileMode 枚举规定了如何打开或创建文件。表 7-8 是它的枚举成员及其说明。

表 7－8 FileMode 枚举成员

| 成 员 | 说 明 |
|---|---|
| Append | 若存在文件，则打开该文件并查找到文件尾，或者创建一个新文件。FileMode. Append 只能与 FileAccess. Write 一起使用。试图查找文件尾之前的位置时会引发 IOException 异常，并且任何试图读取的操作都会失败并引发 NotSupportedException 异常 |
| Create | 指定操作系统应创建新文件。如果文件已存在，它将被覆盖。这需要 FileIOPermissionAccess. Write 权限。FileMode. Create 等效于这样的请求：如果文件不存在，则使用 CreateNew；否则使用 Truncate。如果该文件已存在但为隐藏文件，则将引发 UnauthorizedAccessException 异常 |
| CreateNew | 指定操作系统应创建新文件。这需要 FileIOPermissionAccess. Write 权限。如果文件已存在，则将引发 IOException 异常 |
| Open | 指定操作系统应打开现有文件。打开文件的能力取决于 FileAccess 枚举所指定的值。如果文件不存在，引发一个 System. IO. FileNotFoundException 异常 |
| OpenOrCreate | 指定操作系统应打开文件(如果文件存在)；否则，应创建新文件。如果用 FileAccess. Read 打开文件，则需要 FileIOPermissionAccess. Read 权限。如果文件访问为 FileAccess. Write，则需要 FileIOPermissionAccess. Write 权限。如果用 FileAccess. ReadWrite 打开文件，则同时需要 FileIOPermissionAccess. Read 和 FileIOPermissionAccess. Write 权限 |
| Truncate | 指定操作系统应打开现有文件。该文件被打开时，将被截断为零字节大小。这需要 FileIOPermissionAccess. Write 权限。尝试从使用 FileMode. Truncate 打开的文件中进行读取将导致 ArgumentException 异常 |

以下代码利用第一种构造函数打开或创建 C：盘根目录 test. txt。

```
FileStream aFile = new FileStream(@"c:\test.txt", FileMode.OpenOrCreate);
```

第二种构造函数需要 FileAccess 枚举参数，其成员如表 7－9 所示。

表 7－9 FileAccess 枚举成员

| 成 员 | 说 明 |
|---|---|
| Read | 对文件的读访问。可从文件中读取数据。与 Write 组合以进行读写访问 |
| ReadWrite | 对文件的读访问和写访问。可从文件读取数据和将数据写入文件 |
| Write | 文件的写访问。可将数据写入文件。同 Read 组合即构成读/写访问权 |

以下代码利用第二种构造函数打开 C：盘根目录 test. txt 并对其进行读写访问。

```
FileStream aFile = new FileStream(@"c:\test.txt", FileMode.OpenOrCreate,
FileAccess.ReadWrite);
```

File 和 FileInfo 类都提供了 OpenRead()和 OpenWrite()方法，更易于创建 FileStream 对象。前者打开了只读访问的文件，后者只允许写入文件。这些都提供了快捷方式，因此不必以 FileStream 构造函数的参数形式提供前面所有的信息。例如，下面的代码行都是打开了用于只读访问的 test. txt 文件：

```
FileStream aFile = new File. OpenRead((@ "c: \test. txt");
FileInfo aFileInfo = new FileInfo((@ "c: \test. txt");
```

### 7.3.3 【案例 7-3】利用 FileStream 写入读取文本文件

#### 需求描述

如图 7-3 所示，用户在文本框输入内容，单击写入按钮另存为一个文本文件；单击读取，可以点开任一文本文件，并显示其内容。

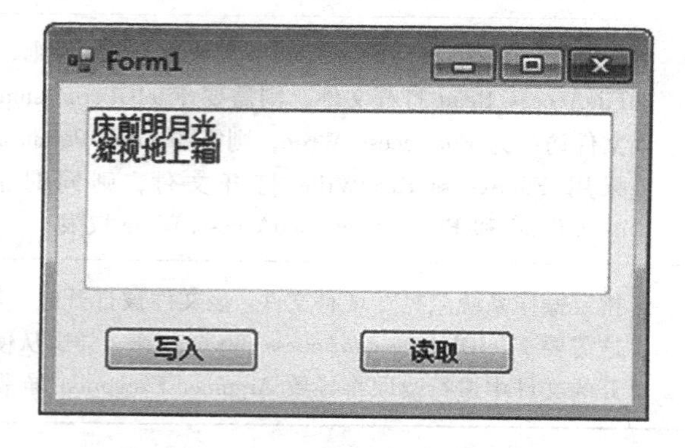


图 7-3　FileStream 写入读取文本文件

#### 案例分析

本案例通过另存为对话框 saveFileDialog 控件来保存文本文件，通过保存对话框 openFileDialog控件打开文件，实例化 FileStream 对象实现对文本文件的写入和读取。

#### 案例实现

案例实现步骤如下：

①新建一个 Window 应用程序，并命名为文件夹与文件创建，窗体名称默认为 Form1. cs。

②在窗体中添加两个 TextBox 控件用来输入或显示文本文件的内容，两个 Button 控件，添加 saveFileDialog 控件，openFileDialog 控件。

③程序主要代码如下：

```
01 private void button1_ Click(object sender, EventArgs e)
02 {
03     if (textBox1. Text  = =  string. Empty)
04     {
05         MessageBox. Show("要写入的文件内容不能为空!", "错误提示");
06     }
07     else{
08     //设置文件保存类型
09     saveFileDialog1. Filter = "txt 文件| *. txt| 所有文件| *. *";
10     //如果用户没有输入扩展名，自动追加后缀
11     saveFileDialog1. AddExtension  =  true;
12     //如果用户点击了保存按钮
13     if (saveFileDialog1. ShowDialog( )  = =  DialogResult. OK)
14     {
15         //实例化一个文件流
16         FileStream fs  =  new FileStream(saveFileDialog1. FileName, FileMode.
Create);
17         //创建一个字节数组，通过 UTF8 编码方法将字符数组转换成字节数组
18     byte[ ] data  =  new UTF8Encoding( ). GetBytes(this. textBox1. Text);
19         fs. Write(data, 0, data. Length);
20         fs. Flush( );
21         fs. Close( );
22     }
23 }
24 }
25 private void button2_ Click(object sender, EventArgs e)
26 {
27     byte[ ] bData  =  new byte[100];
28     char[ ] cData  =  new char[100];
29     openFileDialog1. Filter  =  "txt 文件| *. txt| 所有文件| *. *";
30     if (openFileDialog1. ShowDialog( )  = =  DialogResult. OK)
31     {
32         //实例化一个文件流
33         FileStream fs  =  new FileStream(openFileDialog1. FileName,
34 FileMode. Open);
35         //设置流的当前位置为文件开始位置
```

```
36            fs.Seek(0, SeekOrigin.Begin);
37            //将文件的内容读入字节数组中
38            fs.Read(bData, 0, 100);
39            //通过 UTF-8 编码方法字节数组转换成字符数组
40            Decoder mData = Encoding.UTF8.GetDecoder();
41            mData.GetChars(bData, 0, bData.Length, cData, 0);
42                for (int i = 0; i < cData.Length; i++)
43            {
44                textBox1.Text += cData[i].ToString();
45            }
46        }
47    }
```

### 7.3.4 StreamWriter 类

文本文件的写入主要通过 StreamWriter 类来实现的。它允许直接将字符和字符串写入文件。下面介绍 StreamWriter 的构造函数，如表 7-10 所示。

**表 7-10 StreamWriter 的构造函数**

| 构造函数 | 说 明 |
| --- | --- |
| StreamWriter(Stream) | 用 UTF-8 编码及默认缓冲区大小，为指定的流初始化 StreamWriter 类的一个新实例 |
| StreamWriter(String) | 用默认编码和缓冲区大小，为指定的文件初始化 StreamWriter 类的一个新实例 |
| StreamWriter (String, Boolean) | 用默认编码和缓冲区大小，为指定的文件初始化 StreamWriter 类的一个新实例。如果该文件存在，则可以将其覆盖或向其追加。如果该文件不存在，则此构造函数将创建一个新文件 |

StreamWriter 类的常用属性及其说明如表 7-11 所示。

**表 7-11 StreamWriter 类的常用属性及说明**

| 属性 | 说明 |
| --- | --- |
| Encoding | 获取将输出写入到其中的 Encoding |
| FormatProvider | 获取控制格式设置的对象 |
| NewLine | 获取或设置由当前 TextWriter 使用的行结束符字符串 |

StreamWriter 类的常用方法及其说明如表 7-12 所示。

表 7－12　StreamWriter 类的常用方法及说明

| 属性 | 说明 |
| --- | --- |
| Close | 关闭当前的 StreamWriter 对象和基础流 |
| Write | 将数据写入该流 |
| WriteLine | 将后面跟随行结束符的字符串写入文本字符串或流(多重载方法) |

## 7.3.5　StreamReader 类

文本文件的写入主要通过 StreamReader 类来实现的，它可以从底层 Stream 对象创建 StreamReader 对象的实例，而且也能指定编码规范参数。下面介绍 StreamReader 常见的构造函数，如表 7－11 所示。

表 7－11　StreamReader 的构造函数

| 构造函数 | 说　明 |
| --- | --- |
| StreamReader(Stream) | 为指定的流初始化 StreamReader 类的新实例 |
| StreamReader(String) | 用为指定的文件名初始化 StreamReader 类的新实例 |

StreamReader 类常用的方法表 7－12 所示。

表 7－12　StreamReader 的方法

| 方　法 | 说　明 |
| --- | --- |
| Close | 关闭 StreamReader 对象和基础流，并释放与读取器关联的所有系统资源 |
| Read | 读取输入流中的下一个字符并使该字符的位置提升一个字符 |
| ReadLine | 从当前流中读取一行字符并将数据作为字符串返回 |
| ReadToEnd | 从流的当前位置到末尾读取所有字符 |

## 7.3.6　【案例 7－4】文本文件的写入与读取

### 需求描述

如图 7－4 所示，用户在文本框输入内容，单击写入按钮另存为一个文本文件；单击读取，可以打开任一文本文件，并显示其内容。

### 案例分析

本案例通过另存为对话框 saveFileDialog 控件来保存文本文件，通过打开对话框 openFileDialog 控件打开文件，实例化 StreamWriter 和 StreamReader 对象实现对文本文件的写入和读取。

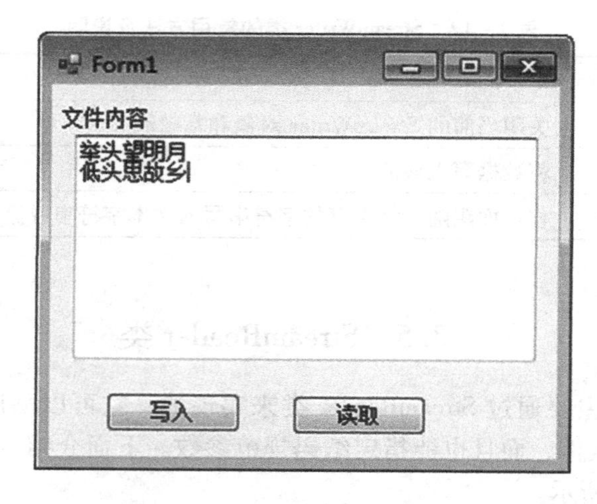


图 7－4 文本文件的写入与读取

## 案例实现

案例实现步骤如下：

**STEP 1** 新建一个 Window 应用程序，并命名为文件夹与文件创建，窗体名称默认为 Form1. cs。

**STEP 2** 在窗体中添 1 个 TextBox 控件用来输入或显示文本文件的内容，两个 Button 控件，添加 saveFileDialog 控件，openFileDialog 控件。

程序主要代码如下：

```
01  private void button1_ Click(object sender, EventArgs e)
02  {
03      if (textBox1. Text  = =  string. Empty)
04      {
05          MessageBox. Show("要写入的文件内容不能为空!", "错误提示");
06      }
07      else
08      {     //设置保存文件的格式
09          saveFileDialog1. Filter  =  "txt 文件| *. txt";
10          if (saveFileDialog1. ShowDialog( )  = =  DialogResult. OK)
11          {//使用另存为对话框实例化 StreamWriter
12              StreamWriter sw  =  new StreamWriter(saveFileDialog1. FileName);
13              sw. WriteLine(textBox1. Text);
14              sw. Close( );
15              textBox1. Text  =  string. Empty;
16          }
```

```
17         }
18     }
19     private void button2_ Click(object sender, EventArgs e)
20     {   //设置打开文件格式
21         openFileDialog1. Filter = "txt 文件| *. txt";
22         if (openFileDialog1. ShowDialog() == DialogResult. OK)
23         {
24             textBox1. Text = string. Empty;
25             //使用打开对话框选中的文件名实例化 StreamReader 对象
26             StreamReader sr = new StreamReader(openFileDialog1. FileName);
27             //调用 ReadToEnd 方法读取选中文件的全部内容
28             textBox1. Text = sr. ReadToEnd();
29             sr. Close();
30         }
31     }
```

## 拓展实训

(1)利用 File 类创建一个 doc 文件，效果如图 7-5 所示。

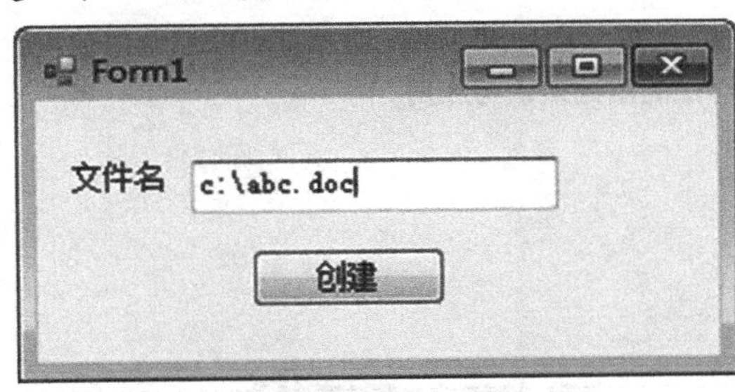


图 7-5　创建 doc 文件

(2)利用 Directory 类创建文件夹，效果如图 7-6 所示。

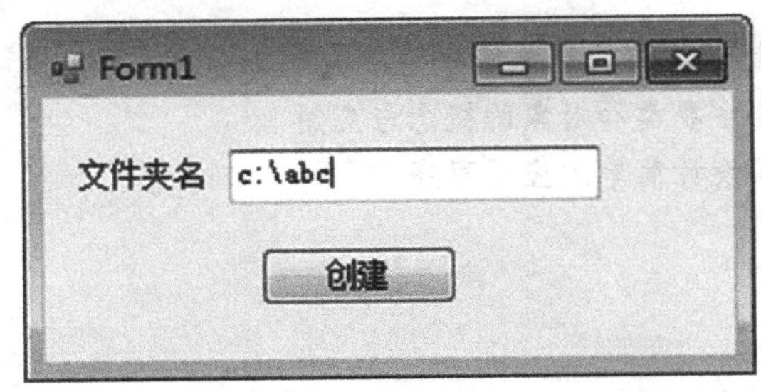


图 7-6　创建文件夹

# 第 8 章

## ADO. NET 基础

**本章简要概述了数据库基础知识以及 SQL Server 数据库管理系统的使用；主要介绍了 ADO. NET 针对于 SQL Server 数据库的类和对象的基础知识与应用。**

- 熟悉 SQL Server 管理系统的简单操作
- 掌握 ADO. NET 的主要类和对象的概念与应用
- 能使用 ADO. NET 设计简单的应用程序

# 8.1 数据库概述

## 8.1.1 数据库

什么是数据库(Database，简记DB)？不必去阐述复杂难懂的概念，举个例子来说明：班级要制作一个通讯录，我们需要将班级每个同学的姓名、地址、联系电话等信息都记录下来。现在，我们把这些同学的信息以如表8－1所示的表格的形式记录到一个笔记本中，那么这个笔记本就是一个简单的“数据库”。

**表8－1 同学通讯录**

| 序号 | 姓名 | 地址 | 电话 |
|---|---|---|---|
| 1 | 张三 | 广东省东莞市东城区 | 13623＊＊＊＊＊＊ |
| 2 | 李四 | 广东省东莞市莞城区 | 13512＊＊＊＊＊＊ |
| 3 | 王五 | 广东省东莞市东城区 | 13844＊＊＊＊＊＊ |
| 4 | 李四 | 广东省东莞市南城区 | 13867＊＊＊＊＊＊ |

笔记本中的这张通讯录表格就是数据库中的“表”(Tabel)。我们知道表都是由行和列组成，在上面的表格中，除第一行外，每一行就是一位同学的个人信息，这些行我们称之为“记录”(Record)。而每一列是指定了这条“记录”的每一项数据的意义。比如，第一列是每位同学的序号；第二列是每位同学的姓名等等。我们把这些列称之为“字段”(Field)。在上面的表格中，有共有四个字段，分别为“序号”、“姓名”、“地址”和“电话”。

我们还可以看到，“序号”这个字段并不是同学信息中的一部分，但为什么还要添加这个字段呢？实际上，在现实生活中，如果我们制作一张信息表，也习惯上添加一个类似“序号”这样的列。这如其说是为了使表格看起来更加有条理，不如说是为了方便定位信息。比如，我们说序号为3的行是同学“王五”的信息。假如我们把“序号”这一列去掉，就会发现定位信息变得很不方便。比如，我们问姓名是“李四”的同学是第几行？立刻变得不好回答。原因是表中姓名为“李四”的同学有两个——当然，他们的地址和电话可能会不同。

因此，在很多时候，我们需要确定表中能够唯一定位一条记录(行)的字段，称为“主键”(Primary Key)。比如，在上面的表格中，“序号”这个字段就有这样的作用，而“姓名”和“地址”则不行，因为它们都有可能会重复。而“电话”这个字段似乎可以，因为每个人的电话号码总是不同的。但是，假如某些同学没有电话号码或者暂时不愿意透露自己的电话号码，这个值就是空的，多个空的值也是一种重复。所以，一般来说，主键要求值唯一，且不能为空(null)。

### 8.1.2 数据库管理系统

上面说到的那本笔记本如果由班长来保管，并且为其他同学提供查询、修改等服务，那么班长就是笔记本的管理者，也可以说，班长就是“数据库”的管理者。与此类似，数据库管理系统(Database Management System，简记 DBMS)的作用就是为用户或者应用程序提供数据库的建立、查询、更新以及各种数据控制等服务。它是位于用户与操作系统之间的一层数据管理软件。

目前，最常用的数据库管理系统有 ACCESS、SQL Server、Oracle、MySQL 等。本书有关数据库的操作都将在 SQL Server 中进行。

## 8.2 在 SQL Server 中使用数据库

限于篇幅，我们不打算系统的介绍 SQL Server 数据库管理系统的应用，只介绍后面章节将使用到的在 SQL Server 中的相关操作，至于更为详细的 SQL Server 的知识请读者自行参阅相关资料或书籍。本书使用的 SQL Server 版本为 Microsoft SQL Server 2008 Express。(有 SQL Server 或者数据库基础的读者可以跳过本节)

### 8.2.1 启动 SQL Server 管理器

当我们安装好 Microsoft SQL Server 2008 Express 后，就可以在【开始】→【所有程序】→【Microsoft SQL Server 2008】下找到快捷方式【SQL Server Management Studio】单击运行，此时就会启动 SQL Server 管理器。

首先会弹出一个对话框，需要用户指定服务器并连接，如图 8－1 所示。主要操作步骤如下：

**STEP 1**【服务器类型】选择“数据库引擎”。

**STEP 2**【服务器名称】输入“. \ SQLEXPRESS”。其中，“. ”表示的是本机，也可以输入本机名称；“SQLEXPRESS”是实例名称。

**STEP 3**【身份验证】有两种，分别为“Windows 身份验证”和“SQL Server 身份验证”。为方便测试，选择【Windows 身份验证】。当然，在生产环境中还是要使用“SQL Server 身份验证”更为安全。

**STEP 4** 设置好以上选项后点击【连接】按钮，开始连接服务器。连接成功后，就进入 SQL Server 管理器，如图 8－2 所示。在管理器中，我们就可以创建数据库。

### 8.2.2 创建数据库

现在要创建一个名称为 StudentDB 的数据库，主要操作步骤如下：

连接到服务器
Microsoft SQL Server 2008
服务器类型(T): 数据库引擎
服务器名称(S): .\SQLEXPRESS
身份验证(A): Windows 身份验证
用户名(U): LG\cc
密码(P):
记住密码(M)
连接(C) 取消 帮助 选项(O) >>

图 8－1　连接到服务器

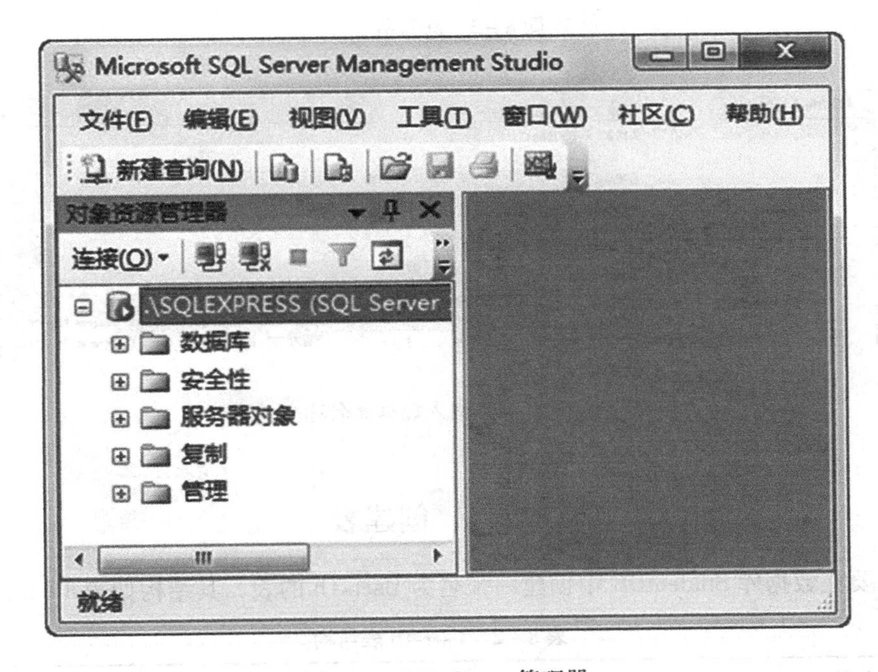


图 8－2　SQL Server 管理器

**STEP 1** 在【对象资源管理器】中右键单击【数据库】，在弹出的快捷菜单中选择【新建数据库(N)…】。如图 8－3 所示。

**STEP 2** 在弹出的【新建数据库】对话框中输入数据库名称 StudentDB，点击【确定】按钮。如图 8－4 所示。

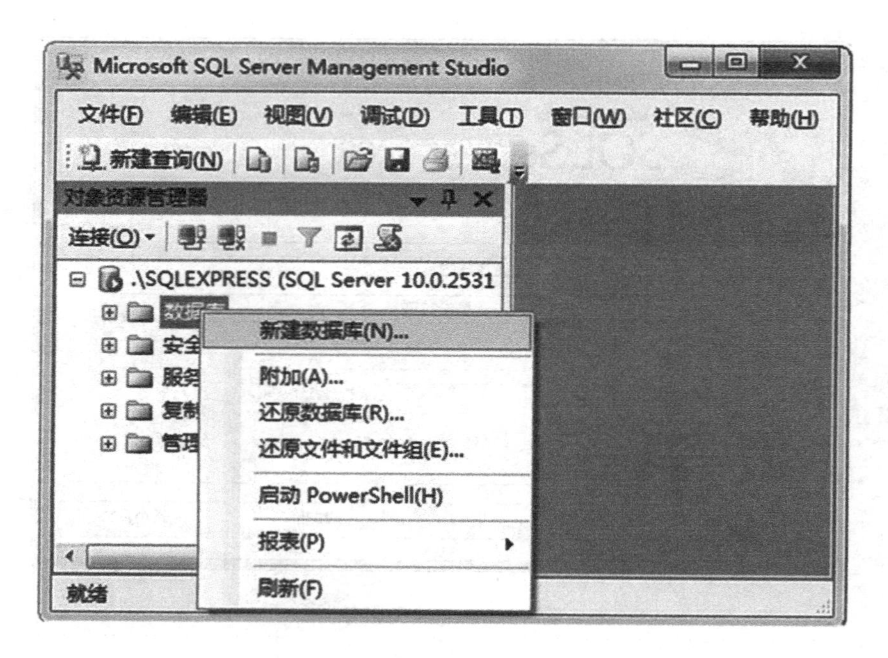


图 8－3　新建数据库

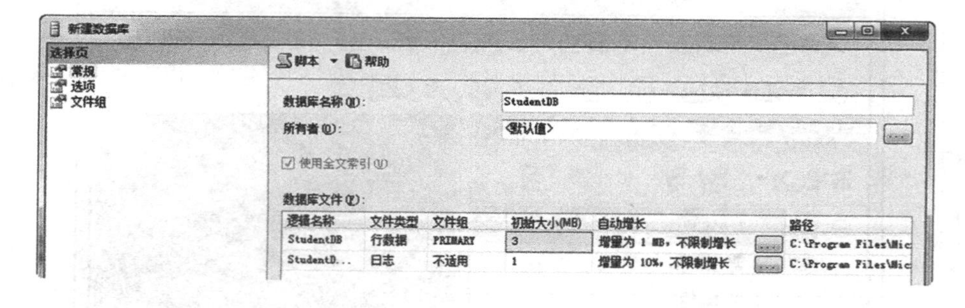


图 8－4　输入数据库名称

## 8.2.3　创建表

假如要在数据库 StudentDB 中创建一张名为 UsersTb 的表，其结构如表 8－2 所示。

**表 8－2　UsersTb 表结构**

| 字段 | 数据类型 | 允许 Null 值 | 主键 | 含义 |
|---|---|---|---|---|
| Id | int | 否 | 是 | id 号 |
| Name | nvarchar(10) | 否 | 否 | 姓名 |
| Age | int | 否 | 否 | 年龄 |
| Sex | nvarchar(2) | 否 | 否 | 性别 |

主要操作步骤如下：

**STEP 1** 在【对象资源管理器】中单击【数据库】前面的“+”号展开，找到数据库【StudentDB】，单击前面的“+”号展开，找到【表】，右键单击，在弹出的快捷菜单中选择【新建表(N)…】。如图8－5所示。

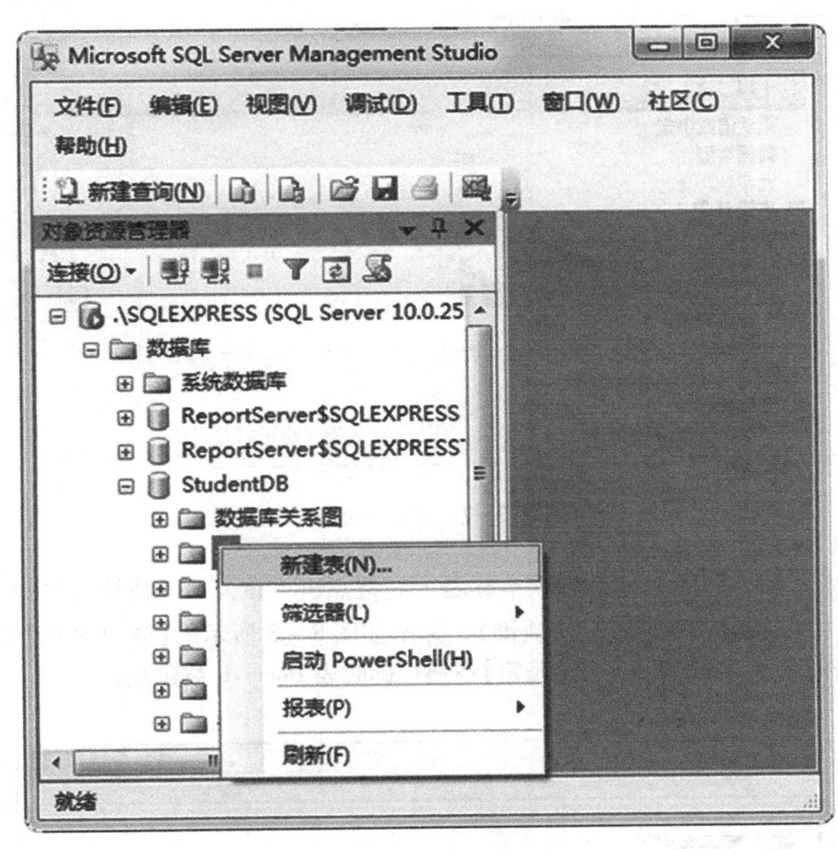


图8－5 新建表

**STEP 2** 在【对象资源管理器】窗口的右侧出现的选项卡中设置表的结构，以及主键（在Id行上单击右键，在弹出的快捷菜单中选择【设置主键(Y)】）。如图8－6所示。

LG\SQLEXPRESS.Stu...DB - dbo.Table_1*

| 列名 | 数据类型 | 允许 Null 值 |
|---|---|---|
| Id | int | ☐ |
| Name | nvarchar(10) | ☑ |
| Age | int | ☑ |
| Sex | nvarchar(2) | ☑ |
| | | ☐ |

图8－6 创建表结构

STEP 3 选择 Id 行，在窗口下方的【列属性】选项卡中展开【标识规范】，将【(是标识)】设置为“是”。这样当新增记录时，字段 Id 就能从 1 开始自动增长，每次增加 1。如图 8 - 7 所示。

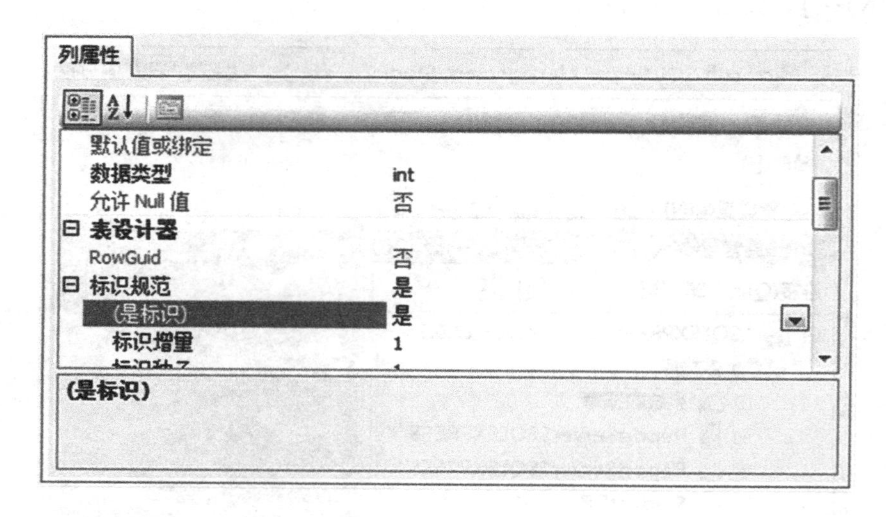


图 8 - 7　设置 Id 标识

STEP 4 在图 8 - 6 所示的选项卡标题上右键点击，在弹出的快捷菜单中选择【保存(S)Tabel_ 1】(或者按下 Ctrl + S 快捷键)，弹出如图 8 - 8 所示的【选择名称】对话框，在其中输入表的名称 UsersTb，单击【确定】按钮。此时表 UsersTb 被建立。

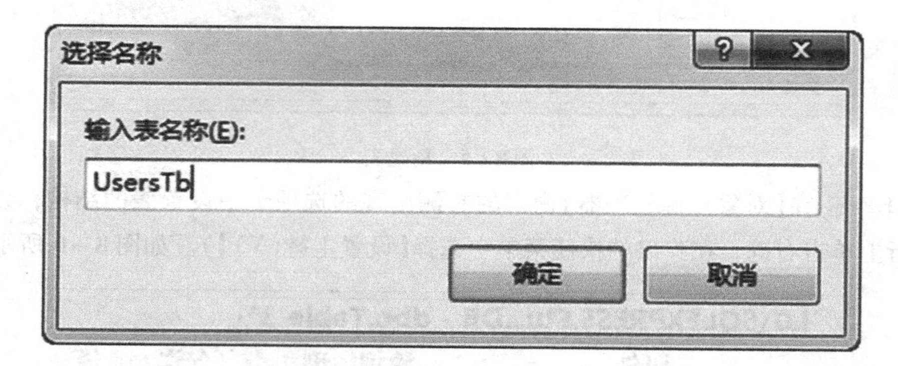


图 8 - 8　输入表的名称

**STEP 5** 在【对象资源管理器】中找到新建的表【dbo.UsersTb】，单击右键，在弹出的快捷菜单中选择【编辑前200行(E)】。如图8－9所示。

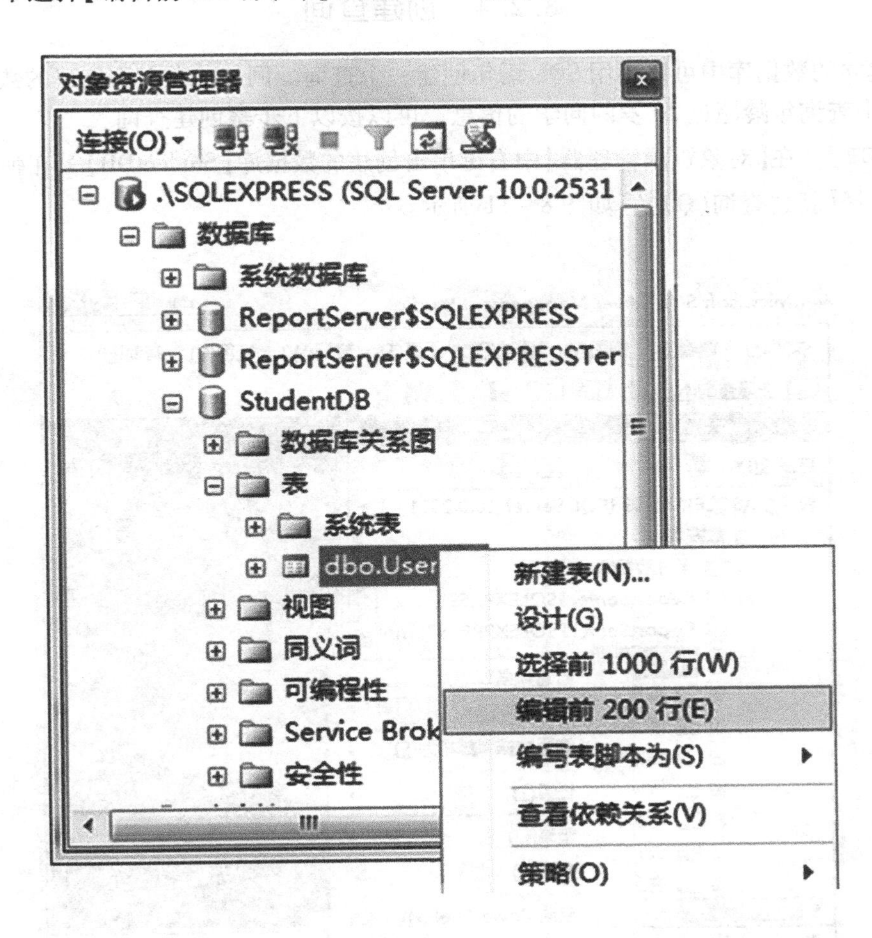


图8－9　编辑表

**STEP 6** 在【对象资源管理器】窗口的右侧出现的选项卡中输入几条测试数据到表UsersTb中。如图8－10所示。

LG\SQLEXPRESS.St...tDB - dbo.UsersTb

| | Id | Name | Age | Sex |
|---|---|---|---|---|
| | 1 | 张三 | 20 | 男 |
| | 2 | 李四 | 30 | 女 |
| | 3 | 王五 | 25 | 男 |
| | 4 | 赵六 | 40 | 女 |
| * | NULL | NULL | NULL | NULL |

图8－10　输入数据

## 8.2.4 创建查询

在建立的数据库中可以利用 SQL 语句创建一个查询。例如，在上面创建的数据库的表 UsersTb 中查询年龄超过 20 岁的同学的信息，可以按以下步骤创建查询。

**STEP 1** 在【对象资源管理器】中右键单击创建的数据库【StudentDB】，在弹出的快捷菜单中选择【新建查询(Q)】。如图 8－11 所示。

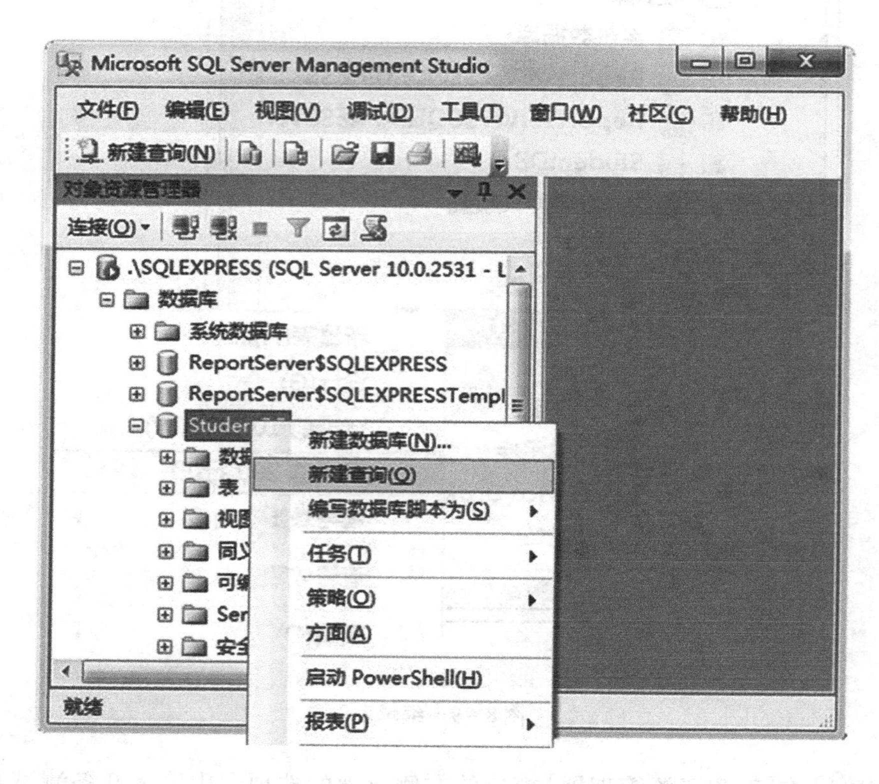


图 8－11　新建查询

**STEP 2** 在【对象资源管理器】窗口右侧出现的选项卡中输入如下 SQL 语句后，单击工具栏上的 ! 执行(X) 按钮查看执行结果。如图 8－12 所示。

```
select * from UsersTb
where Age >20
```

**STEP 3** 在图 8－12 所示的选项卡标题上右键点击，在弹出的快捷菜单中选择【保存(S)】(或者按下 Ctrl + S 快捷键)，在弹出的【另存文件为】对话框中输入查询文件的名称和保存位置可以将扩展名为 sql 的查询文件保存在磁盘上。

**STEP 4** 可以通过【文件】→【打开】→【文件】或者单击图 8－12 中工具栏上的【打开文件】工具打开保存在磁盘上的查询文件。

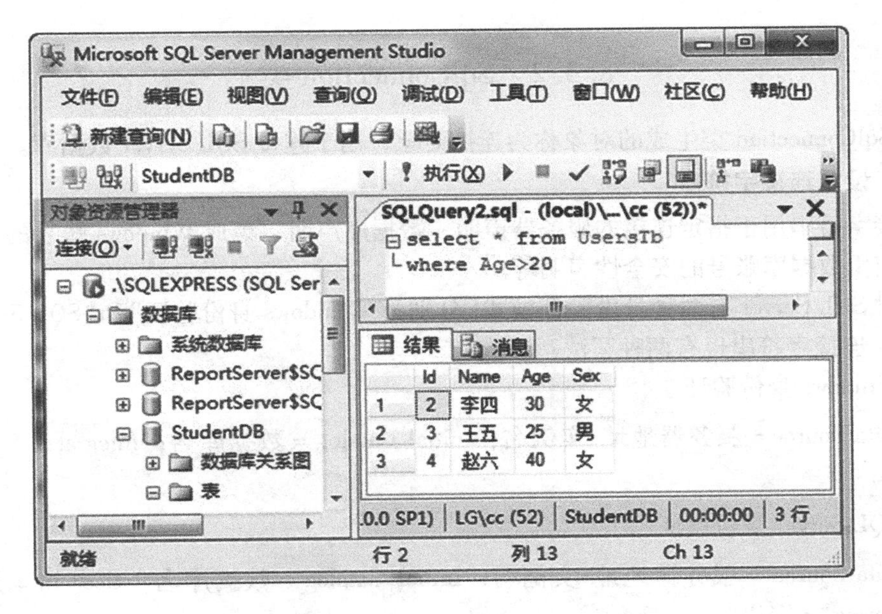


图 8－12 输入 SQL 语句并执行

## 8.3 ADO.NET 基础

在 SQL Server 中创建查询时，SQL 语句是直接在 SQL Server 中编写并执行的。但是当我们编写应用程序时，往往需要在程序代码中执行一段 SQL 语句，该如何做呢？方法是，必须将这段 SQL 语句发送给 SQL Server，由它来帮我们执行，并将执行的结果返回给应用程序。ADO.NET 就能帮我们完成这样的任务。

### 8.3.1 ADO.NET 的概念

我们知道，数据库管理系统不只有 SQL Server 一种，在应用程序中要对数据库进行各种操作，执行 SQL 语句所针对的数据库管理系统也会有多种。那么，是不是针对每一种数据库管理系统都需要编写一套不同的应用程序呢？这显然是不合适的。

ADO.NET 实际是提供了应用程序访问不同数据源的统一接口，通过这个接口，应用程序可以通过统一的方法访问不同的数据源。这里的数据源包括各种数据库，例如 ACCESS、SQL Server、Oracle、MySQL 等，同样也可以是文本文件、Excel 表格或者 XML 文件。

ADO.NET 包含了一组用于和数据源进行交互的面向对象类库。包括 Connection 类、Command 类、DataReader 类、DataSet 类、DataAdapter 类、DataTable 类。

本书只介绍针对 SQL Server 数据库操作的相关类和对象，使用这些类和对象都要导入命名空间：System.Data.SqlClient。

## 8.3.2 SqlConnection 类

由 SqlConnection 类生成的对象称为连接对象，用于连接 SQL Server 数据库。

### 一、设置连接字符串

连接字符串用于指定连接的服务器声明、数据库声明、集成 Windows 账号的安全性声明以及使用数据库账号的安全性声明等。

针对 SQL Server 有两种身份验证模式（分别为“Windows 身份验证”和“SQL Server 身份验证”），连接字符串也有两种写法：

1）Windows 身份验证

```
"Data Source = 服务器地址/实例名; Initial Catalog = 数据库名; Integrated Security = True"
```

2）SQL Server 身份验证

```
"Data Source = 服务器地址/实例名; Initial Catalog = 数据库名; User Id = 用户名; Password = 密码"
```

### 二、创建 SqlConnection 对象

创建 SqlConnection 连接对象时需要设置连接字符串，方法有两种。假设使用 Windows 身份验证，连接数据库 studentDB，方法如下：

【方式一】

通过设置连接对象的 ConnectionString 属性值设置连接字符串：

```
SqlConnection conn = new SqlConnection();
conn.ConnectionString = @"Data Source = .\sqlexpress; Initial Catalog = studentDB; Integrated Security = True";
```

在连接字符串中，服务器地址写成小点“.”表示的是本机地址，当然也可以直接写本机名称或者 Localhost。

【方式二】

通过在构造函数中指定 connectionString 参数值设置连接字符串：

```
SqlConnection conn = new SqlConnection(@"Data Source =.\sqlexpress; Initial Catalog = studentDB; Integrated Security = True");
```

该种方式把连接字符串直接写在 SqlConnection 函数的参数位置，这使得代码比较臃肿，不推荐使用，本书后续章节将采用第一种方式。

### 三、打开连接

连接对象只有执行了 Open 方法，才能与 SQL Server 建立连接，方法是：

```
conn.Open();
```

### 四、关闭和释放连接

执行 Close 方法，可以断开应用程序与 SQL Server 的连接，以便释放资源，方法是：

```
conn.Close();
```

执行了 Close 方法后，该对象还能够再次使用。

由于 SqlConnection 对象实现了 IDisposeable 接口，所以使用完该对象后应该将该对象彻底释放，方法是执行 Dispose 方法：

```
conn.Dispose();
```

执行了 Dispose 方法后，该对象就不能被再次使用了。

**五、用 using 语句管理释放资源**

对于 SqlConnection 对象在使用完毕后可以使用 Close 方法或者 Dispose 方法关闭并释放资源，如果用 using 语句来管理释放资源就可以省略以上两个方法。其使用方法如下：

```
using(获取资源表达式)
{
    使用资源
}
```

当程序离开了 using 的控制段(即{}范围内)，资源即被自动执行 Dispose 方法自动释放。因此，using 语句能够确保资源的释放。当然，要达到这样的目的，用 try…catch 异常捕获也可以，只不过用 using 更加方便而已。

特别注意两点：第一，只有实现了 IDisposable 接口的类，在实例化时才可以使用 using。第二，using 只负责执行所包含资源的一些操作，然后释放掉，并不能处理其控制段里的异常，如果担心内部发生异常，需要自行编写 try…catch 语句进行异常捕获。

例如创建 SqlConnection 对象，用 using 语句实现如下：

```
using(SqlConnection conn = new SqlConnection())
{
    //使用 conn
}
```

在 ADO.NET 中，SqlConnection 类、SqlCommand 类、SqlDataReader 类都实现了 IDisposable接口，为方便起见，在使用这些类创建对象时都将使用 using 语句处理释放资源。

## 8.3.3 SqlCommand 类

由 SqlCommand 类生成的对象也称为命令对象。其作用是使用 SQL 语句来访问数据库中的数据，可以执行的操作有查询、增加、删除、修改记录。

**一、创建 SqlCommand 对象**

有多种方法可以创建一个命令对象，以查询表 UsersTb 中所有同学信息为例，有以下三种常用的写法：

【方式一】

通过属性 Connection 是指定连接对象，通过属性 CommandText 指定要执行的 SQL 语句：

```
//此处创建连接对象 conn
SqlCommand cmd = new SqlCommand();
cmd.Connection = conn;
cmd.CommandText = "select * from UsersTb";
```

【方式二】

将 SQL 语句写在了构造函数的参数中：

//此处创建连接对象 conn

```
SqlCommand cmd = new SqlCommand("select * from UsersTb");
cmd.Connection = conn;
```

【方式三】

将 SQL 语句以及连接对象都作为参数写在构造函数中：

```
//此处创建连接对象 conn
SqlCommand cmd = new SqlCommand("select * from UsersTb", conn);
```

## 二、利用命令对象提交非查询命令

非查询命令指的是增、删、改命令，利用命令对象的 ExecuteNonQuery 方法就可以提交这类命令。该方法返回值类型为 int 类型，若方法执行成功，则返回值为 1。

例如，向表 UsersTb 中添加一位新同学，可以使用下列代码片段：

```
01  SqlCommand cmd = new SqlCommand();
02  cmd.Connection = conn;
03  cmd.CommandText = "insert into UsersTb(Name, Age, Sex) values('郭靖', 25,
04  '男')";
05  cmd.ExecuteNonQuery();
```

## 三、利用命令对象查询单值

单个值指的是查询结果集的第一行第一列的值，利用命令对象的 ExecuteScalar 方法可以比较方便的获取这个值。该方法返回的类型为 object 类型，所以，为了获取并利用查询结果，常常需要将其返回值转换为相应的数据类型。

例如，查询表 UsersTb 中同学人数，可以使用下列代码片段：

```
01  SqlCommand cmd = new SqlCommand();
02  cmd.Connection = conn;
03  cmd.CommandText = "select count(*) from UsersTb";
04  int res = Convert.ToInt32(cmd.ExecuteScalar());
```

在04行中，变量res中存储的就是查询出的人数的结果值。

关于利用命令对象查询多行值将在后续章节介绍。

**四、参数查询**

在设置命令对象的CommandText属性值时，其SQL语句中如果包含了参数，代码片段如下：

```
01  SqlCommand cmd = new SqlCommand();
02  cmd.Connection = conn;
03  cmd.CommandText = "select count(*) from Users where userName ='" + userName
04  +"'and psw ='" + psw + "'";
05  int res = Convert.ToInt32(cmd.ExecuteScalar());
```

其中，03和04行的SQL语句中userName和psw就是一个已经定义的变量作为查询的参数，这是一种拼接SQL字符串的做法，使用起来不太方便，而且在类似验证的系统中会造成SQL注入漏洞攻击。

所谓SQL注入漏洞攻击，就是攻击者通过控制传递给SQL语句的关键变量来恶意控制程序数据库，从而获取有用信息或者制造恶意破坏，甚至是控制用户计算机系统。

例如，在上面的代码片段中，如果用户通过某种方法为参数userName和pse都赋值为字符串1'or'1'='1，那么SQL语句就变为：

```
select count(*) from Users where userName ='1'or'1'='1'and psw ='1'or'1'='1'
```

由于'1'='1'的结果为True，导致where条件为True，使得条件筛选实效。倘若这是一个用户验证功能的程序段，则对用户的身份验证实效，非法用户就可以轻易绕过验证而进入系统，从而造成非常严重的后果。

所以，通常更为安全的做法是使用SqlCommand对象的Parameters属性动态的添加查询参数，并为查询参数赋值。例如：

```
01  SqlCommand cmd = new SqlCommand();
02  cmd.Connection = conn;
03  cmd.CommandText = "select count(*) from Users where userName =
04  @USERNAME and psw = @PSW";
05  cmd.Parameters.Add(new SqlParameter("USERNAME", userName));
06  cmd.Parameters.Add(new SqlParameter("PSW", psw));
```

03和04行中的“@USERNAME”和“@PSW”表示此处用参数代替。05行是为命令对象添加参数并为参数赋值。添加参数使用了命令对象的Parameters属性的Add方法，为参数赋值使用了SqlParameter类构造方法。注意，在SqlParameter类构造方法中指定参数名称时不要添加符号“@”。

使用这种方法，攻击者则无法利用SQL语句拼接非法的控制语句，从而达到攻击的目的。

## 8.3.4　【案例 8－1】登录验证

### 需求描述

如图 8－13 所示的登录窗体，用户输入用户名和密码，单击【确定】按钮，如果用户名和密码正确，则提示用户登录成功，否则提示失败。

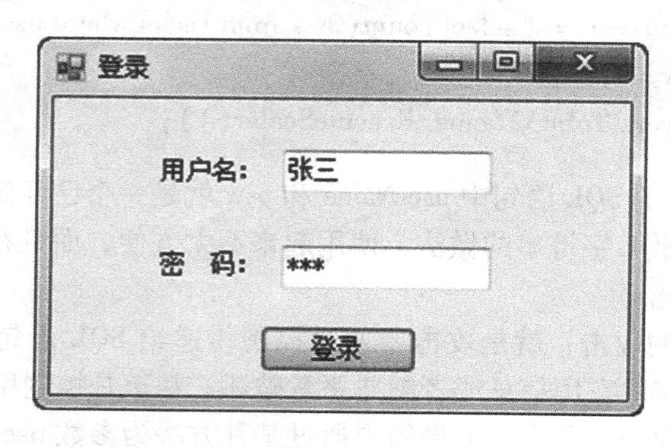


图 8－13　登录窗体

### 案例分析

本案例需要获取用户名文本框和密码文本框的值，带着这个两个值通过 SQL 语句到数据库相应的表中查找符合条件的记录的个数，只要个数为大于 0 的值，说明该用户存在，否则不存在。

### 案例实现

案例实现的主要步骤如下：

**STEP 1** 在 SQL Server 中建立数据库 StudentDB，在数据库中建立并保存表 Users，表结构如图 8－14 所示。

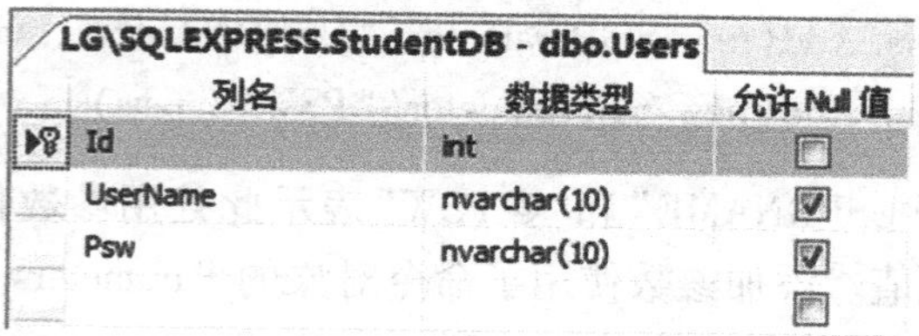

LG\SQLEXPRESS.StudentDB - dbo.Users

| 列名 | 数据类型 | 允许 Null 值 |
|---|---|---|
| Id | int | ☐ |
| UserName | nvarchar(10) | ☑ |
| Psw | nvarchar(10) | ☑ |
| | | ☐ |

图 8－14　Users 表结构

其中，字段 Id 为主键，自增长为 1；字段 UserName 表示用户名；字段 Psw 表示密码。

**STEP 2** 在表 Users 中输入几条测试数据。

STEP 3 在 VS2010 中创建 WinForm 项目【登录验证】，在项目中添加一个 WinForm 窗体。按照图 8-13 布局设计窗体。其中，用户名文本框命名为 txtName，密码文本框命名为 txtPsw 并设置其 PasswordChar 属性值为“*”。

STEP 4 双击【登录】按钮，在其单击事件中编写如下代码：

**案例 8-1 用户登录验证**

```
01 using System;
02 using System. Collections. Generic;
03 using System. ComponentModel;
04 using System. Data;
05 using System. Drawing;
06 using System. Linq;
07 using System. Text;
08 using System. Windows. Forms;
09 using System. Data. SqlClient;
10
11 namespace 登录验证
12 {
13     public partial class 登录 : Form
14     {
15         public 登录()
16         {
17             InitializeComponent();
18         }
19
20         private void button1_ Click(object sender, EventArgs e)
21         {
22             string userName = txtName. Text. Trim(); //获取用户名
23             string psw = txtPsw. Text. Trim(); //获取密码
24             using (SqlConnection conn = new SqlConnection())
25             {
26                 conn. ConnectionString = @"Data Source =. /sqlexpress; Initial
27 Catalog = StudentDB; Integrated Security = True";
28                 conn. Open();
29                 using(SqlCommand cmd = new SqlCommand())
30                 {
31                     cmd. Connection = conn;
32                     //方式一，拼接 SQL 字符串，易产生 SQL 注入漏洞
```

```
33                          //cmd. CommandText = "select count( * ) from Users
34  where userName ='" + userName + "'and psw ='" + psw + "'";
35                          //方式二，用查询参数，避免了 SQL 注入漏洞攻击
36                          cmd. CommandText = "select count( * ) from Users where
37  userName = @ USERNAME and psw = @ PSW";
38                          cmd. Parameters. Add( new SqlParameter( "USERNAME",
39  userName) );
40                          cmd. Parameters. Add( new SqlParameter( "PSW", psw) );
41                          int res = Convert. ToInt32( cmd. ExecuteScalar( ) );
42                          if (res > 0)
43                          {
44                              MessageBox. Show( "欢迎您!" );
45                          }
46                          else
47                          {
48                              MessageBox. Show( "对不起！您不是合法用户!" );
49                          }
50                      }
51                  }
52              }
53          }
54  }
```

### 8.3.5 SqlDataReader 类

由 SqlDataReader 类生成的对象也称为读取器，它提供了连线查询多行结果集的方法。可以通过 SqlCommand 对象的 ExecuteReader 方法来创建该对象并在 SQL Server 服务器端创建一个只读的结果集，读取器通过 Read 方法从该结果集中读取记录。需要特别注意的是，读取器并不是把数据全部读取到客户端，数据实际还在 SQL Serve 服务器端的内存中，读取器只是创建了一个指向 SQL Serve 服务器端内存中这部分数据的指针(游标)。所以，读取的数据量不占用客户端的内存，其读取记录的方式是逐条读取数据，服务器中游标向下移动，不能随机或者向前读取。这种方法适合读取数据量比较大的记录集。

例如要创建一个读取器 sdr 并读取数据，方法是:

```
01  //此处创建命令对象 cmd
02  SqlDataReader sdr = cmd. ExecuteReader( ); //创建读取器
03  while( sdr. Read( ) )//只要还有记录读取就继续
04  {
```

```
05            //获取 sdr 集合中的列的值
06    }
07    sdr.Close(); //关闭读取器
```

其中，05 行获取 sdr 集合中的列的值的方法很多，这里只介绍几种常用的方法。

【方式一】

通过读取器的 GetString(列序号)、GetInt32(列序号)等方法直接获取值：

```
sdr.GetString(0)
```

其中，参数"列序号"的值也可以使用读取器的 GetOrdinal(列名)来指定：

```
sdr.GetString(sdr.GetOrdinal("Name"))
```

【方式二】

通过读取器集合的索引号来获取值，此时的值类型为 object 类型，可能需要转换为需要的数据类型：

```
sdr[0].ToString()
```

当然也可以这样获取：

```
sdr[sdr.GetOrdinal("Name")].ToString()
```

【方式三】

通过读取器集合的列名来获取值，此时的值类型为 object 类型，可能需要转换为需要的数据类型：

```
sdr["Name"].ToString()
```

### 8.3.6 【案例8－2】查询资料（用读取器）

#### 需求描述

如图8－15 所示的查询窗体，单击【查询所有学生】按钮，在文本框中显示数据库 StudentDB下表 UsersTb 中所有学生的资料信息。要求在连线状态下查询数据。

#### 案例分析

本案例可以通过创建一个 DataReader 读取器循环读取服务器端的结果集，将每次读取的结果拼接起来显示在一个富文本框中。

#### 案例实现

案例实现的主要步骤如下：

**STEP 1** 使用前面章节已经创建的数据库 StudentDB 和表 UsersTb。

**STEP 2** 在 VS2010 中创建 WinForm 项目【查询资料】，在项目中添加一个 WinForm

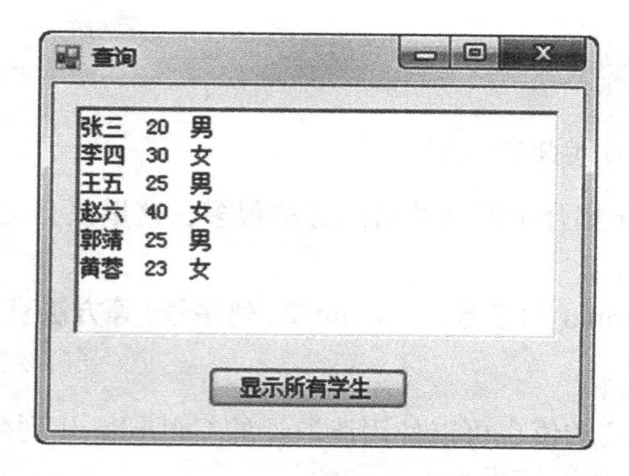


图 8－15　查询窗体

窗体。按照图 8－15 布局设计窗体。其中，富文本框命名为 richTextRes。

**STEP 3** 双击【显示所有学生】按钮，在其单击事件中编写如下代码：

**案例 8－2　用读取器查询资料**

```
01  using System;
02  using System.Collections.Generic;
03  using System.ComponentModel;
04  using System.Data;
05  using System.Drawing;
06  using System.Linq;
07  using System.Text;
08  using System.Windows.Forms;
09  using System.Data.SqlClient;
10
11  namespace 查询资料
12  {
13      public partial class 查询 : Form
14      {
15          public 查询()
16          {
17              InitializeComponent();
18          }
19
20          private void button1_Click(object sender, EventArgs e)
21          {
22              string res = null;
23              using (SqlConnection conn = new SqlConnection())
24              {
```

```
25                  conn. ConnectionString = @"Data Source=. \sqlexpress; Initial
26  Catalog=StudentDB; Integrated Security=True"; conn. Open();
27                  using (SqlCommand cmd = new SqlCommand())
28                  {
29                      cmd. Connection = conn;
30                      cmd. CommandText = "select * from UsersTb";
31                      using (SqlDataReader sdr = cmd. ExecuteReader())
32                      {
33                          while (sdr. Read())
34                          {
35                              res = res + sdr["Name"]. ToString() + "
36  " + sdr["Age"]. ToString() + "   " + sdr["Sex"]. ToString() + "\r\n";
37                          }
38                          richTextRes. Text = res;
39                      }
40                  }
41              }
42          }
43      }
44  }
```

## 8.3.7 DataSet 对象

使用 SqlDataReader 读取器对象只能连线读取，一旦连接通道断开，就不能够再读取了，而使用 DataSet 数据集对象可以实现离线读取。

DataSet 数据集对象是在客户端内存中创建的一个临时结果集，也就是说需要的数据已经通过连接通道被一次性“搬移”到客户端了，因此可以离线随意读取。

### 一、SqlDataAdapter 类

我们知道，DataSet 数据集对象中存放的是从服务器端“搬移”过来的结果集，这个数据的搬移者就是 SqlDataAdapter 对象，该对象也称为数据适配器对象。在使用数据适配器对象时，连接通道会自行打开，连接对象 SqlConnection 不必另外打开，也就是不必执行 Open 方法。

数据适配器对象的创建有多种方式，这里只介绍两种常用的方法：

【方式一】

将创建好的 SqlCommand 命令对象作为构造函数的参数：

```
//此处创建连接对象 conn(不必执行 Open 方法)
//此处创建命令对象 cmd
```

```
SqlDataAdapter sda = new SqlDataAdapter(cmd);
```

【方式二】

不必创建命令对象，将SQL语句和连接对象作为构造函数的参数：

```
//此处创建连接对象conn(不必执行Open方法)
String sqlStr = 要执行的SQL语句 //创建SQL字符串
SqlDataAdapter sda = new SqlDataAdapter(sqlStr, conn);
```

二、DataTable类

如果把DataSet看成是数据库，DataTable数据表对象就可以看成是客户端内存数据中的一张表。

实际上，ADO.NET试图模拟所有的数据库对象。比如，DataTable数据表对象包括列、行、约束、关系等。这些对象的对应关系如下：

1)数据表——DataTable

2)数据列——DataColumn

3)数据行——DataRow

4)约束——Constraint

5)关系——DataRelation

那么，数据表中的数据如何得到呢？有两种方式：

【方式一】

首先通过SqlDataAdapter数据适配器对象将数据填充到DataSet数据集对象。在数据集对象中包含了多个空的DataTable数据表对象，通过下标索引器选择第一个数据表对象：

```
//此处创建连接对象conn(不必执行Open方法)
//此处创建命令对象cmd
SqlDataAdapter sda = new SqlDataAdapter(cmd);
DataSet ds = new DataSet(); //创建记录集对象
sda.Fill(ds); //填充记录集
DataTable dt = ds.Tables[0]; //在记录集中获取一张数据表
```

【方式二】

不必创建DataSet数据集对象，直接创建一个DataTable数据表对象，通过SqlDataAdapter数据适配器对象将数据直接填充到该DataTable数据表对象中：

```
//此处创建连接对象conn(不必执行Open方法)
//此处创建命令对象cmd
SqlDataAdapter sda = new SqlDataAdapter(cmd);
DataTable dt = new DataTable(); //创建数据表对象
sda.Fill(dt); //填充数据表
```

三、SqlCommandBuilder类

利用DataSet数据集可以实现离线查询，如果对DataSet数据集中的数据进行增、删、

改等操作，能否把这些更改同步到服务器的数据库表中呢？

答案是肯定的，这里介绍一种非常简单的方法，就是利用 ADO.NET 提供的 SqlCommandBuilder对象。

该对象会帮助我们在后台创建同步到数据库表的 SQL 语句，这些语句不必我们自己编写。使用该对象一般用于批量更新数据库，使用方法为：

```
//此处创建连接对象 conn(不必执行 Open 方法)
//此处创建命令对象 cmd
SqlDataAdapter sda = new SqlDataAdapter(cmd);
DataSet ds = new DataSet(); //创建记录集对象
sda.Fill(ds); //填充记录集
DataTable dt = ds.Tables[0]; //在记录集中获取一张数据表
//此处对 dt 数据表进行增、删、改等操作，此时对服务器的数据库无影响
new SqlCommandBuilder(sda); //创建 SqlCommandBuilder 对象
sda.Update(ds); //数据适配器更新数据集，从而同步了服务器数据库中的表
```

需要注意的是，使用该对象批量更新数据库时，数据库相应的表中必须要设置主键。

## 8.3.8 【案例 8-3】查询资料（用记录集）

### 需求描述

业务需求同案例 8-2。要求在离线状态下查询数据。

### 案例分析

本案例可以通过创建一个 SqlAdapter 数据适配器对象将结果集数据填充到客户端的 DataSet 记录集对象的一张 DataTable 数据表中；也可以直接填充到一个新建的 DataTable 数据表中。从数据表中取得数据时，就是对其行或者列的访问。

### 案例实现

案例实现的主要步骤如下：

**STEP 1** 使用前面章节已经创建的数据库 StudentDB 和表 UsersTb。

**STEP 2** 在 VS2010 中创建 WinForm 项目【查询资料】，在项目中添加一个 WinForm 窗体。按照图 8-15 布局设计窗体。其中，富文本框命名为 richTextRes。

**STEP 3** 双击【显示所有学生】按钮，在其单击事件中编写如下代码：

**案例 8-3　用记录集查询资料**

```
01    using System;
02    using System.Collections.Generic;
```

```
03  using System. ComponentModel;
04  using System. Data;
05  using System. Drawing;
06  using System. Linq;
07  using System. Text;
08  using System. Windows. Forms;
09  using System. Data. SqlClient;
10
11  namespace 查询资料
12  {
13      public partial class 查询 : Form
14      {
15          public 查询()
16          {
17              InitializeComponent();
18          }
19
20          private void button1_ Click(object sender, EventArgs e)
21          {
22              string res = null;
23              using (SqlConnection conn = new SqlConnection())
24              {
25                  conn. ConnectionString = @"Data Source =. \ sqlexpress;
26  Initial Catalog = StudentDB; Integrated Security = True";
27                  //conn. Open(); //不必单独打开连接对象
28                  string sqlStr = "select * from UsersTb";
29                  using (SqlDataAdapter sda = new SqlDataAdapter(sqlStr, conn))
30                  {
31                      //方式一，填充记录集
32                      DataSet ds = new DataSet();
33                      sda. Fill(ds);
34                      DataTable dt = ds. Tables[0];
35                      //方式二，填充新建的数据表
36                      //DataTable dt = new DataTable();
37                      //sda. Fill(dt);
38                      for (int i = 0; i < dt. Rows. Count; i++)// dt. Rows. Count
39  获取数据表 dt 中的记录行数
40                      {
```

```
41                          DataRow dr = dt.Rows[i]; //获取数据表第i行
42                              res = res + dr["Name"].ToString() + "  " +
43  dr["Age"].ToString() + "  " + dr["Sex"].ToString() + "\r\n";
44                      }
45                      richTextRes.Text = res;
46                  }
47              }
48          }
49      }
50  }
```

## 8.3.9 【案例8-4】添加人员（用记录集）

### 需求描述

如图8-16所示的添加人员窗体，用户输入姓名、年龄和性别后，单击【添加】按钮，就将所填写的人员资料添加到数据库StudentDB下表UsersTb中。要求使用批量更新数据库的方法。

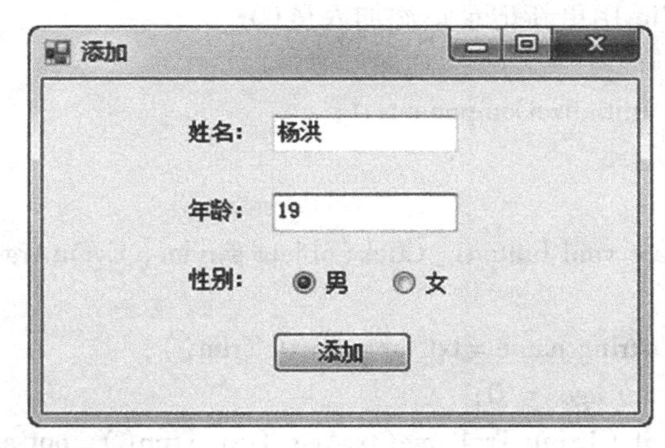


图8-16　添加人员窗体

### 案例分析

本案例首先通过SqlAdapter数据适配器对象将结果集数据填充到DataSet记录集对象的DataTable数据表中，然后为数据表添加一个新行并为列赋值，最后使用SqlCommand-Builder对象更新记录集从而达到批量更新的目的。

### 案例实现

案例实现的主要步骤如下：

①使用前面章节已经创建的数据库StudentDB和表UsersTb。

②在 VS2010 中创建 WinForm 项目【添加人员】，在项目中添加一个 WinForm 窗体。按照图 8－16 布局设计窗体。其中，姓名文本框命名为 txtName，年龄文本框命名为 txtAge，男女单选按钮命名为 radioSex1 和 radioSex2。

③双击【添加】按钮，在其单击事件中编写如下代码：

**案例 8－4　更新记录集添加人员**

```
01  using System;
02  using System.Collections.Generic;
03  using System.ComponentModel;
04  using System.Data;
05  using System.Drawing;
06  using System.Linq;
07  using System.Text;
08  using System.Windows.Forms;
09  using System.Data.SqlClient;
10
11  namespace _8_4_添加人员_用记录集_
12  {
13      public partial class 用更新记录集添加人员 : Form
14      {
15          public 用更新记录集添加人员()
16          {
17              InitializeComponent();
18          }
19
20          private void button1_Click(object sender, EventArgs e)
21          {
22              string name = txtName.Text.Trim();
23              int age  = 0;
24              if (! int.TryParse(txtAge.Text.Trim(), out age))
25              {
26                  MessageBox.Show("年龄必须为整数");
27                  txtAge.Focus();
28                  txtAge.Clear();
29                  return;
30              }
31              string sex = null;
32              if(radioSex1.Checked)
33              {
34                  sex = "男";
35              }
```

```
36              else
37              {
38                  sex = "女";
39              }
40              using (SqlConnection conn  =  new SqlConnection())
41              {
42                  conn.ConnectionString  =  @"Data Source=.\sqlexpress;
43  Initial Catalog=StudentDB; Integrated Security=True";
44                  string sqlStr  =  "select * from UsersTb";
45                  SqlDataAdapter sda  =  new SqlDataAdapter(sqlStr, conn);
46                  DataSet ds  =  new DataSet();
47                  sda.Fill(ds);
48                  DataTable dt  =  ds.Tables[0];
49                  DataRow row  =  dt.NewRow(); //创建一个空行
50                  dt.Rows.Add(row); //把这个空行添加到 dt 表的行中
51                  //下面为行中的每一列赋值
52                  row["Name"]  =  name;
53                  row["Age"]  =  age;
54                  row["Sex"]  =  sex;
55                  new SqlCommandBuilder(sda); //为数据适配器创建相应的SQL命令
56                  sda.Update(ds); //用数据适配器更新记录集
57                  MessageBox.Show("添加成功!");
58              }
59          }
60      }
61  }
```

当然，对于本案例而言，采用批量更新数据是没有多大意义的，批量更新比较适合一次性更新大量的数据，这样比较节约网络资源。本案例是出于用尽可能简单的需求举例说明 SqlCommandBuilder 的用法的目的考虑的。

### 8.3.10 强类型 DataSet

上面我们已经介绍了 DataSet 记录集对象，从中我们可以体会到它存在的缺点：

①从 DataSet 中检索的值都是 object 类型，在程序中使用时需要把数据转换为对应的类型，从而损失了程序的性能。

②获取 DataSet 中数据表的列值需要使用该列集合的列的索引号，对应索引号错误编译器编译时是无法发现的，只有在运行的时候报错，为调试程序带来不便。

③正因为只有在程序运行时才能知道 DataSet 中数据表的所有列名，造成了数据绑定麻烦，因而无法使用 WinForm、ASP.NET 的快速开发功能。

造成这些缺点的原因是由于利用 ADO. NET 从数据库读取数据时，所获取的数据都是未经类型化的对象，也就是弱类型数据。由弱类型数据填充的数据集称为弱类型 DataSet。上面介绍的 DataSet 就是弱类型的。

强类型 DataSet 就是针对弱类型 DataSet 的缺点而设计的。所谓"强类型"就是在程序中任何对象的类型都必须在编译时就已经确定。强类型 DataSet 就是将数据表中的行和列作为对象的属性供用户使用，这样就避免了用列名或者列索引号来应用列数据，也避免了数据类型转换的不便。

我们可以自己设计编写代码实现强类型 DataSet，但这超出了本教程要求的能力范围。这里将介绍在 VS2010 中自动生成强类型 DataSet 的方法，该方法在 WinForm、ASP. NET 中为用户的快速开发提供极大的便利。

下面将以【案例 8－5】来演示在 VS2010 中使用强类型 DataSet 访问数据库的方法。

## 8.3.11 【案例 8－5】用强类型 DataSet 访问数据库

### 需求描述

如图 8－17 所示的操作窗体，其功能综合了案例 8－3 和案例 8－4，仍然针对数据库 StudentDB 下表 UsersTb 进行操作。在窗体左边，用户单击【显示所有学生】按钮显示数据库表中所有学生的资料信息。在窗体右边，用户输入姓名、年龄和性别后，单击【添加】按钮，就将所填写的人员资料添加到数据库表中。要求使用强类型 DataSet 访问数据库。

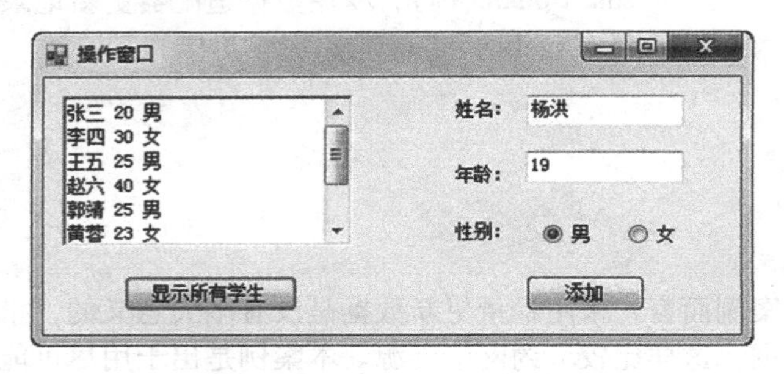


图 8－17 操作窗体

### 案例分析

本案例将使用 VS2010 中提供的自动生成强类型 DataSet 的功能。要实现该功能，必须先在项目中添加一个数据集，并将数据库表添加到数据集中。在程序中直接调用数据集中已经提供的 GetData 方法就可以实现查询功能。插入功能数据集中没有提供，用户可以在数据集中通过向导自行创建一个方法，然后在程序中调用即可。

### 案例实现

案例实现的主要步骤如下：

**STEP 1** 使用前面章节已经创建的数据库 StudentDB 和表 UsersTb。

STEP 2 在 VS2010 中创建 WinForm 项目【强类型 DataSet】，在项目中添加一个 WinForm 窗体。按照图 8－17 布局设计窗体。所有控件的命名与案例 8－3 和案例 8－4 相同。

STEP 3 在项目【强类型 DataSet】中添加新项目，在弹出的对话框中选择【数据】—【数据集】，并为数据集命名，单击【添加】按钮。如图 8－18 所示。

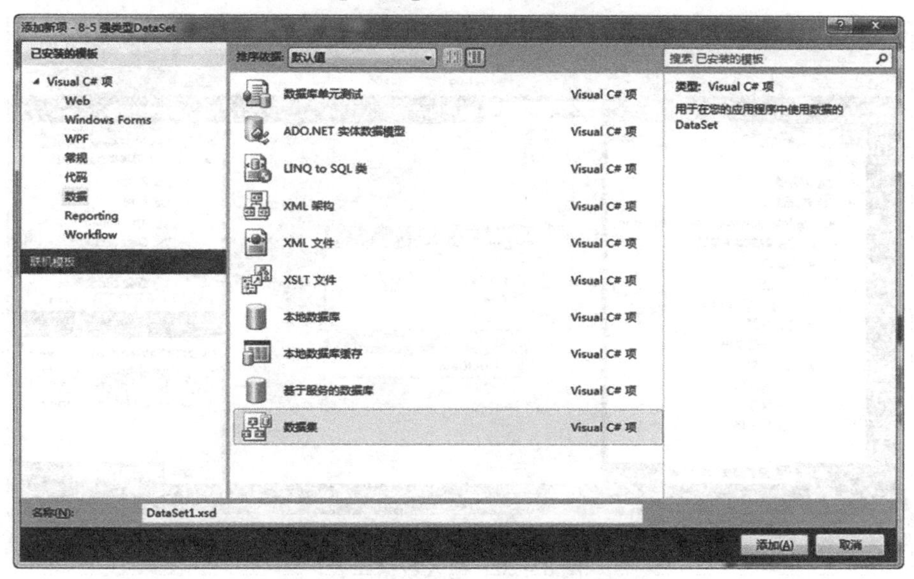


图 8－18　添加数据集

STEP 4 此时，在 VS2010 编译器窗口中出现如图 8－19 所示的窗口，提示拖入数据库项。如图 8－19 所示。

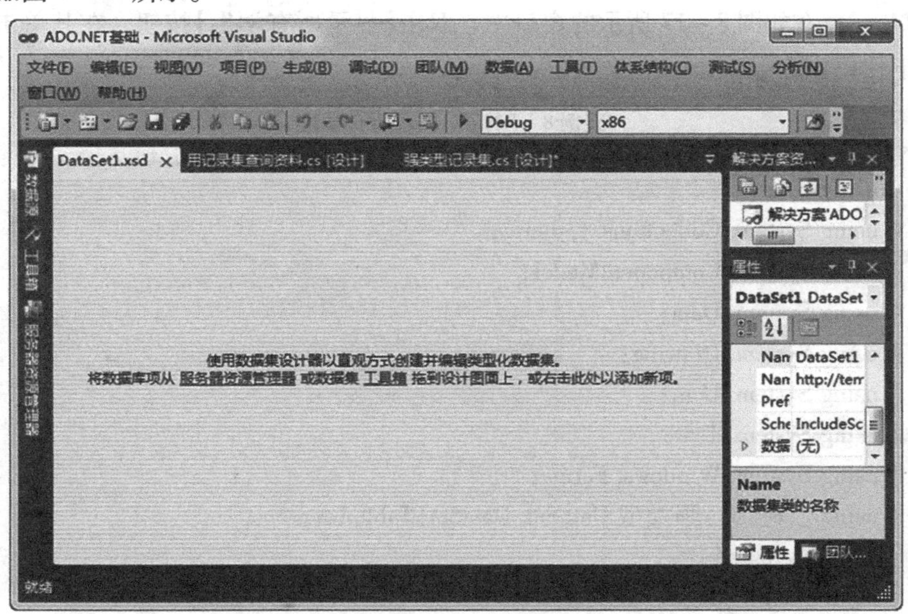


图 8－19　提示拖入数据库项

**STEP 5** 单击上图中的“服务器资源管理器”链接，此时在左侧的【服务器资源管理器】中【数据连接】下开始自动连接数据库 StudentDB。连接成功后，将数据表 UsersTb 拖入到数据集窗口中，此时出现一个对应该表操作的类图。如图 8－20 所示。

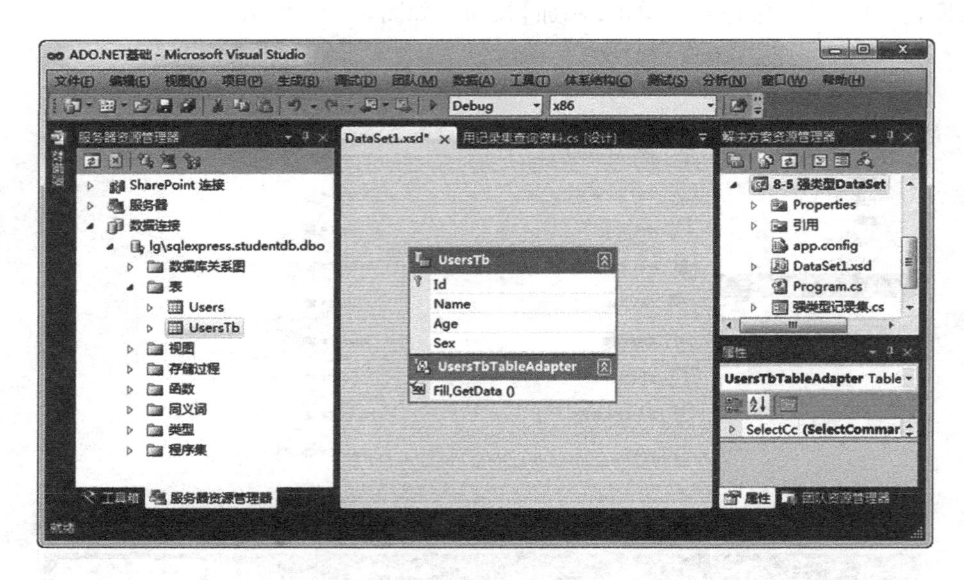


图 8－20　拖入数据库表

注意，在数据集窗口的类图中，“UsersTbTableAdapter”就是一个表适配器类，在程序中通过创建该类的对象就可以调用已经提供的 Fill 和 GetData 方法。其中，GetData 方法的功能就是查询所有记录。

**STEP 6** 在如图 8－17 所示的窗口中，双击【显示所有学生】按钮，在其单击事件中编写如下代码：

**案例 8－5(1)　显示所有学生**

```
01  using System;
02  using System.Collections.Generic;
03  using System.ComponentModel;
04  using System.Data;
05  using System.Drawing;
06  using System.Linq;
07  using System.Text;
08  using System.Windows.Forms;
09  using _8_5_强类型DataSet.DataSet1TableAdapters;
10
11  namespace _8_5_强类型DataSet
```

```
12  {
13      public partial class 强类型记录集 : Form
14      {
15          public 强类型记录集()
16          {
17              InitializeComponent();
18          }
19
20          private void button1_ Click(object sender, EventArgs e)
21          {
22              string res = null;
23              //下面创建一个表适配器对象
24              UsersTbTableAdapter userAdapter = new UsersTbTableAdapter();
25              //表适配器对象调用 GetData 方法得到一个数据表 dataTable
26              DataSet1. UsersTbDataTable dataTable = userAdapter. GetData();
27              for (int i = 0; i < dataTable. Count; i++)
28              {
29              DataSet1. UsersTbRow row = dataTable[i]; //获取表 dataTable 的第 i 行
30                  //行对象直接引用其属性获取各列
31              res = res + row. Name + " " + row. Age + " " + row. Sex + "/r/n";
32              }
33              richTextRes. Text = res;
34              }
35          }
36      }
37  }
```

**STEP 7** 回到图 8－20 所示的数据集窗口中，在类图上单击右键，在弹出的对话框中选择【添加查询(Q)…】，如图 8－21 所示。在弹出的【选择命令类型】对话框中选择【使用 SQL 语句(S)】，单击【下一步】按钮，如图 8－22 所示。在弹出的【选择查询类型】对话框中选择【INSERT】，单击【下一步】按钮，如图 8－23 所示。在弹出的【指定 SQL INSERT 语句】对话框中生成了需要的 SQL 语句，用户可以按照需要对这些 SQL 语句进行修改，这里就使用生成的 SQL 语句，单击【下一步】按钮，如图 8－24 所示。在弹出的【选择函数名】对话框中输入希望生成的供调用的函数名称，这里输入“InsertUser”，单击【下一步】按钮，如图 8－25 所示。最后弹出【向导结果】对话框，提示 SQL 语句已生成，单击【完成】按钮，如图 8－26 所示。

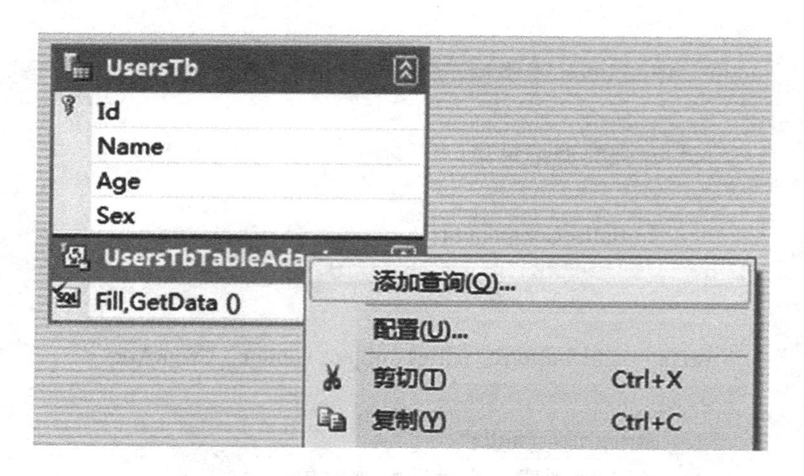


图 8－21　选择添加查询

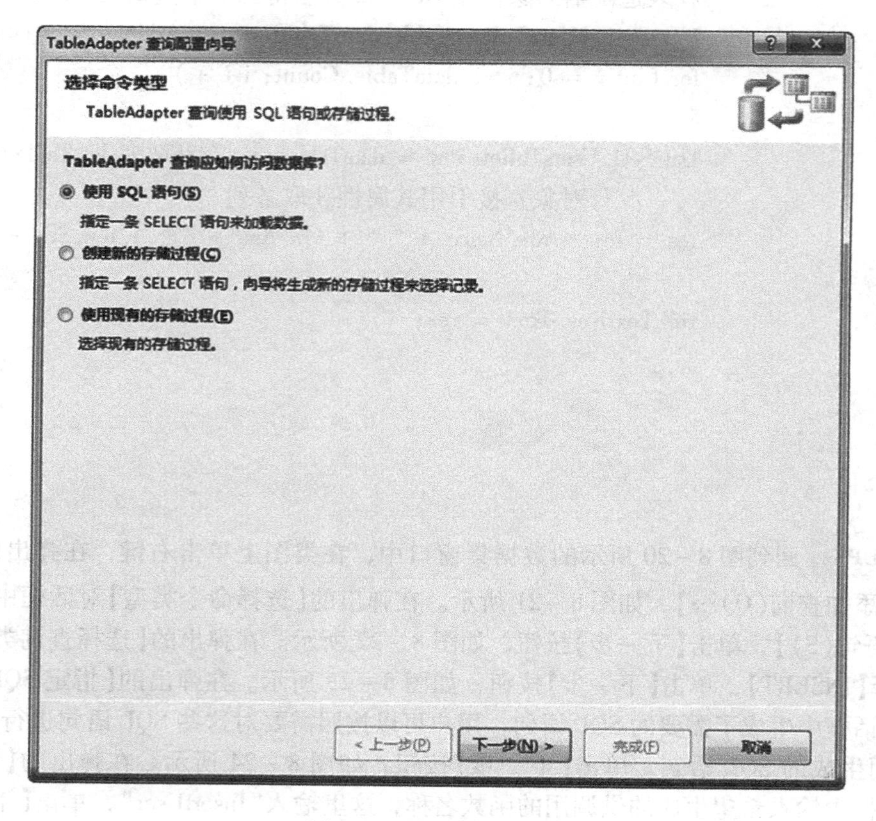


图 8－22　选择命令类型

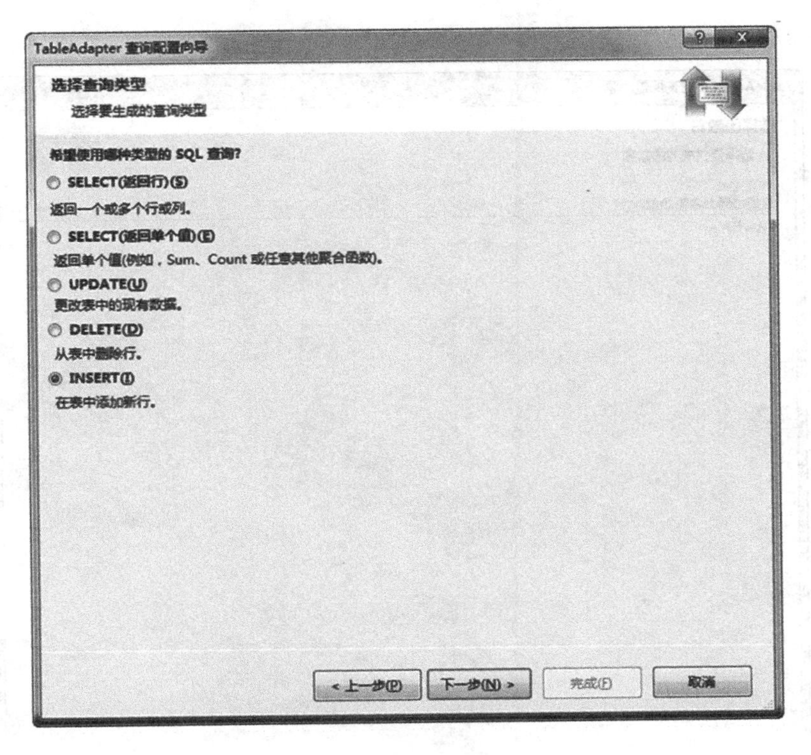


图 8－23　选择查询类型

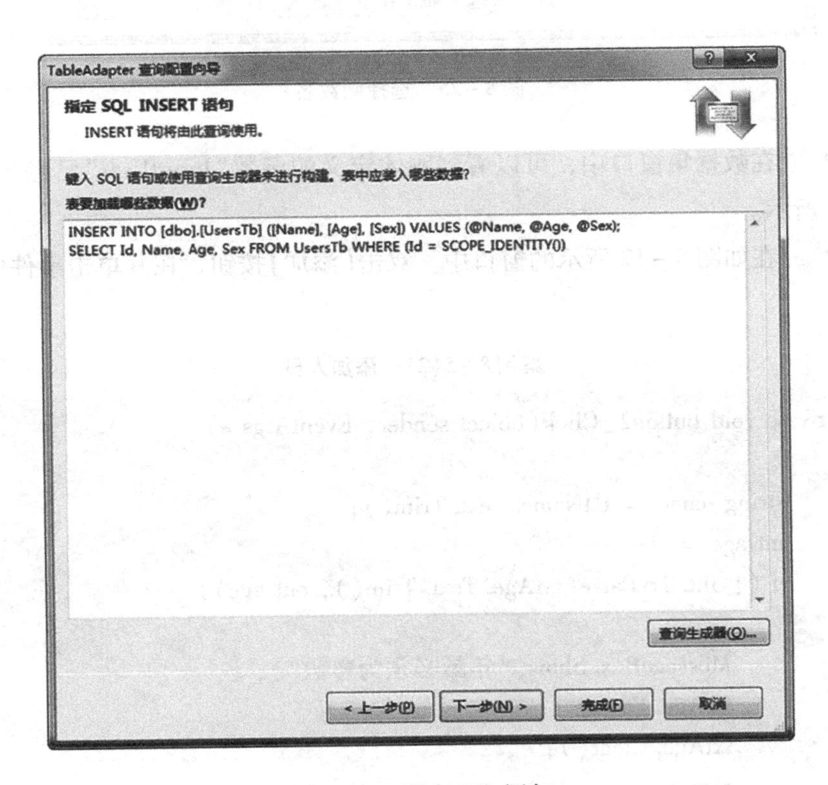


图 8－24　指定 SQL 语句

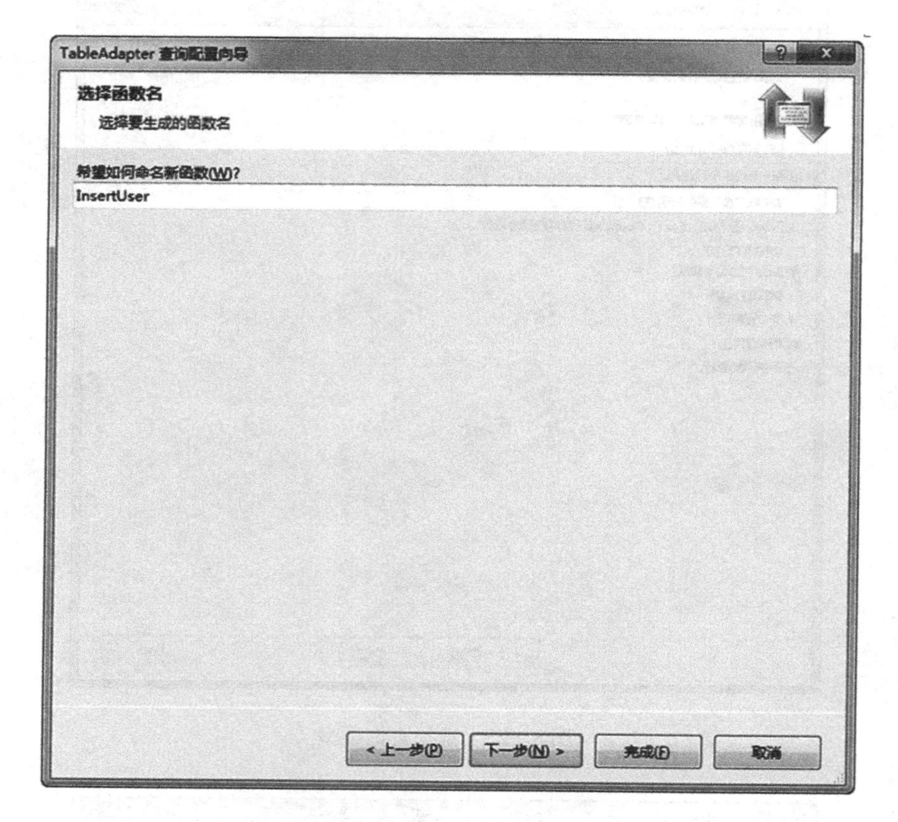

图 8－25　选择函数名

**STEP 8** 在数据集窗口中，可以看到刚才定义的函数“InsertUser”已经出现类图中，如图 8－27 所示。

**STEP 9** 在如图 8－17 所示的窗口中，双击【添加】按钮，在其单击事件中编写如下代码：

**案例 8－5(2)　添加人员**

```
01 private void button2_Click(object sender, EventArgs e)
02 {
03     string name = txtName.Text.Trim();
04     int age = 0;
05     if (!int.TryParse(txtAge.Text.Trim(), out age))
06     {
07         MessageBox.Show("年龄必须为整数");
08         txtAge.Focus();
09         txtAge.Clear();
10         return;
```

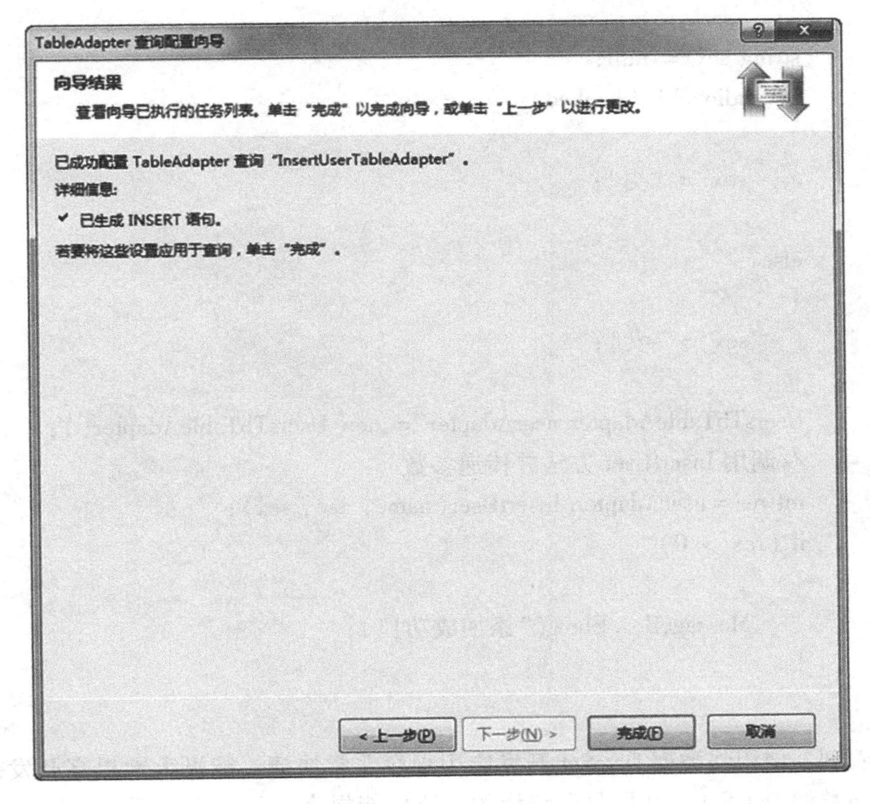


图 8-26　向导结果

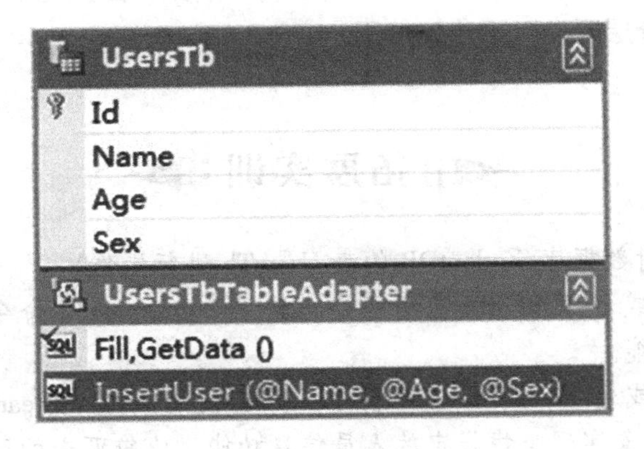


图 8-27　类图中出现自定义函数

```
11          }
12          string sex = null;
13          if (radioSex1. Checked)
14          {
15              sex = "男";
16          }
17          else
18          {
19              sex = "女";
20          }
21          UsersTbTableAdapter userAdapter = new UsersTbTableAdapter();
22          //调用 InsertUser 方法并传递参数
23          int res = userAdapter. InsertUser(name, age, sex);
24          if (res > 0)
25          {
26              MessageBox. Show("添加成功!");
27          }
28      }
```

可以看到，使用强类型 DataSet 开发应用程序非常快捷，能极大地提高开发效率。另外，由于强类型 DataSet 的代码是预编译的，所以能提高运行效率。不过，强类型 DataSet 不如弱类型 DataSet 灵活，例如强类型 DataSet 一旦确定，数据表结构就固定了，如果需要修改，必须重新生成。另外，强类型 DataSet 不利于抽象，因此可扩展性没有弱类型 DataSet 好，在大型项目分层开发时不建议使用。

## 拓展实训

（以下实训题均对数据库 StudentDB 的表 UsersTb 进行操作）

(1) 创建控制台或者 WinForm 应用程序，使用 SqlCommand 命令对象实现对表的增、删、改、查操作的功能。

(2) 创建控制台或者 WinForm 应用程序，分别使用 SqlDataReader 读取器和 SqlDataAdapter 数据适配器对象实现查找指定的人员信息功能，比较两者的区别。

(3) 使用强类型 DataSet 实现下列应用程序。如图 8－28 所示，当窗体启动时，文本框中显示了所有人员资料。当用户单击该下拉列表框选择了性别后，文本框中立即显示相应性别的人员资料，如图 8－29 所示。当用户选择了下拉列表框中的“所有”项，则文本框中显示所有人员资料，如图 8－30 所示。

图 8－28　启动窗体

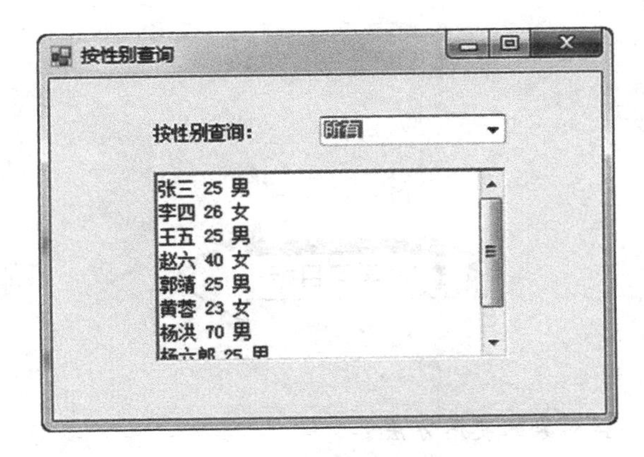


图 8－29　按性别查询

图 8－30　查询所有人员

# 第 9 章

# ASP .NET 编程

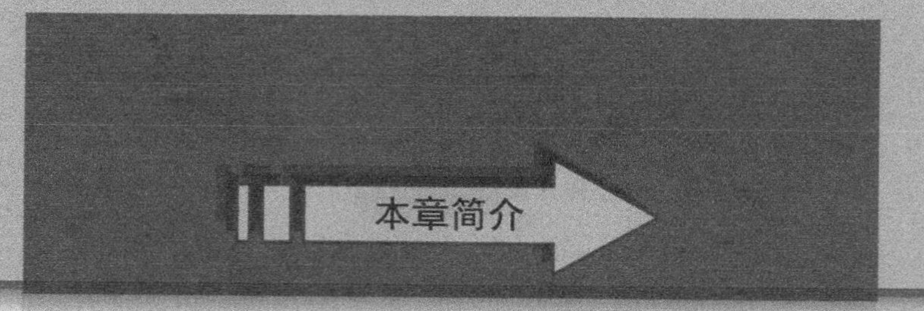


**本章通过具体案例介绍了标准控件、HTML 控件以及验证控件的使用方法，重点介绍了 ASP. NET 中几大常用对象的属性和方法。**

- 掌握 ASP. NET 内置对象的使用方法
- 掌握标准控件和 HTML 控件的区别与应用
- 掌握验证控件的使用方法

## 9.1 ASP.NET 概述

### 9.1.1 静态网页和动态网页

静态网页通常是指只有 HTML 标记，没有其他必须依靠服务器执行的程序代码。静态网页的内容是静态不变的，如果需要修改网页内容，就必须修改源代码，然后重新上传到服务器上。静态网页只能呈现静态的文本和图像，无法提供满足用户需求的交互模式，也无法展示动态的信息。静态网页文件的扩展名一般为：.htm、.html、.shtml、.xml 等。

与静态网页相对应的，页面代码虽然没有变，但是显示的内容却是可以随着时间、环境或者数据库操作的结果而发生改变的。

值得强调的是，不要将动态网页和页面内容是否有动感混为一谈。这里说的动态网页，与网页上的各种动画、滚动字幕等视觉上的动态效果没有直接关系，动态网页也可以是纯文字内容的，也可以是包含各种动画的内容，这些只是网页具体内容的表现形式，无论网页是否具有动态效果，只要是采用了动态网站技术生成的网页都可以称为动态网页。动态网页文件的扩展名一般为：.asp、.aspx、.jsp、.php 等。

### 9.1.2 动态网页的工作原理

动态网页的工作原理如图 9－1 所示：

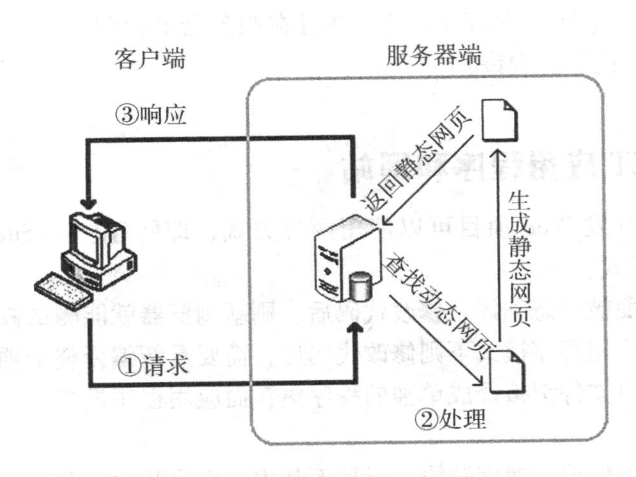


图 9－1 动态网页工作原理图

在图 9－1 中，动态网页的工作原理大致分三个阶段，即请求（Request）、处理和响应（Response）。

具体过程是，首先，客户端通过浏览器向服务器端发出动态网页的页面请求，服务器从硬盘指定位置或者内存中查找请求的动态网页文件，若找到就开始执行网页文件中的程序代码，然后将含有程序代码的动态网页转化为标准的静态网页。最后，将生成的静态页面 HTML 代码发送给浏览器，浏览器解析这些代码并将它显示出来。

如果客户端请求的是一个静态网页，则服务器找到该页面后，直接将其返回到客户端。这也是静态网页的工作原理。

### 9.1.3　ASP.NET 与.NET 框架

ASP.NET 是微软公司在 ASP 的基础上推出的一种动态网页设计技术。它支持多种语言，如 VB.NET、VC++、C#等，本书使用 C#语言。

开发或运行 ASP.NET 程序必须依赖.NET Framework，即.NET 框架。它是一套应用程序开发和运行的平台，ASP.NET 则是该平台的一部分，主要负责 Web 应用程序的开发，为 Web 应用程序开发提供接口。

上一章介绍的 ADO.NET 技术其实就是.NET 框架类库中的一个部分，它为.NET 框架提供统一的数据访问技术。

### 9.1.4　.IIS 服务器

IIS 又称互联网信息服务(Internet Information Services)，是由微软公司提供的基于运行 Microsoft Windows 平台的互联网基本服务。

ASP.NET 运行的服务器可以有多种，但最常用的是微软的 IIS 服务器。本书在 WIN7 操作系统下使用 IIS7.0 发布测试 ASP.NET 程序。需要注意的是，在 IIS 设置时，必须将【应用程序池】选择为【ASP.NET v4.0】，并且在服务器的【ISAPI 和 CGI 限制】中将【ASP.NET v4.0.30319】设置为【允许】。

## 9.2　ASP.NET **应用程序和网站**

用 ASP.NET 开发 Web 项目可以使用两种方式，即网站(WebSite)模式和应用程序(WebApplication)模式。

网站模式下页面被动态编译，修改代码后，刷新浏览器就能测试修改后的效果，不用编译整个站点，而应用程序模式下则修改代码后，需要重新编译整个项目。这是因为，网站模式下，每个网页文件都编译成单独的程序集，而应用程序模式下，整个网站项目生成单一的程序集。

使用网站模式虽然编译速度较快，但是不利用工程化开发，尤其是在编译时，不容易发现错误的代码；另外，不会为代码生成单独的命名空间，不利于类的管理。本书在创建 ASP.NET 项目时，都使用创建应用程序模式。

例如创建一个 ASP.NET 项目可以选择如下方法之一：

【方式一】

使用网站模式创建，操作步骤如下：

STEP 1 在 VS2010 中单击【文件】—【新建】—【网站】，打开如图 9－2 所示的【新建网站】对话框。在该对话框中，选择【Visual C#】—【ASP . NET 空网站】，并输入网站存储的文件路径位置信息，单击【确定】按钮。

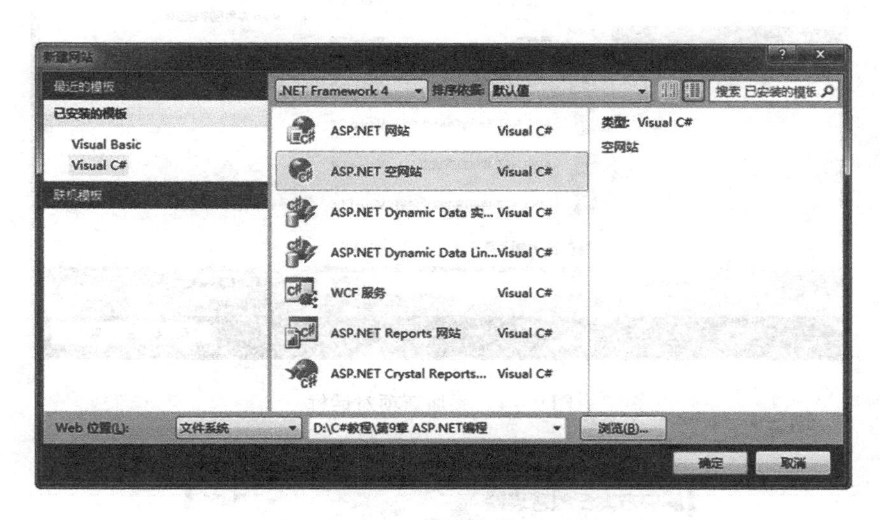


图 9－2　新建网站对话框

STEP 2 在【解决方案资源管理器】中右键单击项目名称，在弹出的快捷菜单中选择【添加新项】，如图 9－3 所示。

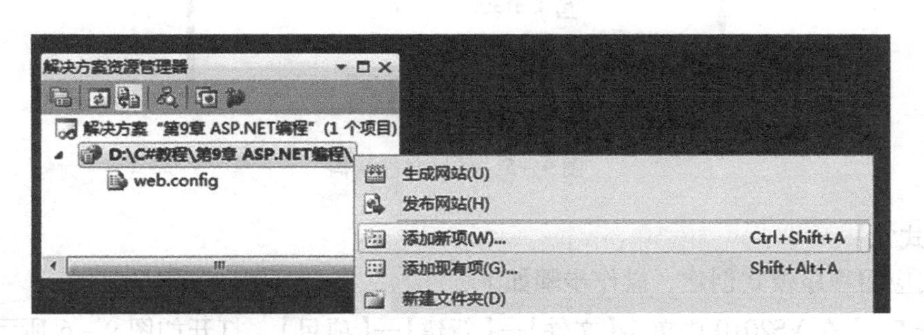


图 9－3　新建网站对话框

STEP 3 在弹出的【添加新项】对话框中选择【Visual C#】—【Web 窗体】，并输入窗体文件名称，单击【添加】按钮，将创建的网页文件保存到项目文件夹中。如图 9－4 所示。

STEP 4 如图 9－5 所示，此时，在【解决方案资源管理器】中可以看到，项目中添加了两个文件：Default. aspx 和 Default. aspx. cs。这两个文件是相互配合使用的。双击【Default. aspx】可以看到其源文件都是 HTML 代码，这个文件主要是设计网页样式和布局的，我们姑且将这种文件称之为“前台页面”。双击【Default. aspx. cs】，可以看到其源文件都是 C#代码，这个文件主要是针对页面 Default. aspx 的业务逻辑进行 C#程序设计的，我们姑且将这种文件称之为“后台页面”。

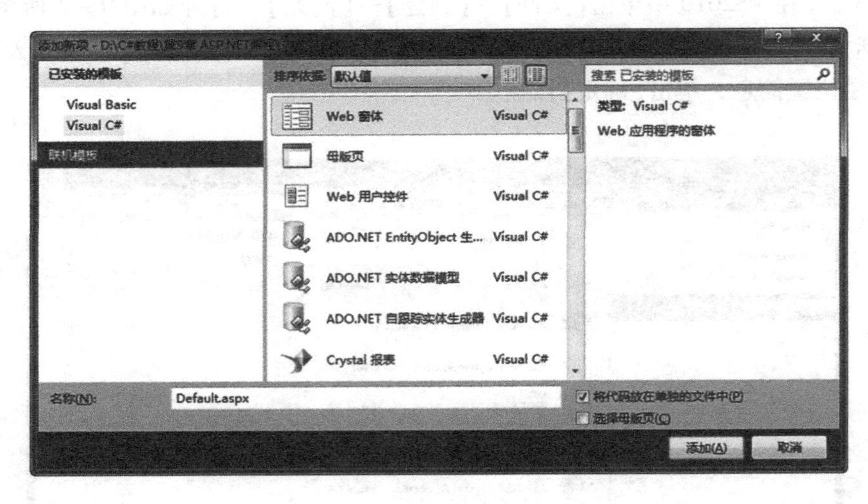

图 9－4　添加新项对话框

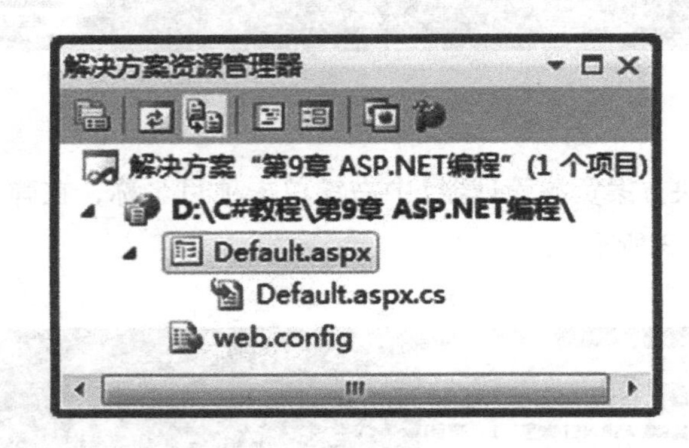


图 9－5　项目文件结构

【方式二】

使用应用程序模式创建，操作步骤如下：

STEP 1 在 VS2010 中单击【文件】—【新建】—【项目】，打开如图 9－6 所示的【新建网站】对话框。在该对话框中，选择【Visual C#】—【Web】—【ASP . NET 空 Web 应用程序】，并输入项目名称、网站存储的文件路径位置信息以及解决方案名称，单击【确定】按钮。

STEP 2 在【解决方案资源管理器】中右键单击项目名称，在弹出的快捷菜单中选择【添加】—【新建项】，如图 9－7 所示。

STEP 3 在弹出的【添加新项】对话框中选择【Visual C#】—【Web】—【Web 窗体】，并输入窗体文件名称，单击【添加】按钮，将创建的网页文件保存到项目文件夹中。如图 9－8 所示。

STEP 4 如图 9－9 所示，此时，在【解决方案资源管理器】中可以看到，项目中添加了三个文件：WebForm1. aspx、WebForm1. aspx. cs 以及 WebForm1. aspx. designer. cs。其中文件 WebForm1. aspx 和 WebForm1. aspx. cs 与在网站模式下创建的文件 Default. aspx 和 De-

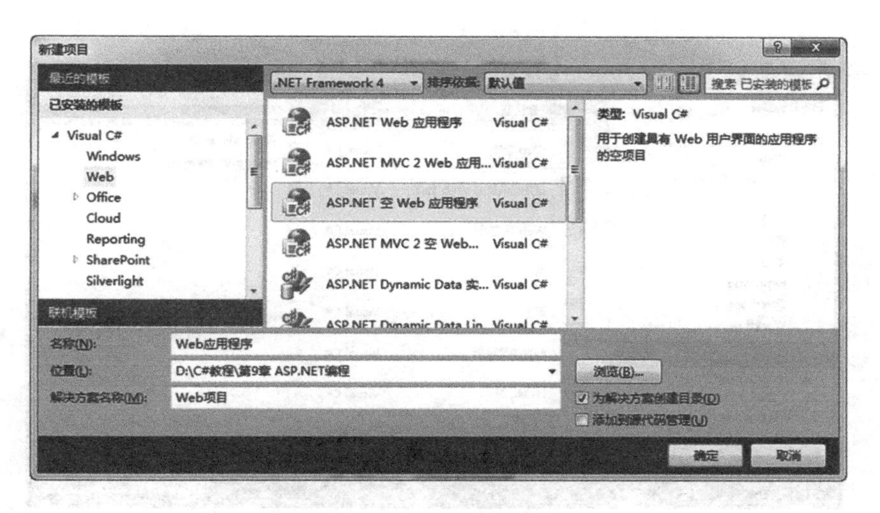


图 9－6　新建项目对话框

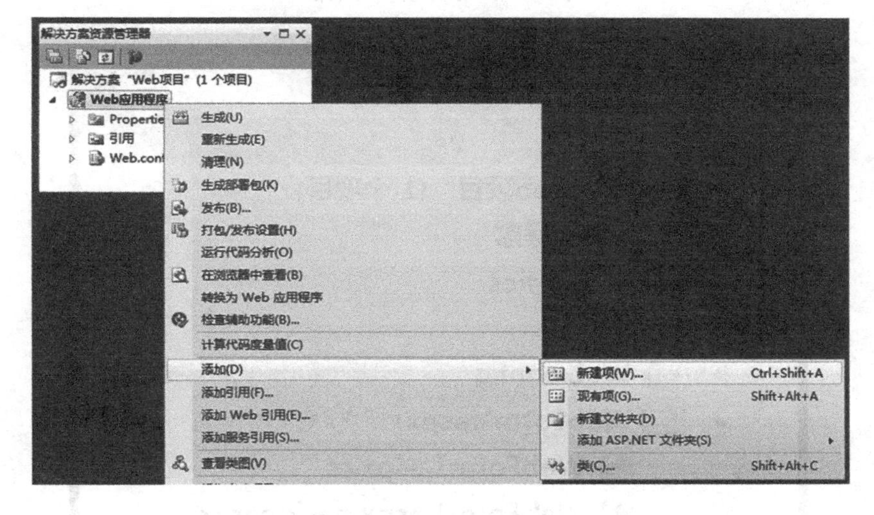


图 9－7　新建项

fault. aspx. cs 作用相同。文件 WebForm1. aspx. designer. cs 是对页面 WebForm1. aspx 中使用到的服务器控件的声明，一般不必理会该文件，也不要轻易修改该文件的内容。

注意，本书中的案例创建都将采用第二种方式，也就是应用程序 WebApplication 模式。

## 9.3　Page 类

以使用应用程序创建 ASP . NET 项目为例，在前台页面文件 WebForm1. aspx 中，源代码的第一行是这样的：

```
<%@ Page Language = "C#" AutoEventWireup = "true"
CodeBehind = "WebForm1. aspx. cs" Inherits = "Web 应用程序 . WebForm1" % >
```

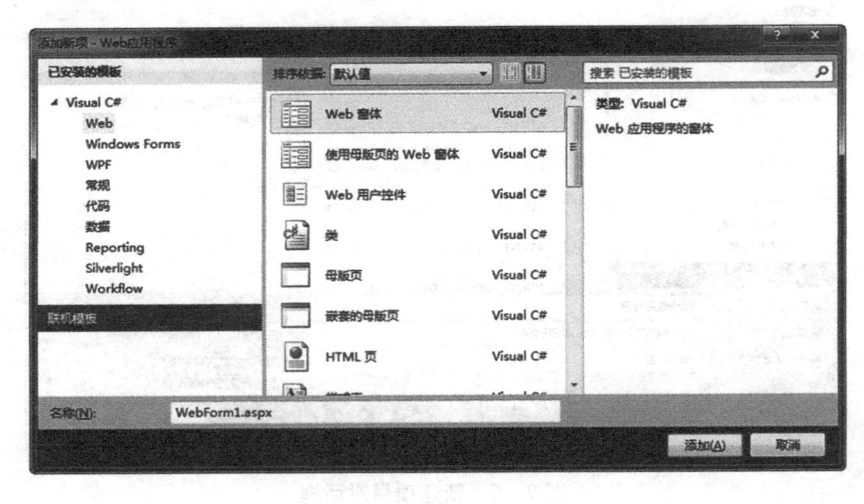


图 9 – 8　添加新项对话框

图 9 – 9　项目文件结构

在这句代码中，有下列几点解释：

① <%% >是一对处理标签，表示在 aspx 页面中嵌入 C#代码，服务器在读取到这对符号时，就开始编译执行。一般的，C#代码都写在后台文件中，但是使用这对标签，也可以在前台文件任何位置中编写任意的 C#代码。例如，有页面文件 a. aspx，在页面的 HTML 代码中嵌入一段 C#代码如下：

```
01    <%@ Page Language = "C#" % >
02    <html >
03    <head > <title >嵌入 C#代码 </title > </head >
```

```
04  <body>
05    <%
06        for(int i=0; i<8; i++)
07        {
08      %>
09      <font size=<% Response.Write(i);%>><font><br/>
10      <%
11        }
12      %>
13  </body>
14  </html>
```

②@ Page 表示这是一个 Page 指令。

③Language = "C#" 表示使用的语言是 C#语言。

④AutoEventWireup = "true" 表示启动页面事件，如果值为 false，表示不启用。这里的具体含义读者不必深究。

⑤CodeBehind = "WebForm1. aspx. cs" 指定了与本页相配合的后台文件。

⑥Inherits = "Web 应用程序 . WebForm1" 表示前台文件中的内容将作为服务器端的类继承了后台文件中的类 WebForm1。而在后台页面文件 WebForm1. aspx. cs 的源代码中可以看到这样的关于类 WebForm1 的声明语句：

```
public partial class WebForm1 : System.Web.UI.Page
```

从该语句可以看出类 WebForm1 又继承了类 System. Web. UI. Page，即 Page 类。我们编写的页面都继承自 page 类，该类提供了很多相关的属性和方法供我们使用。Page 类的作用是响应服务器的 HTTP 请求，并初始化一些内部对象以及页面上的各种控件，恢复 ViewState 状态，载入页面，生成页面 HTML 代码等工作。

## 9.4 Response 对象

为方便后面知识点的讲解，我们先来认识一下 Response 对象。该对象在 Web 窗体页面中是 Page 类的一个属性，也是 ASP .NET 的一个内部对象，该对象返回一个 HttpResponse 类的实例，用于将 HTTP 响应数据发送给客户端。下面介绍该对象的几个比较重要的方法。

### 一、Write 方法

该方法负责将 HTTP 响应数据输出到客户端浏览器，其语法格式有多种，最常用的语法格式为：

```
Response.Write(string s)
```

其中，参数 s 是要输出的字符串内容。

例如，在上述的前台页面文件 WebForm1. aspx 中，单击窗口下方的【设计】切换到设计视图下。从【工具箱】标准控件中拖入一个【Button】按钮控件到页面中。选择该按钮，如同在 Windows 窗体应用程序中一样，设置其 Text 属性为“问候”。如图 9－10 所示。

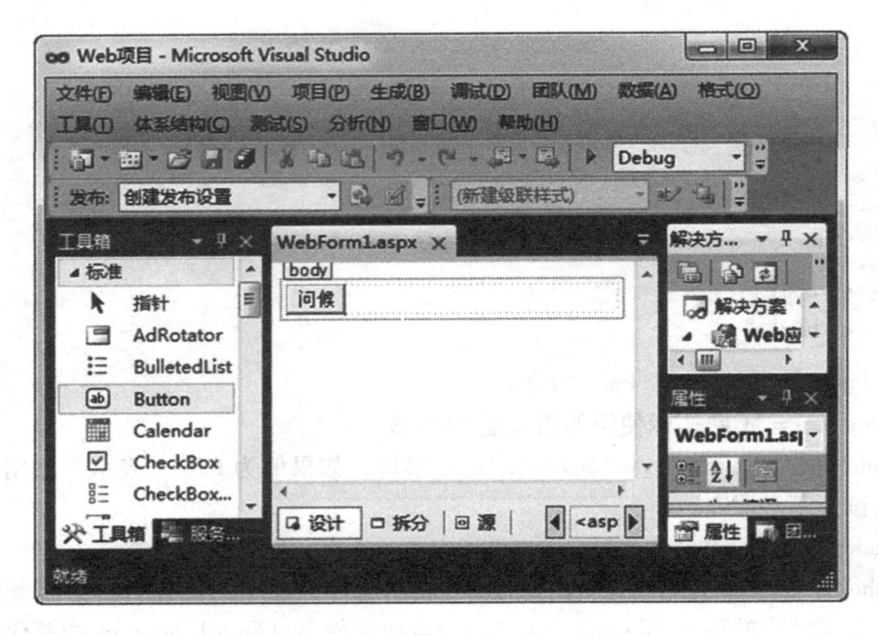


图 9－10　在前台页面添加按钮

双击【问候】按钮，进入到后台页面文件 WebForm1. aspx. cs 中。在自动创建的按钮单击事件代码段中输入如下代码：

```
01    protected void Button1_ Click(object sender, EventArgs e)
02    {
03        Response. Write("Hello World!");
04    }
```

其中，03 行语句表示在浏览器中输出文字“Hello World!”。

单击工具栏的 ▶ 按钮，(或者在前台页面 WebForm1. aspx 中右键单击，在弹出的快捷菜单中选择【在浏览器中查看】)启动浏览器运行前台页面 WebForm1. aspx。单击页面中的【问候】按钮，在页面上输出文字“Hello World!”。如图 9－11 所示。

注意：在测试这个项目时，我们并没有借助 IIS 服务器。原因是 VS2010 为我们提供了一个供开发测试使用的运行在本地的小型服务器 ASP .NET Development Server。当我们运行前台页面文件时，该服务器将自动启动。当然，在生产环境中，还是要将项目发布到 IIS 或者其他服务器中。

**二、Redirect 方法**

该方法可以使浏览器尝试连接定位到其他页面，最常用的语法格式为：

```
Response. Redirect(string URL)
```

其中，参数 URL 是要连接的其他页面的地址。这个地址可以上 Internet 网上的任意一

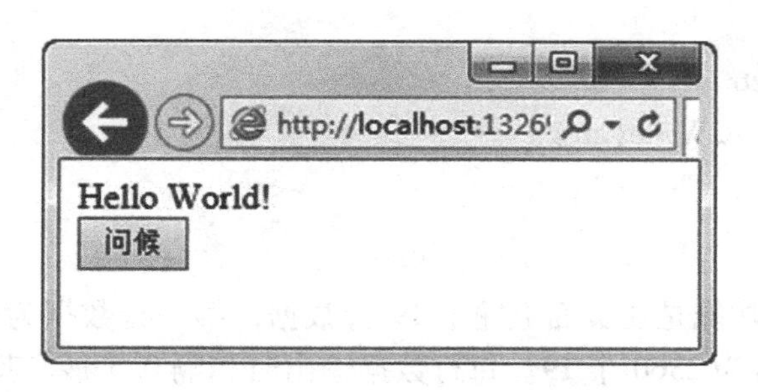


图9－11　运行效果

个网页地址，也可以上本站点的某个页面文件的相对路径名称。

例如，要打开百度，可以使用如下语句：

```
01    Response.Redirect("http://www.baidu.com");
```

再比如，在项目中同一个目录下有两个页面文件 A. aspx 和 B. aspx，那么在 A. aspx 中编写代码跳转到 B. aspx，可以使用如下语句：

```
01    Response.Redirect("B.aspx");
```

如果在与 A. aspx 同一个目录下创建一个文件夹 NewFolder，并把 B. aspx 放置到该文件夹中，那么在 A. aspx 中编写代码跳转到 B. aspx，可以使用如下语句：

```
01    Response.Redirect("/NewFolder/B.aspx");
```

其中，NewFolder 前面的“/”表示网站的根目录。

**三、Flush 方法**

该方法将服务器端缓冲区(Buffer)的数据立刻发送给客户端。语法格式为：

```
Response.Flush()
```

服务器端的缓冲区是为了在面对大量的 HTTP 请求时提高服务器响应速度的。服务器将数据存储在缓存区中，这样如果客户端需要的数据正好在缓冲区中，就可以直接从缓冲区中获取，而不必让服务器重新执行一次。

一般来说，缓冲区的数据全部缓存完毕以后才会自动发送到客户端，如果客户端希望某段缓存数据立即发送到客户端，就要强制输出缓冲区的数据，这就是 Flush 方法的作用，这里以一个例子来模拟上述情况。

在页面上放置一个按钮，在其单击事件中编写如下代码：

```
01    for (int i = 1; i < 20; i++)
02    {
03        string str = "";
04        System.Threading.Thread.Sleep(500); //暂停0.5秒
05        for (int j = 1; j <= 256 * 10; j++)
06        {
07            str = str + i.ToString();
```

```
08          }
09          str = str + "<br/>";
10          Response.Write(str);
11          Response.Flush();
12   }
```

上述代码完成的功能是在页面上输出19行数据，第一行数据为2560个1；第二行为2560个2……第19行为2560个19。每行数据输出时相隔0.5秒。其中05～08行是为了让每次输出的字符串字节数不少于2560个字节。之所以这样做，是因为缓冲区的数据至少充满256字节的数据，才能在执行Response.Flush()以后将信息发到客户端并显示。为了使得效果更好，将数据增加10倍。

可以看到，使用了11行Response.Flush()后，缓冲区中的一行数据会立即发送到客户端并输出。总体效果是数据会一行一行地输出。如果将11行语句去掉，效果变为等待几秒钟后，19行数据一起显示在浏览器页面中。

**四、Clear 方法**

该方法删除缓冲区中的所有HTML输出。语法格式为：

```
Response.Clear()
```

例如下列代码：

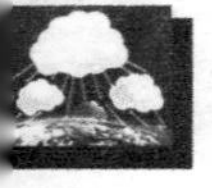

```
01   for (int i = 1; i < 20; i++)
02   {
03          Response.Write(i.ToString() + "<br/>");
04          if (i < 10)
05          {
06              Response.Clear();
07          }
08   }
```

页面上将输出10行数据，分别为10、11、……、19。可以看到前面的1到9并没有输出到页面中。原因是，由于没有使用Flush方法，数字1到9首先被输出到缓冲区中。由于04行的条件限制，将1到9这9个数字通过06行Clear方法从缓冲区清除。当要将缓冲区中的数据输出到客户端页面时，只能从10开始输出。

**五、End 方法**

该方法停止服务器的HTML输出。语法格式为：

```
Response.End()
```

例如下列代码：

```
01   for (int i = 1; i < 20; i++)
02   {
```

```
03        Response. Write( i. ToString( ) + " <br/ > " ) ;
04        if (i  > 10)
05        {
06            Response. End( ) ;
07        }
08    }
```

页面上将输出 11 行数据，分别为 1、2、……、11。原因是当 i = 11 时，首先输出 11，此时 04 行条件满足，06 行被执行，End 方法终止了 HTML 的输出。

End 方法一般用于当用户非法输入或者访问限制的时候停止页面输出，或者当开发者调试程序时用于中断程序运行。

## 9. 5　Request **对象**

### 9. 5. 1　提交数据

在介绍 Request 对象之前，先来认识一下在 Web 项目开发中是如何处理提交数据的。在 Web 应用中，数据提交无处不在。例如在表单中填写注册信息后提交到服务器；单击一个新闻列表中的新闻标题链接打开相应的新闻内容页面等。

**一、用表单提交数据**

表单提交数据的方法有两种，分别为 POST 和 GET。

表单的 method 属性是用来设置表单的提交方式的。method = " post" 时，表单就是以 POST 方式来提交；method = " get" 时，表单就是以 GET 方式来提交 .

例如下列表单以 POST 方式提交文本框 username 中的值到 B. aspx 页面：

```
01    < form id = "form1"  action = " B. aspx"  method = " post" >
02       用户名： < input type = " text"  name = " username" / >
03        < input type = " Submit"  value = " 提交" / >
04    </form >
```

必须要注意的是，上述代码中的表单是一种标准的 THML 形式，而在 aspx 页面源代码中的表单是一种能在服务器端运行的表单控件，其中的文本框、按钮等都是标准控件（关于标准控件将在后面章节介绍），它形如：

```
01    < form id = " form1"  runat = " server"  action = " B. aspx"  method = " post" >
02       用户名： < asp： TextBox ID = " txtName"  runat = " server" > </asp： TextBox >
03        < asp： Button ID = " Button1"  runat = " server"  Text = " 提交"  / >
04    </form >
```

可以看到，所有控件标签中都有 runat = " server" 属性，它表示这些控件都在服务器端

运行。这些控件标签是没有 name 属性的，其书写方法也与标准的 HTML 不同。这并不是说它是一种全新的 HTML 标签，它只是 ASP . NET 自己定义的一种标签，能让这些控件在服务器端被识别，当页面被服务器端执行后会将其转换为标准的 HTML 标签形式发送到客户端浏览器。读者可以自行测试，并在浏览器中使用查看源文件查看源代码。例如文本框标签会在浏览器中转换为如下形式：

```
01    <input name = "txtName" type = "text" id = "txtName" />
```

可以看到最终生成的文本框控件的 name 属性值就是服务器端文本框控件的 id 值。其他标准控件的这个特性也是相同的。

另外，如果在服务器端表单中没有设置 method 属性值，则其默认的提交方式是 POST。

**二、在 URL 中提交数据**

一般在浏览器中输入 URL 地址或者通过超级链接访问资源都是通过 GET 方式提交数据。此时 URL 地址的构造方式为：

```
URL 地址？参数名 1 = 参数值 1& 参数名 2 = 参数值 2&……& 参数名 n = 参数值 n
```

其中，请求的数据会附在 URL 之后，以？分割 URL 和传输数据，多个参数用 & 连接。

例如下列超级链接将参数 id 的值提交到 B. aspx 页面：

```
01    <a href = "B. aspx? id = 10" >提交 </a>
```

**三、POST 和 GET 的区别**

关于这两种数据提交方式必须注意几点：

1)GET 提交的数据会在地址栏中显示出来，而 POST 提交时，地址栏不会改变。

2)GET 提交时，特定浏览器和服务器对 URL 长度有限制，例如 IE 对 URL 长度的限制是 2083 字节。对于其他浏览器，如 Netscape、FireFox 等，理论上没有长度限制，其限制取决于操作系统的支持。POST 提交时由于不是通过 URL 传值，理论上数据不受限，但实际各个 Web 服务器会规定对 POST 提交数据大小进行限制。

3)POST 的安全性要比 GET 的安全性高。比如，通过 GET 提交数据，用户名和密码将明文出现在 URL 上；使用 GET 提交数据还可能会造成跨站脚本攻击(XSS)。

## 9.5.2 Request 对象及集合

**一、Request 对象**

Request 对象在 Web 窗体页面中是 Page 类的一个属性，也是 ASP . NET 的一个内部对象，该对象返回 HttpRequest 类的实例，它代表当前 HTTP 请求，可以请求接收由 POST 方式或者 GET 方式提交过来的数据。一般来说，无论是哪种方式提交的数据，都可以用下列方法来获取数据：

```
Request[string key]
```

其中索引器中的参数 key 可以是如下值：

1）要请求的 URL 地址后的参数名称。

2）表单中标准控件的 id 属性值。

3）表单中 HTML 控件的 name 属性值。

例如，针对上一节中表单提交的 username 文本框数据，可以在 B. aspx 页面中使用下列方法接收：

```
01    string username = Request["username"];
```

而对于服务器端文本框控件 txtName，则为：

```
01    string username = Request["txtName"];
```

对于超级链接提交的参数 id 值，可以在 B. aspx 页面中使用下列方法接收：

```
01    string id = Request["id"];
```

Request 对象还有两个比较重要的集合对象：QueryString 和 Form，也可以用来获取提交的数据。这两个集合是分别针对 GET 和 POST 提交数据的方式而设计的，所以比用 Request 对象直接获取数据的方式速度更快。

**二、QueryString 集合**

该集合负责获取客户端附在 URL 地址后的查询字符串中的信息，或者获取客户端在 FORM 表单中所输入的信息（表单的 method 属性值需要为 GET）。最常用的语法格式为：

```
Request.QueryString[string name]
```

其中索引器中的 name 参数能设置的值与参数 key 情况相同。

例如，上一节中表单以 POST 方式提交数据，故不能使用该集合获取数据，而超级链接都是以 GET 方式提交的数据，所以可以在 B. aspx 页面中使用下列方法接收 id 值：

```
01    string id = Request.QueryString["id"];
```

**三、Form 集合**

该集合负责获取客户端在 FORM 表单中所输入的信息（表单的 method 属性值需要为 POST）。最常用的语法格式为：

```
Request.Form[string name]
```

其中索引器中的 name 参数可以是如下值：

1）表单中标准控件的 id 属性值。

2）表单中标准控件的 name 属性值。

例如，上一节中超级链接都是 GET 方式提交的数据，故不能使用该集合获取数据，而表单以 POST 方式提交数据，所以可以在 B. aspx 页面中使用下列方法接收 username 值：

```
01    string username = Request.Form["username"];
```

### 9.5.3 【案例 9-1】Web 版的“登录验证”

#### 需求描述

在第 8 章中，我们已经实现了 WinForm 版的登录验证，在本节，我们将在浏览器页面中实现该功能。如图 9-12 所示是登录页面 login. aspx，用户输入用户名和密码，点击【登录】按钮，数据提交给登录检测页面 login_ check. aspx。如果存在该用户信息，login_ check. aspx 页面显示如图 9-13 所示；如果该用户信息不存在，login_ check. aspx 页面显示如图 9-14 所示，用户可以点击“返回”链接返回到登录页面。

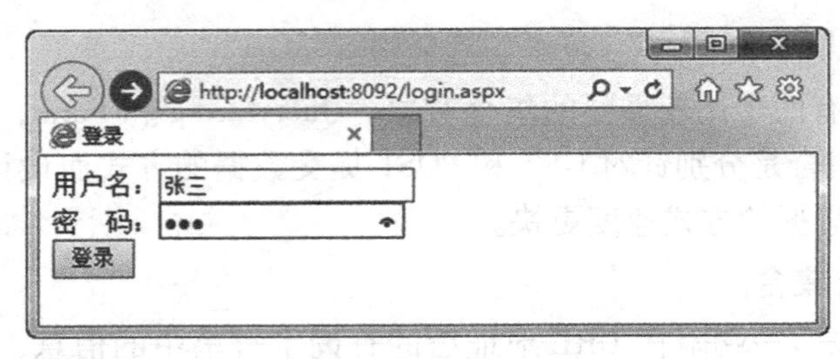


图 9-12　登录页面

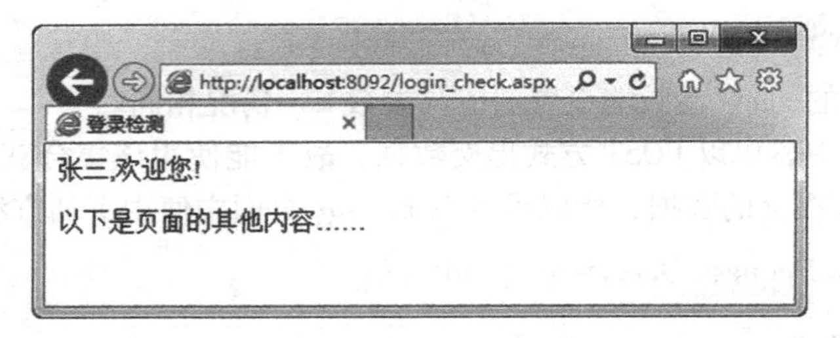


图 9-13　登录成功

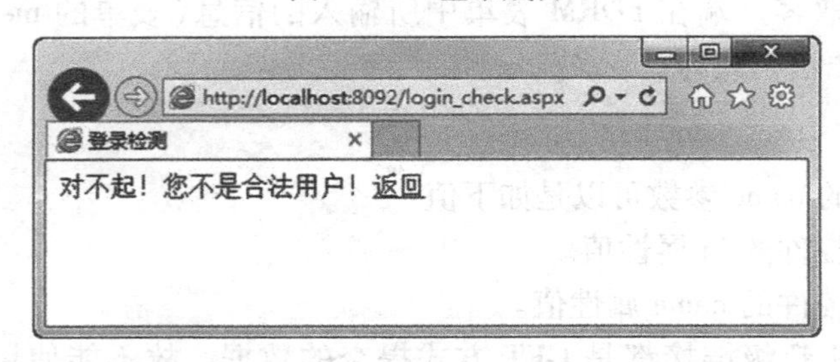


图 9-14　登录失败

#### 案例分析

本案例运行原理与第 8 章相应的案例相同，在此不再赘述。案例中，登录页面是一个表单，为安全起见，用户名和密码通过 POST 方式提交。在登录检测页面，用 Request 对象接收用户名和密码的值，用 Respone 对象输出相应的信息。

需要注意的是，对于页面 login_check.aspx 中的固有内容(如图 9-14 中“以下是页面的其他内容……”)，当登录成功时，将显示；当登录失败时，该内容不显示(图 9-14)，这可以使用 Response.End( )方法中断页面固有内容的显示。

## 案例实现

案例实现的主要步骤如下：

**STEP 1** 使用第 8 章中建立的数据库 StudentDB 以及表 Users。

**STEP 2** 在 VS2010 中创建 Web 项目【登录验证】，在项目中添加一个 Web 窗体，文件命名为 login.aspx。按照图 9-12 布局设计窗体。其中的控件都使用工具箱的标准控件(标准控件)。

有两种方式设置页面 login.aspx 上所有控件的属性：一种是在页面的【设计】视图下选择某个控件，在【属性窗口】中设置其属性；另一种是在页面的【源】视图下页面的源代码中设置其属性。

例如，要将用户名文本框命名为 txtName，密码文本框命名为 txtPsw，密码文本框的 TextMode 属性设置为 Password。这里为了说明通过修改源代码来设置属性，采用第二种方式。

切换到【源】视图下，修改页面的标题为“登录”。代码如下：

```
01    <title>登录</title>
```

修改 form 表单代码，设置表单提交到的页面为 login_check.aspx，提交方法为 POST。代码如下：

```
01    <form id="form1" runat="server" action="login_check.aspx" method="post">
```

修改用户名文本框 ID 属性为 txtName。代码如下：

```
01    <asp:TextBox ID="txtName" runat="server"></asp:TextBox>
```

修改密码文本框 ID 属性为 txtPsw，TextMode 属性设置为 Password。代码如下：

```
01    <asp:TextBox ID="txtPsw" runat="server" TextMode="Password"></asp:
02    TextBox>
```

修改登录按钮 Text 属性为“登录”。代码如下：

```
01    <asp:Button ID="Button1" runat="server" Text="登录" />
```

**STEP 3** 在项目中添加一个 Web 窗体，文件命名为 login_check.aspx。设置页面标题 title 为“登录检测”；在页面中输入文字“以下是页面的其他内容……”作为模拟页面中固有的其他内容。在该页面的【设计】视图下双击页面空白处，打开代码页login_check.aspx.cs。此时，页面的 Page_Load 事件被自动创建(该事件将在页面被载入时执行)。

在 Page_Load 事件中编写如下代码：

```
01    using System;
02    using System.Collections.Generic;
03    using System.Linq;
```

```
04    using System. Web;
05    using System. Web. UI;
06    using System. Web. UI. WebControls;
07    using System. Data. SqlClient;
08    namespace 登录验证
09    {
10        public partial class login_check : System. Web. UI. Page
11        {
12            protected void Page_Load(object sender, EventArgs e)
13            {
14                string userName = Request. Form["txtName"]. Trim(); //获取用户名
15                string psw = Request. Form["txtPsw"]. Trim(); //获取密码
16                using (SqlConnection conn = new SqlConnection())
17                {
18                    conn. ConnectionString = @"Data Source =. \ sqlexpress;
19    Initial Catalog = StudentDB; Integrated Security = True";
20                    conn. Open();
21                    using (SqlCommand cmd = new SqlCommand())
22                    {
23                        cmd. Connection = conn;
24                        cmd. CommandText = "select count( * ) from Users where
25    userName = @ USERNAME and psw = @ PSW";
26                        cmd. Parameters. Add(new SqlParameter("USERNAME",
27    userName));
28                        cmd. Parameters. Add(new SqlParameter("PSW", psw));
29                        int res = Convert. ToInt32(cmd. ExecuteScalar());
30                        if (res > 0)
31                        {
32                            Response. Write(userName + ", 欢迎您!");
33                        }
34                        else
35                        {
36                            Response. Write("对不起! 您不是合法用户!");
37                            Response. Write("<a href ='login. aspx'>返回</a>");
38                            Response. Write("<title>登录检测</title>");
39                            Response. End();
```

```
40                              }
41                          }
42                      }
43                  }
44              }
45      }
```

## 9.6 IsPostBack 属性

### 9.6.1 Page_Load 事件

在案例9-1中，我们接触了 Page_Load 事件，该事件是在页面被载入时执行的。然而，Page_Load 事件的执行时机又要分两种情况来考虑。

第一种情况是当页面被第一次加载时，例如直接运行该页面。

第二种情况当该页面回发(PostBack)到服务器时。此时，页面回发的目的是为了让服务器响应客户端请求(GET 或者 POST)。

所以，很多时候，需要判断服务器执行 Page_Load 事件的时机。而 Page 类的 IsPostBack 属性就是用来判断页面是否为第一次加载的。如果 Page.IsPostBack 返回 false，表示页面不是回发到服务器后的页面，是第一次被加载的页面；如果 Page.IsPostBack 返回 true，表示页面是回发到服务器后的页面，而不是第一次被加载的页面。

### 9.6.2 IsPostBack 的使用

例如，有页面 A.aspx 代码片段如下：

```
01  <body>
02          <form id="form1" runat="server">
03          <div>
04                  <asp:Button ID="Button1" runat="server" Text="提交" />
05          </div>
06          </form>
07  </body>
```

02 行中，表单 form 标签没有设置 action 属性，表示该表单提交给自己本身处理。

A.aspx.cs 中代码片段如下：

```
01  protected void Page_Load(object sender, EventArgs e)
02  {
03      if (IsPostBack)//Page.IsPostBack 可以省略 Page
04      {
05          Response.Write("这是回发后的页面!"); //点击提交按钮后
06      }
07      else
08      {
09          Response.Write("这是首次加载的页面!"); //第一次预览
10      }
11  }
```

直接运行该页面，因为第一次加载时没有请求需要响应，所以不需要回发数据，IsPostBack 值为 false，看到的信息为“这是首次加载的页面!”。当单击【提交】按钮时，表单向该页面发出 POST 请求，页面需要回发响应数据，所以 IsPostBack 值为 true，看到的信息为“这是回发后的页面!”。

对于案例 9-1，如果用户直接运行页面 login_check.aspx，就会发生错误，因为 14 行无法获取表单控件。可以使用 IsPostBack 来改进该案例，例如修改 Page_Load 事件中的代码如下：

```
01  protected void Page_Load(object sender, EventArgs e)
02  {
03      if (IsPostBack)
04      {
05          //处理登录验证的代码(略)
06      }
07      else
08      {
09          Response.Redirect("login.aspx");    //跳转页面
10      }
11  }
```

这样，当用户直接运行该页面时，页面会自动跳转到登录页面，强制要求用户填写登录信息后登录，从而避免了上述错误。

# 9.7 标准控件和 HTML 控件

## 9.7.1 标准控件

在前面的案例中，我们已经初步接触了标准控件，如文本框、按钮等。在 ASP.NET 中还有很多标准控件，这些控件极大地增强了 ASP.NET 的功能，可以帮助我们完成许多繁琐重复的工作，提高开发效率。

实际上，标准控件只是 ASP.NET 对 HTML 的封装，最终，标准控件还是要被转换为标准的 HTML 标签形式发送到客户端浏览器，由浏览器来解释执行，从而显示在浏览器中。下面介绍几种常用的标准控件。

**一、Button、ImageButton 和 LinkButton**

这三种控件功能相同，不同的只是外观，一般都是将表单提交给服务器端。Button 显示为一个普通按钮，ImageButton 显示为一张图片，LinkButton 显示为一个超级链接。常用的属性有：

- Text——获取或设置 Button、LinkButton 上标注的文字。
- ImageUrl——获取或设置 ImageButton 上显示的图片的 URL 地址。
- OnClientClick——设置这三种按钮被点击时执行的客户端脚本。

【举例】图片的删除

有一个图片按钮，点击该按钮弹出对话框询问是否删除，操作步骤如下：

**STEP 1** 在项目中创建一个文件夹 image，将磁盘上的一张图片拷贝到该文件夹中，命名为 a.jpg。

**STEP 2** 从【工具箱】的【标准】中向页面上拖入一个 ImageButton 控件。

**STEP 3** 选中该控件，在【属性】窗口中设置 ImageUrl 属性。方法是，点击 ImageUrl 属性后面的[...]图标，打开如图 9-15 所示的【选中图像】对话框，在左侧的【项目文件夹】中选择【image】文件夹，在右侧的【文件夹内容】中选择【a.jpg】，点击【确定】按钮。

**STEP 4** 在【属性】窗口中设置 OnClientClick 属性值为 JavaScript 代码：return confirm("确实要删除吗?")

**二、CheckBox 和 RadioButton**

这两种控件与 WinForm 中使用方法基本相同。常用的属性有：

- Text——获取或设置 CheckBox 和 RadioButton 控件上标注的文字。
- GroupName——设置 RadioButton 所属的组。如果要将几个单选按钮设置为相互排斥的一组，可以将这几个单选按钮的属性设置为相同的值。
- AutoPostBack——设置单击 CheckBox 或者 RadioButton 控件时是否主动向服务器提交整个表单，默认是 false，即不主动提交；如果设置为 true 则主动提交。

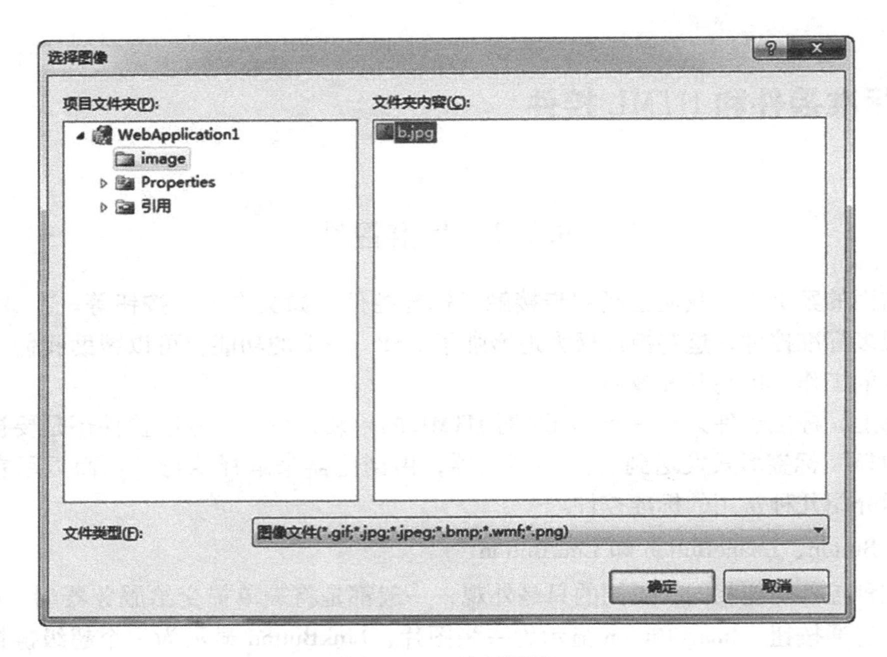


图 9－15　选择图像

三、DropDownList 和 ListBox

DropDownList 是下拉列表控件，ListBoxt 是列表控件，它们都可以提供一组选项供用户选择。我们可以在设计视图中为其添加预定的项目，也可以动态地对其进行数据的绑定（关于绑定数据源将在后面章节介绍）。常用的属性有：

- AutoPostBack——设置两种控件的列表项发生变化时是否主动向服务器提交整个表单，默认是 false，即不主动提交；如果设置为 true 则主动提交，此时就可以编写它的 SelectedIndexChanged 事件处理代码进行相关处理。
- SelectionMode——获取或设置 ListBoxt 控件的选择模式。值为 Single（默认）为单选，值为 Multiple 为多选。
- Items——获取两种控件的列表项的集合。该集合下有一系列方法可以添加或删除列表项。
- SelectedIndex——获取 DropDownList 控件中的选定项以及 ListBox 控件第一个选定项的索引。
- SelectedItem——获取 DropDownList 控件中的选定项以及 ListBox 控件第一个选定项。该属性有两个子属性 SelectedItem. Text（对应的文字项）和 SelectedItem. Value（对应的值，和下面的 SelectedValue 作用一样）。
- SelectedValue——获取 DropDownList 控件中的选定项以及 ListBox 控件第一个选定项的值。

【举例】创建一个城市列表

操作步骤如下（只以 ListBoxt 控件为例）：

**STEP 1** 从【工具箱】的【标准】中向页面上拖入一个 ListBoxt 控件，默认命名为 List-

Boxt1。

STEP 2 选中该控件，在【属性】窗口中设置 items 属性。方法是，点击 items 属性后面的[...]图标，打开如图 9－16 所示的【items 集合编辑器】对话框，在左侧的【成员】中添加一个项目，选择该项目，在右侧的【属性】中设置文字属性 Text 为“北京”，设置值属性 Value 为“1”。（注意：文字属性 Text 是用来设置显示内容的，而值属性 Value 是用来设置存储或传递的值的）。用上述方法再添加几个城市，注意每个城市的 Value 设置为不同的值。最后点击【确定】按钮。

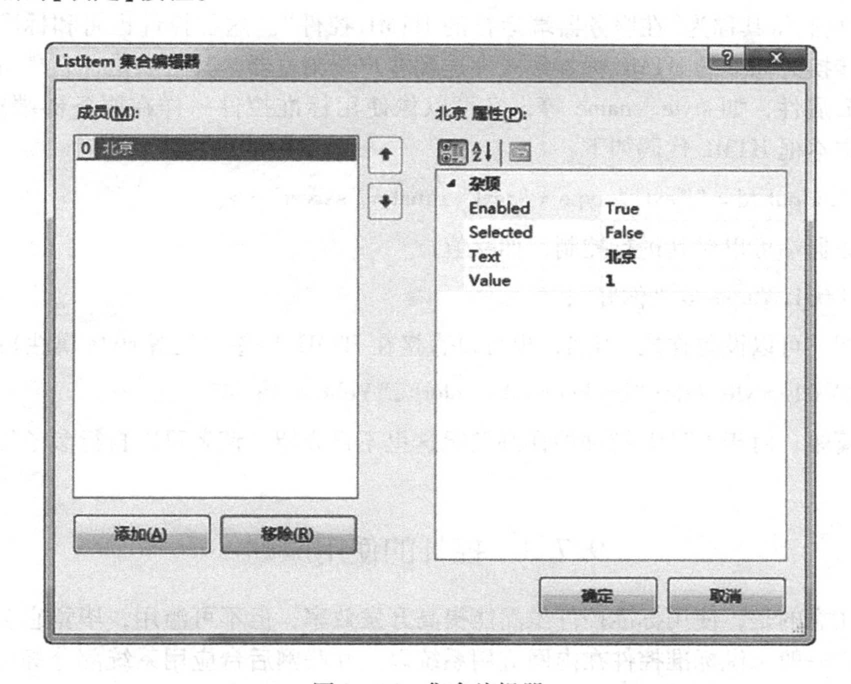


图 9－16　集合编辑器

另外，还有一种方法可以打开【items 集合编辑器】对话框，方法是：选择 ListBoxt 控件或者将鼠标悬停在该控件上，控件的右上角出现图标[>]，点击该图标，出现一个快捷菜单，单击其中的【编辑项…】。

**四、CheckBoxList 和 RadioButtonList**

CheckBoxList 和 RadioButtonList 分别提供了一组复选按钮和单选按钮。它们也有 AutoPostBack属性、items 属性等，当然更重要的是可以进行数据绑定。这些属性意义和用法与上述相同。这里介绍两个用于布局的属性：

- RepeatColumns——设置两种控件布局时其中项目的列数。
- RepeatDirection——设置两种控件布局时的方向。默认 Vertical 为垂直方向，Horizontal 为水平方向。

## 9.7.2 HTML 控件

HTML 控件包括 Input、Textarea、Table、Image、Select、Div 等。

HTML 控件就是由普通的 HTML 标签生成，它只在客户端运行，服务器端无须处理，将被原样返回给客户端浏览器。

如果希望 HTML 控件也能被服务器端识别，只需要在其标签中添加属性 runat = "server"。此时我们将其称为“在服务器端运行的 HTML 控件”。这种控件也将和标准控件一样被服务器转换为标准的 HTML 标签形式发送到客户端浏览器。其特点是，它既可以使用普通的 HTML 属性，如 style、name 等，又可以像使用标准控件一样在服务器端进行控制。例如一个文本框 HTML 代码如下：

```
01    <input id = "Text1"  type = "text"  runat = "server"/>
```

在服务器端可以对其进行控制，如赋值：

```
01    Text1.Value  =  "你好";
```

再比如，可以设置样式(当然，也可以直接在 HTML 标签中设置 style 属性)：

```
01    Text1.Style.Add("background-color","Yellow");
```

限于篇幅，对于 HTML 控件的详细情况这里不再介绍，读者可以自行参考相关资料。

## 9.7.3 控件的使用原则

需要注意的是，使用标准控件虽然能提高开发效率，但不可滥用，毕竟它会增加服务器的负担。一般来说标准控件在内网应用系统以及互联网后台应用系统部分等访问频率不高的地方使用，在互联网系统的前台页面等访问频率较高的部分则尽量少用，这些地方还是使用 HTML 控件较好。

## 9.7.4 【案例 9-2】选择城市

### 需求描述

如图 9-17 所示，点击城市名称前面的复选按钮选择该城市，单击【确认选中】按钮，在下方的列表框中列出已经选择的所有城市。

### 案例分析

本案例中的复选按钮可以使用以下几种方案来设计：

【方案一】

使用标准控件的 CheckBox，这需要添加 6 个复选按钮控件，ID 命名为 city1、city2、

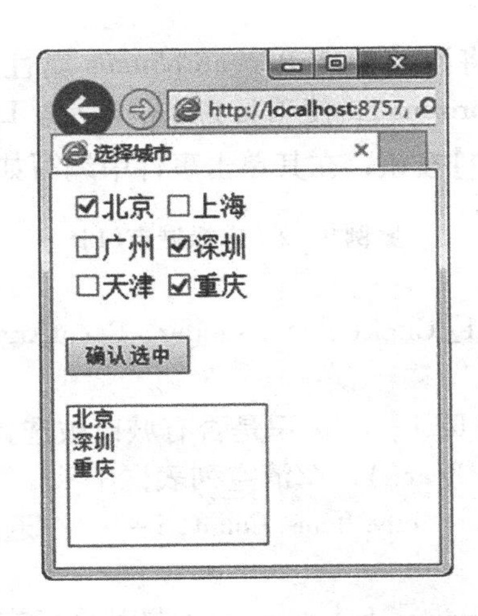


图9－17　选择城市

……、city6 的形式。遍历这些复选按钮时，使用"city" + i(i 为循环变量)来获取控件。此时需要借助 Page 类的 FindControl 方法。

该方法返回的是一个 Control 类型，应用时需要进行强制类型转换为具体的控件类型。例如，页面上有 10 个 CheckBox 控件，名称为 CheckBox1 ～ Checkbox10，现在需要显示这些控件上显示的文字。可以使用如下代码：

```
01  for (int i = 1; i <= 10; i++)
02  {
03          CheckBox chBox = (CheckBox)FindControl("CheckBox" + i);
04          Response.Write(chBox.Text);
05  }
```

【方案二】

使用 HTML 控件的 Input(CheckBox)，此时不能使用服务器端进行处理，只能借助 JavaScript 客户端脚本语言。

【方案三】

使用 HTML 控件的 Input(CheckBox)，为了能使用服务器端进行处理，可以在标签中添加 runat = "server"属性。不过由于其 ID 名称也不能相同，所以也要使用 FindControl 方法获取。

【方案四】

使用 CheckBoxList 控件，此控件可以一次设置一组复选项，且因为是以一个控件的形式来引用，使用比较方便。故本案例采用这种方案。

## 案例实现

案例实现的主要步骤如下：

**STEP 1** 在 VS2010 中创建 Web 项目【选择城市】，在项目中添加一个 Web 窗体，文件命名为 selectCity.aspx。按照图 8－17 布局设计窗体。其中 CheckBoxList 控件命名为 city，

并为其添加 6 个城市项目。将该控件的 RepeatColumns 属性设置为 2，使其显示为两列；RepeatDirection 属性设置为 Horizontal，使项目为水平显示。ListBox 控件命名为 ListBox1。

**STEP 2** 双击【确认选中】按钮，在其单击事件中编写如下代码：

**案例 9－2　选择城市(1)**

```
01 protected void Button1_Click(object sender, EventArgs e)
02 {
03     bool selected = false; //标识是否有城市被选择
04     ListBox1.Items.Clear(); //清空列表框中项
05     for (int i = 0; i < city.Items.Count; i++)//遍历复选按钮中的所有城市项目
06     {
07         if (city.Items[i].Selected)//如果某个城市被选择
08         {
09             ListBox1.Items.Add(city.Items[i].Value); //将该项目的值添加
10 到列表框中
11             selected = true; //表示有城市被选择
12         }
13     }
14     if (! selected)//如果没有选择任何城市
15     {
16         ListBox1.Items.Add("还没有选中的城市");
17     }
18 }
```

③当页面第一次被加载时，在列表框中提示没有选中的城市。在 Page_Load 事件中编写如下代码：

**案例 9－2　选择城市(2)**

```
01 protected void Page_Load(object sender, EventArgs e)
02 {
03     if (! IsPostBack)
04     {
05         ListBox1.Items.Add("还没有选中的城市");
06     }
07 }
```

## 9.8　验证控件

在 Web 应用系统中，用户经常需要填写表单进行注册或者登录等操作，此时必须要对用户的操作进行验证，以便使得用户输入的数据是合法的，以提高数据的完整性和系统的安全性。对表单控件中数据的合法性一般在客户端和服务器端都要进行验证。原因是客户端一般都使用脚本语言如JavaScript来进行业务判断，但是这些脚本一旦被客户端禁用，则合法性验证就失效了，所以有一种说法叫“永远不要相信客户端”。可是如果同时在客户端和服务器端对用户提交数据的合法性进行验证将会增加开发者的工作量，从而分散了在主要业务设计上的精力。ASP .NET就提供了这样一组验证控件，它能同时在客户端和服务器端进行数据合法性验证，下面就介绍这些验证控件的使用方法。



### 9.8.1 验证控件简介

以下要介绍的验证控件除了验证总结控件ValidationSummary外，都具有下列几个共同的属性：

- Text——设置当验证的控件无效时显示的文字。
- ErrorMessage——设置当验证的控件无效时在验证总结控件ValidationSummary中显示的消息文字。
- Display——验证提示文字的显示方式。值为Static表示控件的验证提示文字在页面中占据固定大小的位置，即便没有验证提示文字也占据此位置；Dymatic表示控件的验证提示文字出现时才占据页面位置，否则不占据；None表示控件有验证提示文字时既不显示也不占据页面位置，但是可以在验证总结控件ValidationSummary中显示。

一、RequiredFieldValidator

该控件是必须字段验证控件，用于检查控件是否有输入值。常用属性有：

- ControlToValidate——设置要验证的控件的ID。

二、CompareValidator

该控件是比较验证控件，用于比较两个控件输入值。常用属性有：

- ControlToCompare——设置进行比较的控件的ID。
- ControlToValidate——设置要验证的控件的ID。
- Operator——比较的操作符号。该属性有7个值：Equal表示等于，NotEqual表示不等于，GreaterThan表示大于，GreaterThanEqual表示大于或等于，LessThan表示小于，LessThanEqual表示小于或等于，DataTypeCheck表示进行数据类型的比较。例如如果将该属性值设置为GreaterThan，那么只有在ControlToCompare属性中指定的控件中的值大于在ControlToValidate属性中指定的控件中的值，验证结果才合法。
- Type——设置要比较的值的数据类型。该属性有5个值：String表示比较的是字符串类型，Integer表示比较的是整型，Double表示比较的是双精度型，Date表示比较的是日期型，Currency表示比较的是货币型。

三、RangeValidator

该控件是范围验证控件，用于验证控件中的输入值是否在指定的范围内。常用属性有：

- ControlToValidate——设置要验证的控件的ID。

- MaximumValue——设置所验证的控件的最大值。
- MinimumValue——设置所验证的控件的最小值。
- Type——与上述控件对应属性意义相同。

四、RegularExpresionValidator

该控件是正则表达式验证控件，用于验证控件中的输入值的格式是否符合指定的正则表达式。常用属性有：

- ControlToValidate——设置要验证的控件的ID。
- ValidationExpression——设置有效性的正则表达式。在正则表达式中，不同的字符表示不同的含义："."表示任意字符；"*"表示和其他表达式一起，表示任意组合；"[A-Z]"表示任意大写字母；"\d"表示任意一个数字。例如："\d*[A-Z]"表示数字开头的任意字符组合并以一个大写字母结尾。关于正则表达式的详细内容请读者自行参考相关资料。

五、CustomValidator

该控件是自定义验证控件，用于对验证控件中的输入值用自定义的函数界定验证方式。常用属性有：

- ControlToValidate——设置要验证的控件的ID。
- ClientValidateFunction——设置客户端验证的函数(用客户端脚本语言如JavaScript编写)。

另外，用该控件进行服务器端验证时，代码在onServerValidate事件中用C#编写。

六、ValidationSummary

该控件是验证总结控件，用于收集本页的所有验证错误信息，并将它们组织以后再显示出来。常用属性有：

- DisplayMode——设置错误信息显示方式。该属性有3个值：List相当于HTML中的<br/>；BulletList相当于HTML中的<li>；SingleParegraph表示错误信息之间不作任何分割。
- ShowMessageBox——设置是否弹出消息框来显示错误汇总信息。
- ShowSummary——设置是否在页面上显示错误汇总信息。

### 9.8.2 【案例9-3】表单验证

#### 需求描述

如图9-18所示，在表单上有一系列个人信息需要填写，其中【用户名】、【密码】、【再输一次密码】必填，【密码】和【再输一次密码】要填写一致，【年龄】在10～50之间，【手机号码】格式正确。验证错误提示信息在表单下方汇总显示。

图 9－18　表单验证

## 案例分析

本案例使用 ASP . NET 提供的验证控件比较方便。其中，【再输一次密码】对应的文本框需要两个验证控件，一个用必须字段验证控件，另一个用比较验证控件。

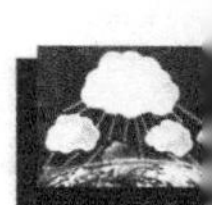

## 案例实现

案例实现的主要步骤如下：

**STEP 1** 在 VS2010 中创建 Web 项目【表单验证】，在项目中添加一个 Web 窗体，文件命名为 registe. aspx。按照图 8－18 布局设计窗体。其中文本框命名为：用户名（txtName），密码（txtPsw），再输一次密码（txtRePsw），年龄（txtAge），手机号码（txtPhone）。

**STEP 2** 在文本框 txtName 后面放置一个必须字段验证控件 RequiredFieldValidator1，设置属性：ControlToValidate 值为 txtName，ErrorMessage 和 Text 值为“用户名必填”，ForeColor 值为 red。文本框 txtPsw 必须字段验证控件 RequiredFieldValidator2 设置方法相同。

**STEP 3** 在文本框 txtRePsw 后面放置一个比较验证控件 CompareValidator1，设置属性：ControlToCompare 值为 txtPsw，ControlToValidate 值为 txtRePsw，Display 值为 Dynamic，ErrorMessage 和 Text 值为“两次密码不一致”，ForeColor 值为 red，Operator 值为 Equal，Type 值为 String。在文本框 txtRePsw 后面再放置一个必须字段验证控件 RequiredFieldValidator3，设置方式与 RequiredFieldValidator1 相同。

**STEP 4** 在文本框 txtAge 后面放置一个范围验证控件 RangeValidator1，设置属性：ControlToValidate 值为 txtAge，ErrorMessage 和 Text 值为“10 ～ 50 之间”，ForeColor 值为

red，MaximumValue 值为 50，MinimumValue 值为 10，Type 值为 Integer。

STEP 5 在文本框 txtPhone 后面放置一个正则表达式验证控件 RegularExpressionValidator1，设置属性：ControlToValidate 值为 txtPhone，ErrorMessage 和 Text 值为“手机号码格式错误”，ForeColor 值为 red，ValidationExpression 值为“1[3|5|8]\d{9}”。

STEP 6 在下方放置一个验证总结控件 ValidationSummary1，设置属性：DisplayMode 值为 BulletList，ForeColor 值为 red，ShowMessageBox 值为 False，ShowSummary 值为 True。

## 9.8.3 【案例 9-4】自定义验证控件的应用

### 需求描述

本案例单独介绍自定义验证控件的应用。为了简化问题，我们只要求在表单文本框控件中填写一个偶数，当提交表单时在客户端和服务器端都要进行验证。如图 9-19 所示。

图 9-19　自定义验证控件

### 案例分析

自定义验证控件允许用户自行定义客户端或者服务器端验证。客户端验证需要用户编写 JavaScript 函数，并将自定义验证控件的 ClientValidateFunction 属性值设置为该函数名。服务器端验证需要为自定义验证控件创建一个 onServerValidate 事件，在该事件中编写 C# 代码。

### 案例实现

案例实现的主要步骤如下：

STEP 1 在 VS2010 中创建 Web 项目【自定义验证控件的应用】，在项目中添加一个 Web 窗体，文件命名为 customValidator. aspx。按照图 8-19 布局设计窗体。其中文本框命名为 TextBox1。

STEP 2 在文本框后面放置一个自定义验证控件 CustomValidator1，设置属性：ControlToValidate值为 TextBox1，Text 值为“请输入一个偶数”，ForeColor 值为 red。在 ClentValidationFunction属性中输入一个将要创建的客户端函数名 ClientValidate，以便进行客户端验证。

STEP 3 开始创建客户端函数 ClientValidate。将页面 customValidator. aspx 切换到【源】视图下。在<head>标签中编写如下 JavaScript 代码：

**案例 9－4 客户端验证代码**

```
01  <script type = "text/javascript" >
02  function ClientValidate(source, args) {
03     if (args. Value % 2 = = 0) {
04          args. IsValid = true;
05     }
06     else {
07          args. IsValid = false;
08     }
09  }
10  </script>
```

函数中，参数 source 指定是 CustomValidator 对象，参数 args 指定是被验证的对象，这里就是 TextBox1。args. Value 引用的是 TextBox1 中输入的值，args. IsValid 是获取验证的返回结果，true 表示验证通过，false 表示验证不通过。

STEP 4 创建服务器端验证的方法是：将页面 customValidator. aspx 切换到【设计】视图下，选择自定义验证控件 CustomValidator1，在【属性】窗口中点击【事件】图标，在事件名【ServerValidate】后面双击，打开代码页面 customValidator. aspx. cs，在事件 CustomValidator1_ServerValidate 中编写代码如下：

**案例 9－4 服务器端验证代码**

```
01  protected void CustomValidator1_ServerValidate(object source,
02  ServerValidateEventArgs args)
03  {
04      int number = 0;
05      if (int. TryParse(args. Value, out number))
06      {
07          if (number % 2 = = 0)
08          {
09              args. IsValid = true;
10          }
11          else
12          {
13              args. IsValid = false;
14          }
15      }
16  }
```

其中的参数 source 和 args 意义与客户端验证中介绍的相同。

## 9.9 ASP.NET 内置对象

ASP.NET 有六大内置对象，分别是 Response 对象、Request 对象、Server 对象、Application 对象、Session 对象、Cookie 对象。其中，Response 对象和 Request 对象在前面章节已经介绍过了。本节内容重点介绍剩下的几个内置对象。

### 9.9.1 Server 对象

Server 对象提供对服务器上的方法和属性的访问以及进行 HTML 编码的功能。这些功能分别由 Server 对象相应的方法和属性完成。下面介绍该对象常用的几个方法。

**一、Execute 方法**

该方法可以在当前页面中执行同一个 Web 服务器上的另一个 aspx 页面，当该页面执行完毕后，控制流程将重新返回到原页面中发出 Server.Execute 方法调用的位置。通过该方法调用可以将一个 aspx 页面的输出结果插入到另一个 aspx 页面中，最常用的语法格式为：

```
Server.Execute(string path)
```

其中，参数 path 是要执行的页面文件的路径。

例如，有一个页面 A.aspx，后台代码如下：

```
01  protected void Page_Load(object sender, EventArgs e)
02  {
03      Response.Write("调用 Execute 方法之前<br/>");
04      Server.Execute("B.aspx"); //将 B.aspx 的输出结果插入到当前页面
05      Response.Write("调用 Execute 方法之后");
06  }
```

其中，页面 B.aspx 中后台代码如下：

```
01  protected void Page_Load(object sender, EventArgs e)
02  {
03      Response.Write("这是 B.aspx 页面的内容<br/>");
04  }
```

运行页面 A.aspx，显示结果如图 9－20 所示。

从运行结果可以看到，浏览器中 URL 地址并没有发生变化。

**二、Transfer 方法**

该方法可以终止当前页面的执行，并将执行流程转入同一个 Web 服务器的另一个页面，最常用的语法格式为：

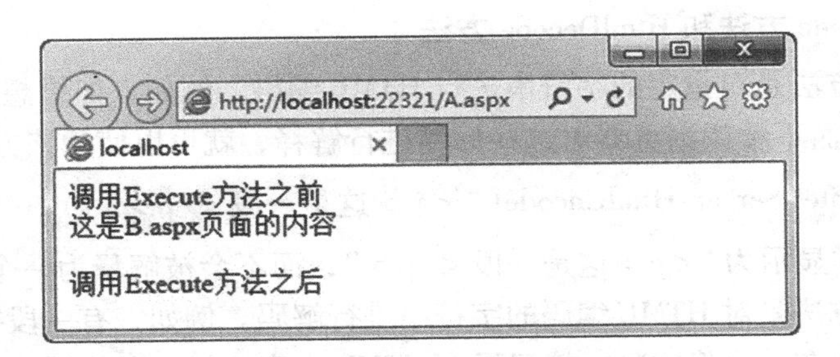


图 9－20　Execute 方法

```
Server. Transfer(string path)
```

其中，参数 path 是要执行的页面文件的路径。

例如，有一个页面 A. aspx，后台代码如下：

```
01  protected void Page_Load(object sender, EventArgs e)
02  {
03      Response. Write("调用 Transfer 方法之前 <br/>");
04      Server. Transfer("B. aspx"); //将 B. aspx 的输出结果插入到当前页面
05      Response. Write("调用 Transfer 方法之后");
06  }
```

其中，页面 B. aspx 中后台代码如下：

```
01  protected void Page_Load(object sender, EventArgs e)
02  {
03      Response. Write("这是 B. aspx 页面的内容 <br/>");
04  }
```

运行页面 A. aspx，显示结果如图 9－21 所示。

图 9－21　Transfer 方法

从运行结果可以看到，浏览器中 URL 地址并没有发生变化，并且没有显示内容“调用 Transfer 方法之后”，这是由于 Transfer 方法是在服务器端进行的跳转，并且它中断了页面 A. aspx 的执行。

**三、HtmlEncode 方法和 HtmlDecode 方法**

HtmlEncode 方法是对指定的字符串进行 HTML 编码。例如，如果想要在页面显示 HTML 标签的内容，而不希望浏览器对这些标签进行解释，就可以使用该方法。例如：

```
Response. Write(Server. HtmlEncode(" <p>这是一段</p>"));
```

在页面上原样显示为“<p>这是一段</p>”，而不会被解释为一个段落。

HtmlDecode 方法是对 HTML 编码的字符串进行解码。例如，有一段字符串，其中包含了 HTML 标签，现在需要将这些标签解释为 HTML 内容，就可以使用该方法。例如：

```
Response. Write(Server. HtmlDecode(" <p>这是一段</p>"));
```

在页面上显示为一个段落，内容为“这是一段”。

**四、UrlEncode 方法和 UrlDecode 方法**

UrlEncode 方法是对指定的字符串进行 URL 编码，并返回编码后的字符串。我们知道，在页面间传递参数时，需要将数据附在网址后面，如果参数中包含一些如“#”等特殊字符的时候，就会读不到这些字符后面的参数。所以在传递特殊字符的时候，先将要传递的内容用 UrlEncode 编码，这样才可以保证所传递的值可以被顺利读到。另外，有些服务器对中文不能很好地支持，这时候也需要利用该方法对其进行编码，以便中文能被服务器所识别。例如，在网页 A. aspx 中有如下后台代码：

```
01  protected void Page_Load(object sender, EventArgs e)
02  {
03      Response. Write(" <A href='B. aspx? data=mymail@#126. com'>参数未编
04  码</A><br>");
05      Response. Write(" <A href='B. aspx? data=" + Server. UrlEncode("mymail
06  @#126. com") +"'>参数已编码</A>");
07  }
```

在网页 B. aspx 中接收页面 A. aspx 传递过来的参数，后台代码如下：

```
01  protected void Page_Load(object sender, EventArgs e)
02  {
03      Response. Write(Request. QueryString["data"]);
04  }
```

执行页面 A. aspx 后，点击链接“参数未编码”，在打开的页面 B. aspx 中显示为“mymail @”；点击链接“参数已编码”，在打开的页面 B. aspx 中显示为“mymail @ #126. com”。

UrlDecode 方法是对 URL 中接收的 HTML 字符串进行解码。例如：

```
Response. Write(Server. UrlDecode("mymail@#126. com"));
```

在页面上显示为“mymail@#126. com”。

**五、MapPath 方法**

该方法将指定的相对或虚拟路径映射到服务器上相应的物理目录上，最常用的语法格式为：

```
Server. MapPath(string path)
```

其中，参数 path 是指定要映射物理目录的相对或虚拟路径。

相对路径大家比较熟悉了，那么什么是虚拟路径呢？虚拟路径一般是指由服务器映射出来的路径。当我们将文件上传到远程服务器后，这些文件驻留在服务器本地目录树中的某一个文件夹中。例如，在运行 IIS 的服务器上，主页的路径可能如下所示：

C：/Inetpub/wwwroot/mysite/index. aspx

此路径通常称为文件的物理路径。但是，用来打开文件的 URL 并不使用物理路径，而是使用服务器名称或域名，后接虚拟路径。

例如，有一个页面 A. aspx，后台代码如下：

```
01   protected void Page_Load(object sender, EventArgs e)
02   {
03        Response. Write("当前网页的实际路径为：<br/>" + Server. MapPath
04   ("A. aspx"));
05   }
```

运行页面 A. aspx，显示结果如图 9－22 所示。

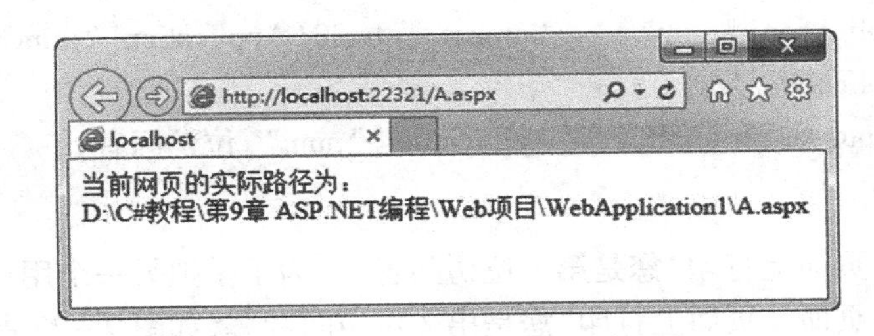


图 9－22　MapPath 方法

从运行结果可以看到，URL 地址中“/A. aspx”就是页面文件 A. aspx 的虚拟路径，页面上显示的路径就是该虚拟路径对应的物理路径。

## 9.9.2　Application 对象

Application 对象的主要功能是用来存储和获取可以被所有用户之间进行共享的信息，它具有集合、方法和事件，但不具备属性。

### 一、Application 变量

使用 Application 变量可以存储和获取能被所有用户之间共享的信息。创建 Application 变量语法如下：

```
Application. ("变量名称") = 变量值;
```

创建好 Application 变量后，可以直接对该变量进行引用，从而获取变量的值。

由于 Application 对象被所有用户共享，所以为了防止多个用户同时修改 Application 变量的值从而导致其值不一致的情况，需要在修改该变量前将 Application 对象锁定(Lock)，修改完后再将 Application 对象解锁(Unlock)。

## 二、Lock 方法

该方法锁定 Application 对象所有变量，防止其他客户端更改 Application 对象的值。使用方法如下：

```
Application. Lock( );
```

## 三、Unlock 方法

该方法与 lock 方法相反，用来解锁 Application 对象所有变量，允许其他客户端更改 Application 对象的值。使用方法如下：

```
Application. Unlock( );
```

例如，要在页面 A. aspx 中设计一个统计网站访问量的计数器，每当有新的用户访问这个网页时，首先调用这个计数器，使其值增加 1，后台代码如下：

```
01  protected void Page_ Load( object sender, EventArgs e)
02  {
03       Application. UnLock( );
04       Application[ "num" ]  =  Convert. ToInt32( Application[ "num" ])  + 1;
05       Application. Lock( );
06       Response. Write( 您是第 Application[ "num" ]位访问者);
07  }
```

运行该页面，页面上打印“您是第 1 位访问者”。为了模拟另一个用户，再单独开启一个浏览器，运行该页面，页面上打印“您是第 2 位访问者”。如图 9－23 所示。

图 9－23　页面访问量计数器

需要说明的是，在实际项目中使用该计数器时，还应在结束 Application 对象运行时，将计数器变量保存到文件或者数据库中。否则，当程序结束或者服务被停止后，Application 变量被释放，计数器中留存的数据会丢失。



### 9.9.3 Cookie 对象

Cookie 对象的主要功能是能够让 Web 服务器把少量(小于4K 字节)的数据存储到客户端的硬盘或者内存中，当用户再次访问该 Web 服务器时，这些数据能够被发送到 Web 服务器，从而被服务器读取。由于 Cookie 是存储在客户端的，所以客户有权在浏览器中禁用 Cookie，此时客户端是无法使用 Cookie 的。

**一、创建** Cookie

可以用下列方式来创建一个 Cookie，并写入数据。

【方式一】

```
Response. Cookies["键名"]. Value = "值";
```

这里的“键名”也就是 Cookie 的名称。例如：

```
01  Response. Cookies["UserName"]. Value = "Mike";
```

【方式二】

```
HttpCookie 变量名 = new HttpCookie("键名");
变量名 . Value = "值";
Response. Cookies. Add(变量名);
```

其中，Add 方法的作用是将 Cookie 添加到 Response. Cookies 集合中。

例如：

```
01  HttpCookie acookie  =  new HttpCookie("UserName");
02  acookie. Value = "Mike";
03  Response. Cookies. Add(acookie);
```

【方式三】

```
HttpCookie 变量名 = new HttpCookie("键名","值");
Response. Cookies. Add(变量名);
```

例如：

```
01  HttpCookie acookie  =  new HttpCookie("UserName","Mike");
02  Response. Cookies. Add(acookie);
```

**二、获取** Cookie

可以用 Request 对象获取已经创建的 Cookie 的值。

【方式一】

```
Request. Cookies["键名"]. Value
```

【方式二】

```
Request. Cookies[Cookie 集合的索引号]. Value
```

例如：

```
01  HttpCookie acookie1 = new HttpCookie("UserName","Mike");
02  Response.Cookies.Add(acookie1);
03  HttpCookie acookie2 = new HttpCookie("Age","20");
04  Response.Cookies.Add(acookie2);
05  Response.Write(Request.Cookies["UserName"].Value);
06  //或者 Response.Write(Request.Cookies[0].Value);
07  Response.Write(Request.Cookies["Age"].Value);
08  //或者 Response.Write(Request.Cookies[1].Value);
```

**三、设置 Cookie 的过期时间**

如果不设置 Cookie 的过期时间，那么 Cookie 只保存在客户端的内存中，当浏览器被关闭时，Cookie 就消失，如果希望将 Cookie 的值保存到客户端的硬盘上，以便下次能访问到该 Cookie 的值，则必须使用 Cookie 的 Expires 属性设置其过期时间。方法如下：

```
Cookie 变量.Expires = 过期时间;
```

例如下列代码将变量名为 acookie 的 Cookie 保留 2 天。

```
01  HttpCookie acookie = new HttpCookie("UserName","Mike");
02  Response.Cookies.Add(acookie);
03  acookie.Expires = DateTime.Now.AddDays(2);
```

利用 Expires 属性还可以删除已经保存在硬盘上的 Cookie，方法是使得时间立即过期。例如，下列代码中 02 行将 AddDays 方法中的天数设置为负数，就使得 acookie 的时间立刻过期，03 行获取该 Cookie 并重新添加到 Cookies 集合中，从而将该 cookie 删除。

```
01  HttpCookie acookie = new HttpCookie("UserName","Mike");
02  acookie.Expires = DateTime.Now.AddDays(-1);
03  Response.Cookies.Add(Request.Cookies["username"]);
```

### 9.9.4 Session 对象

Session 又称为会话状态，是 Web 系统中最常用的状态，用于维护和当前浏览器实例相关的一些信息，它能储存任何数据类型，包含自定义对象。

Session 对于每一个客户端(或者浏览器实例)来说是“人手一份”，用户首次与 Web 服务器建立连接的时候，服务器会给用户分发一个 SessionID 作为标识，这是一个由 24 个字符组成的随机字符串，它以 Cookie 的形式存储在客户端的内存中，而该 SessionID 所对应的 Session 中的数据是保存在服务器端的。用户每次提交页面，浏览器都会把这个SessionID 包含在 HTTP 头中提交给 Web 服务器，这样 Web 服务器就能区分当前请求页面的是哪一个客户端。

需要注意的是如果用户禁用了 Cookie，则无法使用 Session。

**一、创建和获取** Session

创建 Session 使用如下方法：

```
Session["键名"] = 值;
```

例如：

```
01  Session["UserName"] = "张三";
02  Session["Age"] = 20;
```

获取 Session 的方法非常简单，例如：

```
01  String UserName = Session["UserName"];
02  Int Age = Session["Age"];
```

**二、Session 的生命周期**

当用户访问某个创建了 Session 的页面时，Session 被创建，如果用户在一段时间（默认为 20 分钟）内没有对该页面进行任何提交操作，则在这段时间后，Session 将被自动销毁。这段时间就是该 Session 的生命周期。

当然，如果在 Session 的生命周期内用户对该页面进行了任何提交操作，则其生命周期重新计时，例如在默认情况下，重新计为 20 分钟。

如果用户强行销毁当前的 Session，只须执行 Session 的 Abandon 方法，用法如下：

```
Session.Abandon();
```

另外还要注意以下两点：

①当用户关闭并重启浏览器请求同一个页面时，尽管 Session 仍然保存在服务器端，但是因为此时客户端又生成了新的 SessionID，所以旧的 Session 已经不可用了。

②由于不同的浏览器对 Session 有不同的处理方法，因此当用户通过另一个浏览器窗口访问在同一页面，这时候，有些 Session 仍然可用，有些不可用。

### 9.8.5 【案例 9－5】能记住用户的登录

#### 需求描述

如图 9－24 所示，用户在登录页面输入用户名和密码时，如果选中了【保留用户 7 天】复选框，点击【登录】按钮后，用户下次打开该页面，本次填入的用户名和密码被自动填入文本框中。用户还可以点击【清除 Cookie】按钮取消【保留用户 7 天】的功能。当用户名和密码正确，点击【登录】按钮后，打开如图 9－25 所示的欢迎页面，点击该页面中的“进入更多资料页面”超级链接，打开如图 9－26 所示的页面。如果用户名或密码错误，点击【登录】按钮后，弹出如图 9－27 所示的提示对话框，点击【确定】按钮，页面重新返回到登录页面。

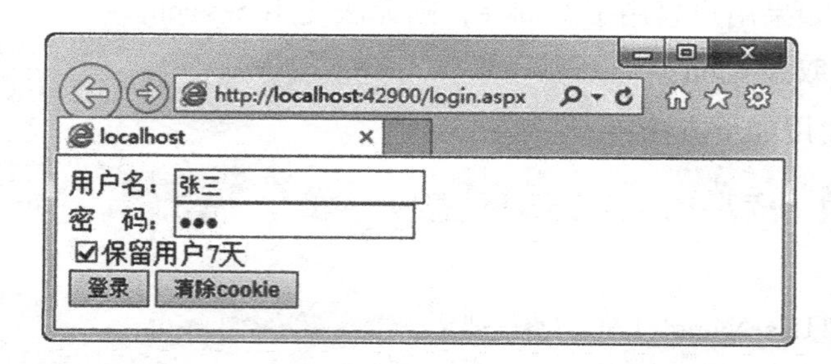


图 9－24　登录页面

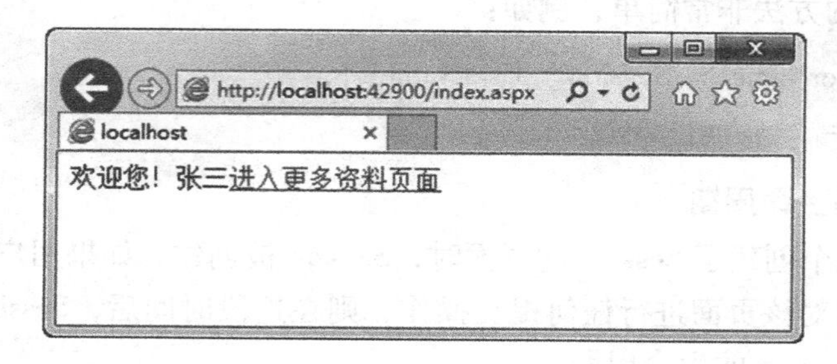


图 9－25　欢迎页面

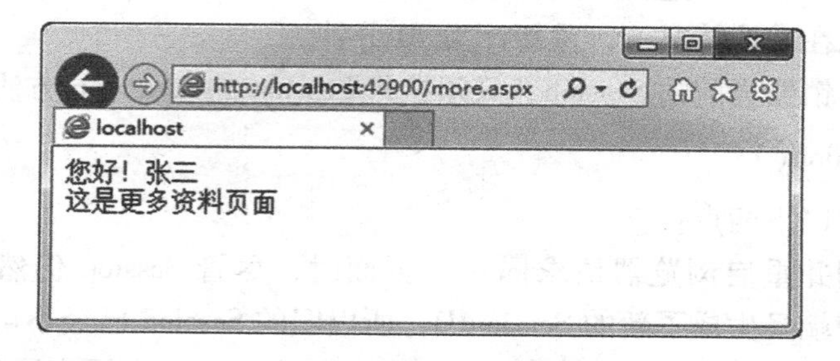


图 9－26　更多资料页面

图 9－27　提示框

要记住用户填写的个人信息可以使用 Cookie 将这些信息保存在客户端的硬盘中，此功

能只要设置Cookie的Expires属性值即可。同样，清除Cookie只须将Cookie的Expires属性设置为过期。判断用户填入的用户名和密码是否正确，可以将用户名和密码作为URL地址参数传递给接收页面，在接收页面接收这两个信息再进行判断。当用户合法时，就将该用户的用户名保存在Session中，在其他页面(如“更多资料”页面)就可以通过获取Session的值来使用该用户名。对于“更多资料”页面，要求不是合法用户不允许访问。

## 案例实现

案例实现的主要步骤如下：

**STEP 1** 在VS2010中创建Web项目【能记住用户的登录】，在项目中添加一个Web窗体，文件命名为login. aspx。按照图9－24布局设计页面。其中用户名文本框命名为txtNmae；密码文本框命名为txtPsw，TextMode属性设置为Password；保留用户7天的复选框名为CheckBox1。

**STEP 2** 双击【登录】按钮，编写如下代码：

**案例9－5　登录功能代码**

```
01  protected void Button1_Click1(object sender, EventArgs e)
02  {
03      string UserName = txtName.Text.Trim();
04      string Psw = txtPsw.Text.Trim();
05      if (CheckBox1.Checked)//如果“保留用户7天”被选中，就创建Cookie
06      {
07          Response.Cookies["UserName"].Value = UserName;
08          Response.Cookies["Psw"].Value = Psw;
09          Response.Cookies["UserName"].Expires = DateTime.Now.AddDays(7);
10          Response.Cookies["Psw"].Expires = DateTime.Now.AddDays(7);
11      }
12      //跳转到index.aspx页面并传递用户填入的用户名和密码
13      Response.Redirect("index.aspx? UserName =" + UserName + "&Psw ="
14   + Psw);
15  }
```

**STEP 3** 双击【清除Cookie】按钮，编写如下代码：

**案例9－5　清除Cookie代码**

```
01  protected void Button2_Click(object sender, EventArgs e)
02  {
03      Response.Cookies["UserName"].Expires = DateTime.Now.AddDays(-1);
04      Response.Cookies["Psw"].Expires = DateTime.Now.AddDays(-1);
05      Response.Cookies.Add(Request.Cookies["username"]);
```

```
06        Response. Cookies. Add(Request. Cookies["Psw"]);
07    }
```

STEP 4 当用户选择了【保留用户 7 天】复选框后，下次打开登录页面时，上次填写的用户名和密码被自动填入，故需要在页面的加载事件 Page_Load 中读取 Cookie 的值并赋给页面上的两个文本框，但是，如果此时用户改变了用户名或密码，点击【登录】按钮后，该页面由于提交被再次刷新加载，从而又触发了 Page_Load 事件，导致又重新读取 Cookie 的值并赋给页面上的两个文本框，其后果是，用户永远无法改变用户名和密码，除非 Cookie 被清除。因此，需要使用 Page 对象的 IsPostBack 属性判断登录页面是否为第一次加载，代码如下：

**案例 9-5　登录页面加载事件代码**

```
01  protected void Page_Load(object sender, EventArgs e)
02  {
03      if (! IsPostBack)//只有第一次加载该页面才检查 Cookie
04      {
05          if (Request. Cookies["UserName"] ! = null && Request. Cookies
06  ["Psw"] ! = null)
07          {
08              txtName. Text = Request. Cookies["UserName"]. Value;
09              //文本框的 TextMode 属性被设置为 Password 后，不能为其 Text
10  属性赋值，故使用添加 value 属性的方法
11              txtPsw. Attributes["value"] = Request. Cookies["Psw"]. Value;
12          }
13      }
14  }
```

STEP 5 在项目中添加一个 Web 窗体，文件命名为 index. aspx。在该页面被加载时接收用户名和密码，并判断是否为合法用户。为简化项目，这里不打算与数据库配合，读者可以自行完善该功能。作为测试，只给出一个固定的合法用户名和密码，分别为“张三”和“123”。

当提交的用户名和密码合法时，就将用户名保存到 Session 中，以便站点中其他页面共享该信息。

在 index. aspx 页面的 Page_Load 事件中编写如下代码：

**案例 9-5　登录检测页面加载事件代码**

```
01  protected void Page_Load(object sender, EventArgs e)
02  {
03      string UserName = Request. QueryString["UserName"];
```

```
04          string Psw = Request. QueryString["Psw"];
05          if (UserName == "张三" && Psw == "123")
06          {
07              Response. Write("欢迎您!" + UserName);
08              Response. Write(" <a href='more. aspx'>进入更多资料页面</a>");
09              Session["UserName"] = UserName; //创建 Session
10          }
11          else
12          {
13              Response. Write(" <script>alert('用户名或密码错'); location. href =
14  'login. aspx'</script>");
15          }
16  }
```

**STEP 6** 当"更多资料"页面 more. aspx 被加载时，需要显示合法的用户名，由于在登录检测页面 index. aspx 中已经将合法用户名保存在了 Session 中，所以可以从 Session 中提取该信息。由于不是合法的用户不允许访问页面 more. aspx，所以，可以判断存储用户名的 Session 是否存在，如果不存在，说明用户不合法。在该页面的 Page_Load 事件中编写如下代码：

**案例 9－5　更多资料页面加载事件代码**

```
01  protected void Page_Load(object sender, EventArgs e)
02  {
03      if (Session["UserName"] != null)
04      {
05          Response. Write("您好!" + Session["UserName"] + "<br/>这是更
06  多资料页面");
07      }
08      else   //非法用户直接跳转到登录页面
09      {
10          Response. Redirect("login. aspx");
11      }
12  }
```

## 拓展实训

（实训题第 1 题对数据库 StudentDB 的表 UsersTb 进行操作）

（1）创建一个 ASP .NET 项目，要求在该项目的页面中显示学生资料列表（使用在HTML中嵌入 C#代码的方式实现）。显示格式如下：

**表 9－1　学生资料表**

| 序号 | 姓名 | 年龄 | 性别 |
|---|---|---|---|
| 1 | 张三 | 25 | 男 |
| 2 | 李四 | 26 | 女 |
| 3 | 王五 | 25 | 男 |

（2）利用 Cookie 设计一个网页广告推送的功能，即根据用户的喜好主动向用户推送相关内容的广告。例如，当用户点击了如图 9－28 所示的页面中的两条信息链接后，下次用户打开该页面时，就在页面中显示如图 9－29 所示的相关广告。要求广告从推送时刻起保留 7 天。

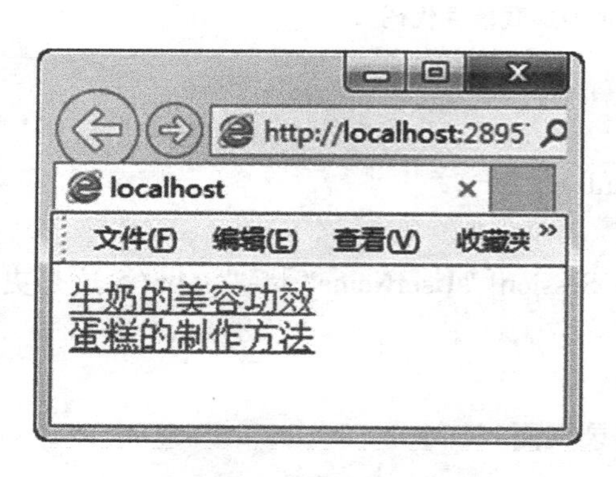


图 9－28　信息页面

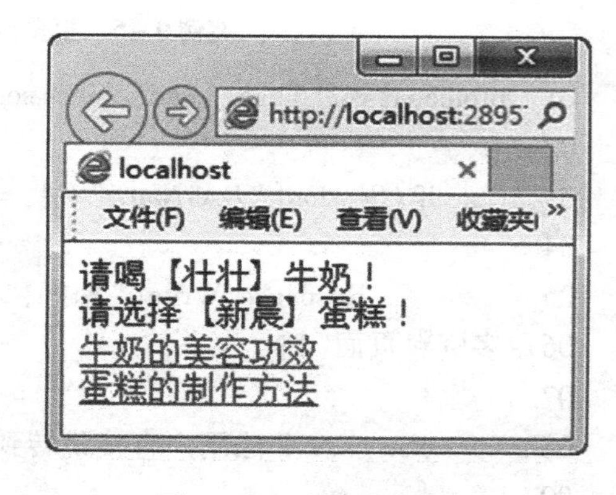


图 9－29　广告推送页面

# 参考文献

[1]谷涛. C#程序设计实用教程[M]. 2版. 北京：人民邮电出版社，2013.
[2]黄胜忠. C# 4.0从入门到精通[M]. 北京：机械工业出版社，2011.
[3]靳华，胡鑫鑫. C#与.NET程序员面试宝典[M]. 北京：清华大学出版社，2010.
[4]郑齐心. ASP.NET项目开发案例全程实录[M]. 2版. 北京：清华大学出版社，2011.